"十四五"职业教育国家规划教材

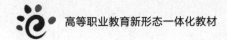
高等职业教育新形态一体化教材

# 无机及分析化学

## （第四版）

主编　叶芬霞

——— 500

——— 400

——— 300

——— 200

——— 100

中国教育出版传媒集团

高等教育出版社·北京

WUJI JI FENXI HUAXUE

内容提要

本书是"十四五"职业教育国家规划教材,有《无机及分析化学实验》与之相配套。

本书主要内容包括气体和溶液、化学热力学基础、化学反应速率与化学平衡、物质结构、元素及其化合物选述、定量分析基础、酸碱平衡和酸碱滴定法、重量分析法和沉淀滴定法、氧化还原平衡和氧化还原滴定法、配位平衡和配位滴定法、吸光光度法等。

本书配套建设有授课用演示文稿、习题解答、教学动画、微视频等数字化教学资源,可通过扫描书中二维码浏览、学习。教师可以发送邮件至编辑邮箱 gaojiaoshegaozhi@163.com 索取教学课件

本书适用于高等职业教育院校化工、环境、轻工、制药、农林、医学、食品等专业的"无机及分析化学"课程的教学,也可供相关技术人员参考。

## 图书在版编目(C I P)数据

无机及分析化学/ 叶芬霞主编. -- 4 版. --北京:高等教育出版社,2022.1(2024.7重印)

    ISBN 978 - 7 - 04 - 057427 - 2　重印

    Ⅰ.①无… Ⅱ.①叶… Ⅲ.①无机化学-高等职业学校-教材②分析化学-高等职业学校-教材　Ⅳ.①O61②O65

    中国版本图书馆 CIP 数据核字(2021)第 249493 号

WUJI JI FENXI HUAXUE
无机及分析化学

| 策划编辑 | 陈鹏凯 | 责任编辑 | 陈鹏凯 | 封面设计 | 王 洋 | 版式设计 | 童 丹 |
| 责任校对 | 窦丽娜 | 责任印制 | 存 怡 | | | | |

| | | | | | |
|---|---|---|---|---|---|
| 出版发行 | 高等教育出版社 | | 网　址 | http://www.hep.edu.cn | |
| 社　址 | 北京市西城区德外大街 4 号 | | | http://www.hep.com.cn | |
| 邮政编码 | 100120 | | 网上订购 | http://www.hepmall.com.cn | |
| 印　刷 | 中煤(北京)印务有限公司 | | | http://www.hepmall.com | |
| 开　本 | 787mm×1092mm　1/16 | | | http://www.hepmall.cn | |
| 印　张 | 16.25 | | | | |
| 字　数 | 380 千字 | | 版　次 | 2008 年 5 月第 1 版 | |
| 插　页 | 1 | | | 2022 年 1 月第 4 版 | |
| 购书热线 | 010-58581118 | | 印　次 | 2024 年 7 月第 3 次印刷 | |
| 咨询电话 | 400-810-0598 | | 定　价 | 45.00 元 | |

本书如有缺页、倒页、脱页等质量问题,请到所购图书销售部门联系调换
版权所有　侵权必究
物 料 号　57427-A0

# 数字化资源总览
# digital resources

**动画资源**

**视频资源**

Ⅲ

数字化资源总览

# 前言
## preface

本书是"十四五"职业教育国家规划教材、高等职业教育新形态一体化教材。

本书在阐明化学的基本原理(化学热力学、化学平衡、化学动力学、物质结构、物质性质)的基础上,论述了滴定分析、吸光光度分析等基本分析方法。本书相对于第三版而言,具有如下特色:

(1)考虑到目前高等职业教育的特点,删除了书中过于深奥的内容,如有效核电荷、电离能、电子亲和能、离子极化、晶体结构、多元酸的滴定、多元碱的滴定、条件电极电势、氧化还原的预处理、配合物的价键理论、提高配位滴定选择性的方法、锂和铍的特殊性和对角线规则、所有元素的通性性质表和一些复杂的化学反应方程式。将化学反应速率理论简介、杂化轨道理论与分子的几何构型、沉淀的形成和纯度及沉淀条件、吸光光度法的应用、化学热力学基础等内容作为选学内容(以"*"表示),不同院校可根据自己专业的教学特点加以选择或者供学有余力的学生自学使用。

(2)对酸碱平衡和酸碱滴定法一章进行了较大幅度的改动,因为这一章是联系"无机化学"和"分析化学"的桥梁,这一章的成功学习将促进后面各个平衡和滴定方法的学习理解。将盐的水解合到酸碱平衡中,使酸碱的质子平衡成为一个系统,便于学生理解。简化了酸碱溶液中 pH 的计算公式,同时将缓冲溶液单独列一节,强调其实际应用。建议教师在这一章授课结束时进行一次习题课。

(3)增加了一些有利于学生学习总结的内容,如在每章开头,设有"学习目标"和"知识结构框图",使学生对每章的内容在学习前就有个大概的了解,对本章内容有一条清晰的主线,便于学生有方向、有目的、有针对性地学习。在每章中适当增加了一些"想一想""练一练"栏目,其中包括水质检测、空气质量检测等内容,帮助学生牢固树立和践行党的二十大报告提出的"绿水青山就是金山银山"的理念,加强环保意识,肩负起社会责任感,要像保护眼睛一样保护自然和生态环境。这都有利于启发学生的思维,引导其将理论知识应用到实践中。

(4)删除了原教材中的思考题,将每章后的习题分成 5 个部分:填空题、选择题、是非题、问答题和计算题。删除了部分难度较大的习题,降低了习题难度,提升了学生的学习兴趣,更有利于促进学生的主动学习。

(5)考虑到本书的适用专业大多是近化学、化工类专业,故修订时增加了"溶液"内容,将其和"气体"归在同一章中,而将化学热力学的有关内容单独列为一章"化学热力学基础",为避免与物理化学的部分内容重复,将其作为选学内容,而且在内容上尽量简化,主要介绍一些基础知识。同时将原子结构和化学键内容删减整合为一章——"物质结构",将非金属元素和金属元素删减整合成一章——"元素及其化合物选述",删除了一些不重要的化合物,重点突出了一些与化学化工和实际生活密切相关的化合物,使书稿整体结构更为紧凑,节约课时,也便于学生系统的学习。

　　在此,也向对本书提出宝贵意见的各位专家、读者表示衷心的感谢。

　　由于编者水平有限,书中难免存在疏漏和错误,敬请广大读者批评、指正。

编　者

2023 年 6 月

# 目 录
## contents

# 第一章　气体和溶液

学习目标

- 掌握理想气体状态方程及其应用；
- 掌握道尔顿分压定律的应用和计算；
- 理解稀溶液的依数性及其应用；
- 熟悉胶体的结构、性质、稳定性等。

　　在常温下,物质通常以三种不同的聚集状态存在,即气体、液体和固体。物质的每一种聚集状态都有各自的特征。本章主要介绍气体和溶液。

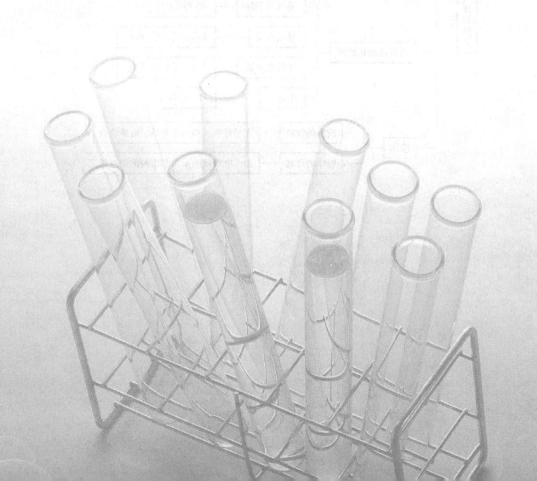

# 知识结构框图

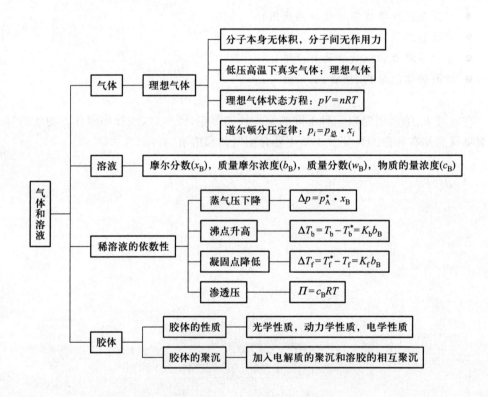

# 1.1 气　体

气体是物质存在的一种形态,没有固定的形状和体积,能自发地充满任何容器。气体分子间的距离较大,所以容易压缩。气体的体积不仅受压力影响,同时还与温度、气体的物质的量有关。通常用理想气体状态方程来反映这四个物理量之间的关系。

**1. 理想气体状态方程**

在压力不太高和温度不太低时,气体的体积、压力和温度之间具有下列关系:

$$pV = nRT \tag{1-1}$$

式中 $p$ 为压力(Pa), $V$ 为体积($m^3$), $n$ 为物质的量(mol), $T$ 为热力学温度(K), $R$ 为摩尔气体常数。

式(1-1)称为**理想气体状态方程**。通常把在任何压力和温度下都能严格地遵守有关气体基本定律的气体称为**理想气体**。理想气体状态方程表明了气体的 $p,V,T,n$ 四个物理量之间的关系,一旦任意给定了其中三个物理量,则第四个物理量就不能是任意的,而只能取按式(1-1)决定的唯一的数值。

物质的量($n$)与质量($m$)、摩尔质量($M$)的关系为

$$n = \frac{m}{M}$$

则式(1-1)可变换成

$$pV = \frac{m}{M}RT \tag{1-2}$$

结合密度的定义 $\rho = \frac{m}{V}$,则式(1-1)可变换为

$$\rho = \frac{pM}{RT} \tag{1-3}$$

它反映了理想气体密度随 $T,p$ 变化的规律。

在标准状况下,1 mol 气体的体积 $V_m = 22.414 \times 10^{-3}\,m^3$,代入式(1-1)得

$$R = \frac{pV}{nT} = \frac{101.325 \times 10^3\,Pa \times 22.414 \times 10^{-3}\,m^3}{1\,mol \times 273.15\,K}$$
$$= 8.314\,Pa \cdot m^3 \cdot mol^{-1} \cdot K^{-1} = 8.314\,J \cdot mol^{-1} \cdot K^{-1}$$

$R$ 的数值与气体的种类无关,所以也称为**通用气体常数**。

> **例 1-1**　一个体积为 40.0 $dm^3$ 的氮气($N_2$)钢瓶,在 25 ℃ 时,使用前压力为 12.5 MPa。求钢瓶压力降为 10.0 MPa 时所用去的 $N_2$ 的质量。
>
> **解:** 使用前钢瓶中 $N_2$ 的物质的量($n_1$)为
>
> $$n_1 = \frac{p_1 V}{RT} = \frac{12.5 \times 10^6\,Pa \times 40.0 \times 10^{-3}\,m^3}{8.314\,Pa \cdot m^3 \cdot mol^{-1} \cdot K^{-1} \times (273.15 + 25)\,K} = 201.7\,mol$$
>
> 使用后钢瓶中 $N_2$ 的物质的量($n_2$)为

$$n_2 = \frac{p_2 V}{RT} = \frac{10.0 \times 10^6 \text{ Pa} \times 40.0 \times 10^{-3} \text{ m}^3}{8.314 \text{ Pa} \cdot \text{m}^3 \cdot \text{mol}^{-1} \cdot \text{K}^{-1} \times (273.15 + 25) \text{ K}} = 161.4 \text{ mol}$$

所用的 $N_2$ 的质量为

$$m = (n_1 - n_2)M = (201.7 - 161.4) \text{mol} \times 28.0 \text{ g} \cdot \text{mol}^{-1} = 1.1 \times 10^3 \text{ g} = 1.1 \text{ kg}$$

理想气体实际上是一个科学的抽象的概念,客观上并不存在理想气体,它只能看作是实际气体在压力很低时的一种极限情况。从微观的角度看,理想气体的模型把气体分子看作本身无体积且分子间无作用力。当压力很低时,实际气体体积中所含气体分子的数目很少,分子间距离很大,彼此的引力可忽略不计,实际气体就接近理想气体。由于理想气体反映了实际气体在低压下的共性,所遵循的规律及表示这些规律的数学公式都比较简单,且容易获得,所以引入理想气体这样一个概念非常重要。

在常温常压下,一般的实际气体可用理想气体状态方程式(1-1)进行计算。在低温或高压时,实际气体与理想气体有较大差别,需要将式(1-1)加以修正来处理。

 **想一想**

为什么在高海拔处煮食物要用较长时间?

**2. 道尔顿分压定律**

在生产和科学实验中,实际遇到的气体,大多数是由几种气体组成的混合物。如果混合气体的各组分之间不发生化学反应,则在高温低压下,可将其看作理想气体混合物。混合后的气体作为一个整体,仍符合理想气体定律。

气体具有扩散性。在混合气体中,每一组分气体总是均匀地充满整个容器,对容器内壁产生压力,并且互不干扰,就如各自单独存在一样。在相同温度下,各组分气体占有与混合气体相同体积时,所产生的压力称为该气体的分压。1801 年,英国科学家道尔顿从大量实验中总结出组分气体的分压与混合气体总压之间的关系,这就是著名的**道尔顿分压定律**。道尔顿分压定律有如下两种表示形式。

第一种表示形式:混合气体中各组分气体的分压之和等于该混合气体的总压。例如,混合气体由 C 和 D 两组分组成,则分压定律可表示为

$$p_{总} = p_C + p_D \tag{1-4}$$

式中 $p_C$,$p_D$ 分别为 C,D 两种气体的分压。

第二种表示形式:混合气体中第 $i$ 种组分的分压($p_i$)等于总压($p_{总}$)乘以第 $i$ 种气体的摩尔分数($x_i$)。

$$p_i = p_{总} \cdot x_i \tag{1-5}$$

$$x_i = \frac{n_i}{n_{总}}$$

摩尔分数 $x_i$ 是指某气体的物质的量($n_i$)与混合气体的物质的量($n_{总}$)之比。

由于用压力表测量混合气体的压力得到的是总压,而组分气体的分压一般是通过对

动画:
气体扩散定律

动画:
气体分压定律

混合气体进行分析,测出各组分气体的体积分数($V_i/V_总$)再计算得到,$V_i$ 和 $V_总$ 分别表示第 $i$ 种组分的分体积和混合气体的总体积。所谓分体积是指组分气体在保持混合气体的温度、压力下,单独存在时所占有的体积。例如,将各为 101.3 kPa 的 1 L $N_2$ 和 3 L $H_2$ 混合,欲使混合气体的总压与原来各气体的压力相同,即为 101.3 kPa,那么混合气体的总体积必为 4 L,而 $N_2$ 的分体积为 1 L,$H_2$ 的分体积为 3 L。

因为在相同的温度和压力下,气体的体积与其物质的量($n$)成正比,所以在混合气体中,第 $i$ 种组分的摩尔分数($x_i$)等于其体积分数($V_i/V_总$),由此可得

$$\frac{p_i}{p_总}=\frac{n_i}{n_总}=\frac{V_i}{V_总}=x_i \tag{1-6}$$

由式(1-6)可知,混合气体中某组分气体的分压等于总压乘以该气体的体积分数。

**例 1-2** 25 ℃时,装有 0.3 MPa $O_2$ 的体积为 1 L 的容器与装有 0.06 MPa $N_2$ 的体积为 2 L 的容器用旋塞连接。打开旋塞,待两气体混合后,计算:

(1) $O_2$,$N_2$ 的物质的量。

(2) $O_2$,$N_2$ 的分压力。

(3) 混合气体的总压力。

(4) $O_2$,$N_2$ 的分体积。

**解:** (1) 混合前后气体物质的量没有发生变化,即

$$n(O_2)=\frac{p_1 V_1}{RT}=\frac{0.3\times 10^6\ \text{Pa}\times 1\times 10^{-3}\ \text{m}^3}{8.314\ \text{Pa·m}^3\text{·mol}^{-1}\text{·K}^{-1}\times(25+273.15)\text{K}}=0.12\ \text{mol}$$

$$n(N_2)=\frac{p_2 V_2}{RT}=\frac{0.06\times 10^6\ \text{Pa}\times 2\times 10^{-3}\ \text{m}^3}{8.314\ \text{Pa·m}^3\text{·mol}^{-1}\text{·K}^{-1}\times(25+273.15)\text{K}}=0.048\ \text{mol}$$

(2) $O_2$,$N_2$ 的分压是它们各自单独占有 3 L 时所产生的压力。当 $O_2$ 由 1 L 增加到 3 L 时:

$$p(O_2)=\frac{p_1 V_1}{V}=\frac{0.3\ \text{MPa}\times 1\ \text{L}}{3\ \text{L}}=0.1\ \text{MPa}$$

当 $N_2$ 由 2 L 增加到 3 L 时:

$$p(N_2)=\frac{p_2 V_2}{V}=\frac{0.06\ \text{MPa}\times 2\ \text{L}}{3\ \text{L}}=0.04\ \text{MPa}$$

(3) 混合气体总压力:

$$p_总=p(O_2)+p(N_2)=0.1\ \text{MPa}+0.04\ \text{MPa}=0.14\ \text{MPa}$$

(4) $O_2$,$N_2$ 的分体积:

$$V(O_2)=V_总\times\frac{p(O_2)}{p_总}=3\ \text{L}\times\frac{0.1\ \text{MPa}}{0.14\ \text{MPa}}=2.14\ \text{L}$$

$$V(N_2)=V_总\times\frac{p(N_2)}{p_总}=3\ \text{L}\times\frac{0.04\ \text{MPa}}{0.14\ \text{MPa}}=0.86\ \text{L}$$

**练一练**

有一煤气罐容积为 100 L，27 ℃时压力为 500 kPa，经气体分析，煤气中 CO 的体积分数为 0.600，$H_2$ 的体积分数为 0.100，其余气体的体积分数为 0.300，求此煤气罐中 CO，$H_2$ 的物质的量。

# 1.2 溶 液

## 一、分散系

科学研究中，常把选取的研究对象称为体系。当一种或几种物质分散在另一种物质中时所形成的混合体系，称为分散体系，简称分散系。分散系中被分散的物质称为分散质(或分散相)，把分散质分散开来的物质叫分散剂(或分散介质)。例如，酒精分子分散在水中成为酒精水溶液，酒精是分散质，水是分散剂。

对一个分散系来说，物理和化学性质完全相同的均匀部分，叫作一个相。相与相之间有界面而分开，只含有一个相的分散系为单相(或均相)分散系，如食盐溶液、酒精水溶液。含有两个或两个以上相的分散系称为多相(或非均相)分散系，如泥土分散在水中形成的泥浆。

根据分散质离子的大小，常把分散系分为 3 类：粗分散系、胶体分散系和分子(离子)分散系(见表 1-1)。

3 种分散系虽有明显的区别，但没有绝对的界限，实际中的分散系是很复杂的。

表 1-1 分散系的分类

| 分散系名称 | | 分散质粒子直径/m | 分散质粒子 | 主要性质 | 实例 |
|---|---|---|---|---|---|
| 分子(离子)分散系 | | $<10^{-9}$ | 小分子、离子 | 均相、稳定、透明、能透过滤纸和半透膜 | 食盐溶液 |
| 胶体分散系 | 胶体 | $10^{-9} \sim 10^{-7}$ | 胶粒 | 多相、不均匀、相对稳定、能透过滤纸和半透膜 | $Fe(OH)_3$ 胶体 |
| | 高分子化合物 | | 大分子 | | 蛋白质溶液 |
| 粗分散系 | 悬浊液 | $>10^{-7}$ | 固体小颗粒 | 多相、不透明、不均匀、不稳定、不能透过滤纸和半透膜 | 泥浆 |
| | 乳浊液 | | 液体小液滴 | | 豆浆 |

## 二、溶液浓度的表示方法

在一定量的溶液或溶剂中所含有溶质的量称为溶液的浓度，其表示方法有多种。

**1. 摩尔分数**

物质 B 的物质的量($n_B$)与体系总物质的量($n = n_A + n_B$)之比,称为物质 B 的摩尔分数($x_B$),即

$$x_B = \frac{n_B}{n_A + n_B}$$

$$x_A + x_B = 1$$

摩尔分数为量纲一的量。

**2. 质量摩尔浓度**

溶液中溶质 B 的物质的量($n_B$)与溶剂 A 的质量($m_A$)之比,称为溶质 B 的质量摩尔浓度($b_B$),即

$$b_B = \frac{n_B}{m_A}$$

质量摩尔浓度的单位为 $mol \cdot kg^{-1}$。

**3. 质量分数**

溶液中溶质 B 的质量($m_B$)与溶液质量($m$)之比,称为溶质 B 的质量分数($w_B$),即

$$w_B = \frac{m_B}{m}$$

质量分数为量纲一的量。

**4. 物质的量浓度**

单位体积($V$)的溶液内所含溶质 B 的物质的量($n_B$),称为溶质 B 的物质的量浓度($c_B$),简称溶质 B 的浓度,即

$$c_B = \frac{n_B}{V}$$

物质的量浓度的单位为 $mol \cdot L^{-1}$。

---

 **练一练**

30 g 乙醇(B)溶于 50 g 四氯化碳(A)中形成溶液,其密度($\rho$)为 $1.28 \times 10^3 \ kg \cdot m^{-3}$,试用质量分数、摩尔分数、物质的量浓度和质量摩尔浓度来表示该溶液的组成。

---

### *三、稀溶液的依数性

不同的溶质分别溶于某种溶剂中,所得的溶液其性质往往各不相同。但是只要溶液的浓度较稀,就有一类性质是共同的,即这类性质只与溶液的浓度有关,而与溶质的本性无关。这类性质包括蒸气压下降、沸点升高、凝固点降低和渗透压等,称之为**稀溶液的依数性**(依赖于溶质粒子数目的性质)。

## 1. 蒸气压下降

在一定温度下,将某一纯溶剂,如纯水,放在密闭容器中,水面上一部分动能较高的水分子从水面逸出,扩散到容器的空间内成为水蒸气,这种过程称为蒸发。在水分子不断蒸发的同时,有一些水蒸气分子碰到水面而又成为液态水,这种过程称为凝聚。最初蒸发速度大,随着蒸气浓度的增加,凝聚速度也随之增加,最终必然达到凝聚速度与蒸发速度相等的平衡状态。在平衡状态时,水面上的蒸气压不再改变,这时,水面上的蒸气压称为饱和水蒸气压,简称蒸气压。水蒸气压与温度有关,温度越高,水蒸气压也就越高。

如果在水中加入一些难挥发的物质(溶质)时,由于溶质的加入必然会降低单位体积内水分子的数目。在单位体积内逸出液面的水分子数目便也相应地减少了。因此,在同一温度下,含有难挥发溶质的溶液的蒸气压,总是低于纯溶剂的蒸气压。这里所指的溶液的蒸气压,实际上是指溶液中溶剂的蒸气压,因为难挥发的溶质的蒸气压很小,可忽略。

实验证明,在一定温度下,难挥发非电解质稀溶液,蒸气压下降值为纯溶剂的蒸气压乘以溶质在溶液中的摩尔分数,即

$$\Delta p = p_A^* \cdot x_B$$

式中 $\Delta p$ 为蒸气压下降值,$p_A^*$ 为纯溶剂的蒸气压,$x_B$ 为溶质的摩尔分数。

换句话说,在一定温度下,稀溶液的蒸气压下降和溶质的摩尔分数成正比。这通常称为**拉乌尔定律**,此定律只适用于稀溶液。溶液越稀,越符合该定律。拉乌尔定律是稀溶液其他依数性的基础。

## 2. 沸点升高

当某一液体的蒸气压等于外界压力时,液体即沸腾,这时的温度就是该液体的沸点。可见液体的沸点是随外界压力变化而改变的,通常所说的沸点,是指外界压力为 101.325 kPa 时的沸点。例如,水蒸气压达到 101.325 kPa 时的温度为 100 ℃,该温度是水的正常沸点。如果在水中加入难挥发的溶质后,由于溶液的蒸气压下降,在100 ℃时其蒸气压小于101.325 kPa,因此在 100 ℃时溶液不能沸腾。只有将温度升高,使溶液的蒸气压达到101.325 kPa,溶液才能沸腾。所以溶液的沸点高于纯溶剂的沸点,如图 1-1 所示。

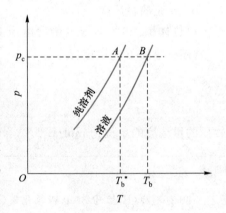

图 1-1　稀溶液沸点升高示意图

通过推导,得到

$$\Delta T_b = T_b - T_b^* = K_b b_B$$

式中 $\Delta T_b$ 为沸点升高值,$T_b$ 为溶液的沸点,$T_b^*$ 为纯溶剂的沸点,$K_b$ 为溶剂的沸点升高常数(K·kg·mol$^{-1}$),$b_B$ 为溶质的质量摩尔浓度。其中 $K_b$ 仅取决于溶剂的本性,而与溶质的性质无关。表1-2列出了几种常见溶剂的沸点及沸点升高常数 $K_b$。

表 1-2  几种常见溶剂的沸点及沸点升高常数

| 溶剂 | 水 | 乙醇 | 丙酮 | 环己烷 | 苯 | 氯仿 | 四氯化碳 |
|---|---|---|---|---|---|---|---|
| $T_b^*$/K | 373.15 | 351.48 | 329.3 | 353.89 | 353.29 | 334.35 | 349.87 |
| $K_b$/(K·kg·mol$^{-1}$) | 0.51 | 1.20 | 1.72 | 2.60 | 2.53 | 3.85 | 5.02 |

 练一练

苯的沸点为 80.14 ℃,在 100 g 苯中溶入 13.76 g 联苯($C_6H_5C_6H_5$),求此稀溶液的沸点。

**3. 凝固点降低**

某物质的凝固点是指在一定外界压力下(一般是常压)该物质的液相和固相达到相对平衡时的温度。如在 101.325 kPa 下,水的凝固点是 0 ℃,从蒸气压的角度来看,这时冰和水的蒸气压恰好相等。所有物质在凝固点时,它的液相蒸气压必然等于固相的蒸气压。

当加入难挥发的非电解质后,溶液的蒸气压下降。但要注意,溶质是加到溶剂(如水)中,只影响溶剂(水)的蒸气压,而对固相(冰)的蒸气压没有影响。只有当温度低于纯溶剂的凝固点时(对水而言为 0 ℃),溶液的蒸气压才与冰的蒸气压相等,这时冰和溶液达到平衡,这一温度就是溶液的凝固点。所以溶液的凝固点总是低于纯溶剂的凝固点,如图 1-2 所示。

$$\Delta T_f = T_f^* - T_f = K_f b_B$$

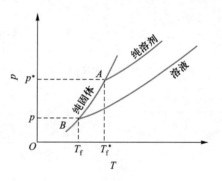

图 1-2  稀溶液凝固点降低示意图

式中 $\Delta T_f$ 为凝固点降低值,$T_f$ 为溶液的凝固点,$T_f^*$ 为纯溶剂的凝固点,$K_f$ 为溶剂的凝固点降低常数(K·kg·mol$^{-1}$),$b_B$ 为溶质的质量摩尔浓度。其中 $K_f$ 仅取决于溶剂的本性,而与溶质的性质无关。表 1-3 列出了几种常见溶剂的凝固点及凝固点降低常数 $K_f$。

表 1-3  几种常见溶剂的凝固点及凝固点降低常数

| 溶剂 | 水 | 乙酸 | 环己烷 | 苯 | 萘 | 三溴甲烷 |
|---|---|---|---|---|---|---|
| $T_f^*$/K | 273.15 | 289.75 | 279.65 | 278.65 | 353.50 | 280.95 |
| $K_f$/(K·kg·mol$^{-1}$) | 1.86 | 3.90 | 20.0 | 5.10 | 6.90 | 14.4 |

可利用溶液凝固点降低这一性质,如盐和冰(或雪)的混合物可用作制冷剂。冰的表面总附有少量水,当撒上盐后,盐溶液在水中成溶液,此时溶液蒸气压下降,当它低于冰的蒸气压时,冰就要融化。随着冰的融化,要吸收大量的热,于是冰盐混合物的温度就降低。采用 NaCl 和冰,温度可降低到 -22 ℃,用 $CaCl_2·2H_2O$ 和冰,可降低到 -55 ℃。在水产事业和食品贮藏及运输中,广泛采用食盐和冰混合而成的制冷剂。

**4. 渗透压**

如果用一种半透膜(如动物的膀胱、植物的表皮层、人造羊皮纸等)将蔗糖溶液和水分开(如图1-3所示),这种半透膜仅允许水分子通过,而蔗糖分子却不能通过,因此蔗糖分子的扩散受到了限制。由于在单位体积内,纯水比蔗糖溶液中的水分子数目多一些,所以在单位时间内,进入蔗糖溶液中的水分子数目比离开的多,结果使蔗糖溶液的液面升高,这种溶剂分子通过半透膜自动扩散的过程称为**渗透**。

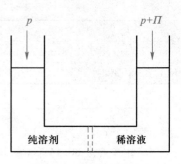

图1-3 渗透压示意图

随着溶液液面的升高,对溶液产生附加压力,使得溶液中的溶剂向外渗透到纯水中的速度加快,最后进出膜的水分子数目相等,这时达到渗透平衡,液面不再升高。这时半透膜两边的水位差所产生的压力就是该溶液的**渗透压**,用符号$\Pi$表示。

$$\Pi = c_B RT$$

式中$\Pi$为渗透压,$c_B$为物质B的物质的量浓度,$R$为摩尔气体常数,$T$为热力学温度。该公式即为范特霍夫渗透压公式,它表明在一定温度下,渗透压的大小仅由溶质的浓度决定,而与溶质的本性无关。所以,渗透压也是稀溶液的一种依数性。

## *1.3 胶 体

胶体分散体系按分散相和分散介质的不同可分为多种类型,如表1-4所示。

表1-4 胶 体 分 类

| 分散介质 | 分散相 | 名称 | 实例 |
|---|---|---|---|
| 液 | 气<br>液<br>固 | 液溶胶 | 肥皂泡沫<br>含水原油,牛奶<br>金溶胶,泥浆,油墨 |
| 固 | 气<br>液<br>固 | 固溶胶 | 浮石,泡沫玻璃<br>珍珠<br>某些合金,染色的塑料 |
| 气 | 液<br>固 | 气溶胶 | 雾,油烟<br>粉尘,烟 |

### 一、胶体的性质

#### 1. 光学性质

当一束光照射到溶胶上,在光束的垂直方向上可以看到一条发亮的光柱,这种现象称为丁铎尔现象。若换成纯水或盐溶液就看不到这种现象。

丁铎尔现象(图1-4)的产生,是由于胶体粒子对光的散射而形成的。当光线射到分散相粒子上时,可以发生两种情况:一种情况是粒子直径大于入射光波长,光就从粒子表面上按一定的角度反射,如粒子粗大的悬浊液中可以观察到这种现象;另一种情况是粒子直径小于入射光的波长,就会发生光的散射。这是光波绕过分散相粒子向各个方向散射出去,散射出来的光称为乳光。胶体溶液中分散相粒子的直径为 1~100 nm,小于可见光的波长范围(400~760 nm),所以当可见光通过溶液时便产生明显的散射作用。若粒子直径太小(小于 1 nm),光的散射极弱,则光线通过溶液时基本是发生光的透射作用,没有丁铎尔现象。

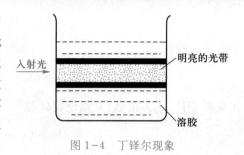

图 1-4 丁铎尔现象

 **想一想**

为什么晴朗的天空呈现蓝色,海水也呈蓝色?

### 2. 动力学性质

在超显微镜下观察溶胶时,可以看到代表分散相粒子的发光点在不断地做不规则的运动,这就是**布朗运动**。

布朗运动的产生,是由于分散体系中分散相粒子受周围分散介质的不断撞击的结果。在粗分散体系中,粒子较大,每秒钟可从各个方向受到无数次的冲击,这些冲击几乎互相抵消,对质量较大的粒子来讲,每受到一次冲击,它所发生的运动是非常细小而不易观察到的。但是对较小的溶胶粒子来讲,由于它受到的冲击次数要少得多,因此,从各个方向对溶胶粒子的冲击,就不易彼此完全抵消。它们在某一瞬间,来自某一方向有较大的冲量,这样就使溶胶粒子不断改变方向、改变速率做不规则的布朗运动。

还应指出,溶胶粒子本身也有热运动。观察到的布朗运动,实际是溶胶粒子本身的热运动和分散介质分子对其冲击的综合结果。

溶胶粒子有布朗运动、能扩散,因而溶胶粒子能保持悬浮状态,不易沉降到容器底部。

### 3. 电学性质

在溶胶内插入两个电极,通电后能看到溶胶粒子的迁移。有些溶胶粒子(如 $As_2S_3$ 溶胶)向正极移动,有些溶胶粒子(如氢氧化铁溶胶)向负极移动。在电场中,分散相粒子在分散介质中定向移动的现象称为**电泳**。例如,在一个 U 形管中装入金黄色的 $As_2S_3$ 溶胶,在 U 形管的两端各插入一个银电极,通电后可观察到正极附近的溶胶颜色逐渐变深,负极附近的溶胶颜色逐渐变浅。$As_2S_3$ 溶胶的粒子是带负电荷的。

溶胶粒子为什么会带电荷呢? 其主要原因有两个。

(1) **吸附作用** 溶胶是多相分散体系,有巨大的比表面积,在电解质溶液中会选择吸附某种离子,而获得表面电荷。在一般情况下,胶体粒子总是优先吸附构晶离子或能与构晶离子生成难溶物的离子。例如,用 $AgNO_3$ 和 KI 溶液制备 AgI 溶胶时,若 $AgNO_3$ 过量,则介质中有过量的 $Ag^+$ 和 $NO_3^-$,此时 AgI 粒子将吸附 $Ag^+$ 而带正电荷;若 KI 过量,则 AgI 粒子将吸附 $I^-$ 而带负电荷。表面吸附是胶体粒子带电荷的主要原因。

(2) **解离** 胶体粒子表面上的分子与水接触时发生解离,其中一种离子进入介质水中,结果胶体粒子带电荷。例如,硅溶胶的粒子是由许多 $SiO_2$ 分子聚集而成的,其表面分子发生水化作用:

视频:

丁铎尔现象

动画:

布朗运动

动画:

溶胶的电泳

*1.3 胶体

$$SiO_2 + H_2O \rightleftharpoons H_2SiO_3$$

若溶液显酸性,则

$$H_2SiO_3 \longrightarrow HSiO_2^+ + OH^-$$

生成的 $OH^-$ 进入溶液,从而使胶体粒子带正电荷。若溶液显碱性,则

$$H_2SiO_3 \longrightarrow HSiO_3^- + H^+$$

生成的 $H^+$ 进入溶液,结果使胶体粒子带负电荷。由此可见,介质条件(如 pH)改变时,胶体粒子的带电荷情况可能发生变化。

 **想一想**

胶体是热力学不稳定体系,为什么却又能长期存在?

### 二、溶胶的结构

由于吸附和解离,胶体粒子成为带电荷粒子,而整个溶胶是电中性的,因此分散介质必然带有等物质的量的相反电荷。现以稀 $AgNO_3$ 与过量的稀 KI 溶液反应制备 AgI 溶胶为例,说明溶胶结构。

首先 $m$ 个 AgI 分子形成 AgI 晶体微粒 $(AgI)_m$,称为**胶核**,由于 KI 是过量的,溶液中还有 $K^+$,$NO_3^-$,$I^-$ 等离子,因为胶核有选择性地吸附与其组成相类似离子的倾向,所以 $I^-$ 在其表面优先吸附,使胶核带上负电荷。带负电荷的胶核吸引溶液中的反电荷离子 $K^+$,使 $(n-x)$ 个 $K^+$ 进入紧密层,其余 $x$ 个 $K^+$ 则分布在扩散层中。胶核、吸附离子、紧密层共同组成**胶粒**,在溶胶中胶粒是独立运动的单位。剩下的其余反电荷离子松散地分布在胶粒外面,形成扩散层。扩散层和胶粒合称**胶团**,整个胶团是电中性的。胶团的结构可用下面的结构来表示:

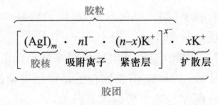

### 三、胶体的聚沉

#### 1. 溶胶的稳定性

溶胶是多相、高分散体系,具有很大的表面能,有自发聚集成较大颗粒以降低表面能的趋势,是热力学不稳定体系。但事实上,经过净化后的溶胶,在一定条件下,却能在相当长的时间内稳定存在。溶胶之所以有相对的稳定性,主要原因如下:

(1) **布朗运动** 溶胶的布朗运动剧烈,能克服重力引起的沉降作用。

(2) **胶粒带电荷** 由于胶粒带有相同电荷,相互排斥。胶粒带电荷是多数溶胶能稳

定存在的主要原因。

（3）**溶剂化作用**　在胶粒的外面有一层水化膜，它阻止了胶粒的相互碰撞而聚沉。

**2. 溶胶的聚沉**

溶胶的稳定性是相对的、有条件的。只要减弱或消除促使溶胶稳定的因素，就能使胶粒聚集成较大的颗粒而沉降。使胶粒聚集成较大的颗粒而沉降的过程称为**聚沉**。

使胶粒聚沉的方法如下：

（1）加入少量电解质引起溶胶聚沉　加入电解质后，增加了溶胶中离子的总浓度，给带电荷的胶粒创造了吸引带相反电荷离子的有利条件。由于进入扩散双电层中的异电荷离子，不一定与吸附层中的离子相同。例如，在 $Fe(OH)_3$ 胶核表面吸附了 $FeO^+$，扩散双电层中的反离子是 $Cl^-$。当溶胶中加入电解质 $Na_2SO_4$ 时，异电荷离子 $SO_4^{2-}$ 也能进入吸附层。这样，吸附层中反离子增多，而扩散层中反离子减少，于是就减少至中和了胶粒所带的电荷，使溶胶稳定性降低。当胶粒相互碰撞时，就能聚集而沉降。

不同的电解质对溶胶的聚沉能力不同。使一定量的溶胶在一定时间内开始聚沉所需电解质最低浓度，称为**聚沉值**。聚沉值越小，使胶体溶液聚沉能力越强。**聚沉能力**是聚沉值的倒数。电解质对溶胶的聚沉作用有如下规律：

① 电解质使溶胶聚沉起主要作用的是与胶粒带相反电荷的离子即反离子。反离子的价数越高，其聚沉能力越大，聚沉值越小。与溶胶具有相同电荷离子价数越高，电解质聚沉能力就越弱。

② 价数相同的反离子，其聚沉能力虽然接近，但也有差别。如对负溶胶来说，一价金属离子的聚沉能力是 $Cs^+>Rb^+>K^+>Na^+>Li^+$；对正溶胶来说，聚沉能力是 $Cl^->Br^->NO_3^->I^-$。

（2）溶胶的相互聚沉　将相反电荷的溶胶混合，由于异电荷相吸引，互相中和而发生聚沉。明矾净水作用就是溶胶相互聚沉的典型例子。因天然水中呈胶态的悬浮物大多数是带负电荷的，而明矾在水中水解生成的 $Al(OH)_3$ 溶胶是带正电荷的，它们互相聚沉而使水净化。

---

 **练一练**

对 $Fe(OH)_3$ 正溶胶，在电解质 $KCl$，$MgCl_2$，$K_2SO_4$ 中聚沉能力最强的是哪种？

# 习　题

**一、填空题**

1. 稀溶液的依数性包括＿＿＿＿、＿＿＿＿、＿＿＿＿、＿＿＿＿。

2. 引起溶胶聚沉的诸多因素中，最重要的是＿＿＿＿。

3. 在 15 ℃和 97 kPa 压力下，15 g $N_2$ 所占有的体积为＿＿＿＿ L。

4. 在 20 ℃和 97 kPa 压力下，0.842 g 某气体的体积是 0.400 L，则该气体的摩尔质量是＿＿＿＿。

**二、选择题**

1. 下列溶液性质中，不属于稀溶液的依数性的是（　　　）。

A. 凝固点　　　　　B. 沸点　　　　　C. 渗透压　　　　　D. 颜色

第一章习题解答

2. 溶胶的基本特征之一是(　　)。

A. 热力学上和动力学上皆稳定的体系

B. 热力学上和动力学上皆不稳定的体系

C. 热力学上稳定而动力学上不稳定的体系

D. 热力学上不稳定而动力学上稳定的体系

3. 25 ℃时,$0.01 \ mol \cdot kg^{-1}$ 的糖水的渗透压为 $\Pi_1$,而 $0.01 \ mol \cdot kg^{-1}$ 的尿素水溶液的渗透压为 $\Pi_2$,则(　　)。

A. $\Pi_1 < \Pi_2$ 　　　　B. $\Pi_1 > \Pi_2$ 　　　　C. $\Pi_1 = \Pi_2$ 　　　　D. 无法确定

4. 下列溶液中,能使 $As_2S_3$ 胶体溶液凝聚最快的是(　　)。

A. $Al_2(SO_4)_2$ 　　　　B. $CaCl_2$ 　　　　C. $Na_3PO_4$ 　　　　D. $MgCl_2$

### 三、是非题

1. 真实气体在低温高压下可以近似地看作理想气体。　　　　　　　　　　　　　(　　)

2. 溶胶内存在着胶粒的不规则运动的现象称为布朗运动。　　　　　　　　　　　(　　)

3. 凝固点降低、沸点升高及渗透压,都与蒸气压下降有关。　　　　　　　　　　(　　)

4. 理想气体混合物的总压等于组成该气体混合物的各组分的分压之和。　　　　　(　　)

5. 稀溶液的依数性不仅与溶质的本性有关,还取决于溶入稀溶液中的溶质粒子的数目。(　　)

### 四、问答题

1. 为什么将气体引入任何大小的容器中,气体都会自动扩散至充满整个容器?

2. 为什么人体发烧时,在皮肤上搽酒精后,会感到凉爽?

3. 为什么丙烷钢瓶在丙烷几乎用完以前总是保持恒压?

4. 道尔顿分压定律只适用于理想气体混合物吗? 能否适用于真实气体?

### 五、计算题

1. 在 100 kPa 和 100 ℃混合 0.300 L $H_2$ 和 0.100 L $O_2$,然后使之爆炸。如果爆炸后压力和温度不变,则混合气体的体积是多少?

2. 在 25 ℃时,初始压力相同的 5.0 L $N_2$ 和 15 L $O_2$ 压缩到体积为 10.0 L 的真空容器中,混合气体的总压力是 150 kPa。试求:

(1) 两种气体的初始压力;

(2) 混合气体中 $N_2$ 和 $O_2$ 的分压;

(3) 如果把温度升到 210 ℃,容器的总压力。

3. 人在呼吸时呼出气体的组成与吸入空气的组成不同。在 36.8 ℃与 101 kPa 时,某典型呼出气体的体积组成:$N_2$ 75.1%,$O_2$ 15.2%,$CO_2$ 5.9%。试求:

(1) 呼出气体的平均摩尔质量;

(2) $CO_2$ 的分压。

4. 已知在 25 ℃及 101 kPa 压力下,含有 $N_2$ 和 $H_2$ 的混合气体的密度为 $0.50 \ g \cdot L^{-1}$,则 $N_2$ 和 $H_2$ 的分压及体积分数是多少?

# *第二章 化学热力学基础

**学习目标**

● 理解系统和环境、过程和途径、状态和状态函数、热和功、热力学能、焓和焓变等概念；

● 掌握热化学方程式的正确书写；

● 理解标准摩尔生成焓的意义；

● 理解盖斯定律，能够利用盖斯定律进行反应热效应的计算；

● 理解并掌握由标准摩尔生成焓计算化学反应的热效应。

# 知识结构框图

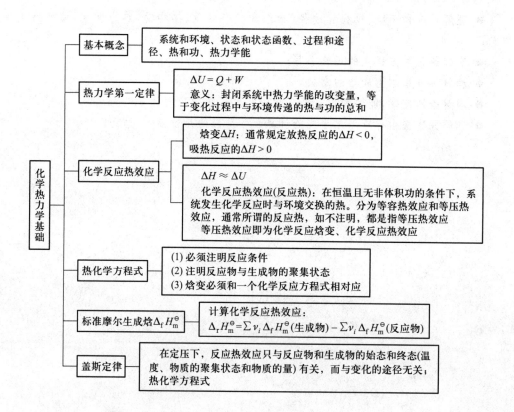

## 2.1 基本概念和热力学第一定律

### 一、概念和术语

#### 1. 系统和环境

化学反应总是伴随着各种形式的能量变化,在研究化学反应中的能量关系时,常常需要把研究的对象与周围其他部分划分开来,作为研究对象的这部分,就称为**系统**,系统以外的跟系统密切相关的部分则称为**环境**。例如,研究溶液中的反应,溶液就是研究的系统,而盛溶液的烧杯、溶液上方的空气等都是环境。按照系统和环境之间物质和能量的交换情况不同,可以将系统分为以下三类。

**敞开系统**:系统和环境之间,既有物质交换,又有能量交换。

**封闭系统**:系统和环境之间,没有物质交换,只有能量交换。

**孤立(隔离)系统**:系统和环境之间,既没有物质交换,也没有能量交换。

例如,在一个敞口的广口瓶中盛水,盛水的广口瓶即为一个敞开系统,因为瓶内外既有热量交换,又有瓶中水汽的蒸发和瓶外空气的溶解;如在此广口瓶上盖上瓶塞,这样瓶内外只有热量交换而无物质交换,这时成为一个封闭系统;如将上述广口瓶换为带盖的杜瓦瓶(能绝热),由于瓶内外既无物质交换又无热量交换,构成一个孤立系统。

#### 2. 状态和状态函数

一个系统的状态可由它的一系列物理量来确定,例如,气体的状态可由压力、体积、温度及各组分的物质的量等参数来决定。当这些物理量都有确定值时,系统就处在一定的热力学状态,所以,状态是系统一切宏观性质的综合。而这些确定系统状态性质的物理量称为**状态函数**。

状态函数的一个重要性质,就是它们的数值大小只与系统所处的状态有关。也就是说,在系统从一种状态变化到另一种状态时,状态函数的改变量只与系统的始态和终态有关,而与完成这个变化所经历的途径无关。例如,一种气体的温度由始态的 25 ℃ 变到终态的 50 ℃,变化的途径不论是先从 25 ℃ 降温到 0 ℃,再升温到 50 ℃,或是从 25 ℃ 直接升温到 50 ℃,状态函数的改变量 $\Delta T$ 只由系统的终态(50 ℃)和始态(25 ℃)所决定,其结果都是相同的。

系统各个状态函数之间是相互联系、相互制约的,因此确定了系统的几个状态函数后,系统其余的状态函数也就随之而定了。例如,对于气体,如知道了压力、温度、体积、物质的量这四个状态函数中的任意三个,就能用状态方程确定第四个状态函数。

#### 3. 过程和途径

系统的状态由于外界条件的改变,会发生变化。这种状态变化称为**过程**。完成这个过程的具体步骤则称为**途径**。

一个过程可以由多种途径来实现。例如,一定量的 298.15 K 的水变化为 373.15 K 的水,这是一个过程,可以设计这个过程由如图 2-1 所示两种途径来实现。

然而,不管过程是一次升温从始态到达终态,还是经过降温和升温两步从始态到达

动画:

敞开系统、封闭系统和孤立系统

2.1 基本概念和热力学第一定律

图 2-1 一个过程的两种途径

终态,状态函数(温度)的改变量都是相同的,$\Delta T = T_2 - T_1 = 75\ K$。其实,这就是前面所讲到的状态函数的一个性质,状态函数的改变量与途径无关。

热力学根据过程发生时的条件,通常将过程分为如下几种:

(1) **等温过程**　系统的始态温度与终态温度相同,并等于环境温度的过程($T_1 = T_2 = T_{环}$)。

(2) **等压过程**　系统的始态压力与终态压力相同,并等于环境压力的过程($p_1 = p_2 = p_{环}$)。在敞口容器中进行的反应,可看作等压过程,因系统始终经受相同的大气压。

(3) **等容过程**　系统的体积不发生变化的过程($V_1 = V_2$)。

(4) **绝热过程**　系统和环境之间没有热交换的过程($Q = 0$)。

**4. 热和功**

当系统和环境之间存在着温度差时,两者之间就会发生能量交换,热会自动地从高温的一方向低温的一方传递,直到温度相等而建立起热平衡为止。热用符号 $Q$ 表示。溶解过程中与环境交换的热称为**溶解热**;化学反应过程中与环境交换的热称为**反应热**。热力学上规定,系统从环境吸热,$Q > 0$;系统向环境放热,$Q < 0$。

除了热以外,把其他各种被传递的能量都称为**功**,功用符号 $W$ 表示。**热力学上规定:系统对环境做功,$W$ 为负值;环境对系统做功,$W$ 为正值。**

功有多种形式,通常把功分为两大类,由于系统体积变化而与环境产生的功称为**体积功**或**膨胀功**,用 $-p\Delta V$ 表示;除体积功以外的所有其他功都称为**非体积功 $W_f$**(也叫**有用功**)。热力学系统发生变化时,不做非体积功,因此若非特殊指明,均指体积功,直接用 $W$ 表示。

热和功是能量传递的两种形式,它们与变化的途径有关,当系统变化的始、终态确定后,$Q$ 和 $W$ 随着途径不同而不同,只有指明途径才能计算过程的热和功。所以热和功都不是状态函数。

**5. 热力学能**

热力学能,是系统中一切形式能量的总和。这些能量储存于系统内部,所以热力学能又称为**内能**。它包括系统中原子、分子或离子的动能(平动能、转动能、电子运动能等)、各种粒子间吸引和排斥所产生的势能,以及化学键能、核能等。

热力学能以符号 $U$ 表示,具有能量单位。它仅取决于系统的状态,在一定状态下有一定的数值,所以热力学能是状态函数,当系统从一种状态变化到另一种状态时,热力学能的改变量 $\Delta U$ 只与系统的始态和终态有关而与变化的途径无关。

由于物质结构的复杂性和内部相互作用的多样性,尚不能确定热力学能的绝对值。实际应用中只要知道热力学能的变化值就足够了。根据能量守恒与转化定律,系统热力学能的变化可以由系统与环境之间交换的热和功的数值来确定。

**想一想**

在热和功的相互转化过程中,系统的总能量是否发生变化?

动画:

热

动画:

功

### 二、热力学第一定律

人们经过长期的实践证明:"自然界一切物质都具有能量,能量有各种不同形式,能够从一种形式转化为另一种形式,在转化过程中能量的数值不变。"也就是说,能量总是不能自生自灭的。这就是能量守恒与转化定律。此定律应用于宏观系统所得的结果,就是**热力学第一定律**。其数学表达式为

$$\Delta U = Q + W$$

式中 $\Delta U$ 为热力学能的变化(J 或 kJ);$Q$ 为过程变化时,系统与环境传递的热(J 或 kJ);$W$ 为过程变化时,系统与环境传递的功(J 或 kJ)。热力学第一定律的意义是,封闭系统中热力学能的改变量,等于变化过程中与环境传递的热与功的总和。

## 2.2 化学反应热效应

### 一、焓

系统经过等压且非体积功为零的过程时,与环境交换的热,称为**等压热**,符号为 $Q_p$。大多数的化学反应都是在等压条件下进行的。例如,在化学实验中,许多化学反应都是在敞口容器中进行,反应是在与大气接触的情况下发生。因此,系统的最终压力必等于大气压力,由于大气压力变化比较微小,在一段时间内可以看作不变,所以反应可以看作是在等压下进行,因此讨论等压反应热效应具有实际意义。在等压下进行的化学反应,如有体积变化时,则要做体积功。在等压下进行的化学反应,一般只做体积功,则

$$W = -p\Delta V = -(p_2 V_2 - p_1 V_1)$$

这样,按热力学第一定律,在等压下进行的化学反应的热力学能变化为

$$\Delta U = Q_p + W = Q_p - p\Delta V$$

则

$$Q_p = \Delta U + p\Delta V = U_2 - U_1 + p(V_2 - V_1) = (U_2 + pV_2) - (U_1 + pV_1)$$

式中 $U, p, V$ 都是状态函数,它们的组合 $(U + pV)$ 也必定具有状态函数的性质。热力学上定义:$H = U + pV$,取名为**焓**,以 $H$ 表示。这样可得出:

$$Q_p = H_2 - H_1 = \Delta H$$

$\Delta H$ 为系统的焓变,具有能量的单位。即温度一定时,在等压下,只做体积功时,系统的化学反应热效应 $Q_p$ 在数值上等于系统的焓变。因而焓可以认为是物质的热含量,即物质内部可以转变为热的能量。

与热力学能一样,焓的绝对值也不能确定。在实际应用中涉及的都是焓变 $\Delta H$。

通常规定放热反应的 $\Delta H < 0$,吸热反应的 $\Delta H > 0$。由 $Q_p = \Delta H$,再结合热力学第一定律 $\Delta U = Q_p - p\Delta V$ 可得

$$\Delta U - \Delta H = -p\Delta V$$

由此可知,等压下,$\Delta U - \Delta H$ 就是系统经由等压过程发生变化时所做的体积功。对始态和终态都是液体或固体的变化来说,统计体积变化 $\Delta V$ 不大,可以忽略不计。这样可得

$$\Delta H \approx \Delta U$$

对于有气体参加的反应,例如:

$$2H_2(g) + O_2(g) \Longrightarrow 2H_2O(g)$$

假定反应物和生成物都具有理想气体的性质,则

$$p\Delta V = p(V_2 - V_1) = (n_2 - n_1)RT = \Delta nRT$$

反应前后,气体的物质的量改变为 $\Delta n$,它等于气体生成物的物质的量总和减去气体反应物的物质的量总和。在 1 mol 上述反应中,$\Delta n = [2 - (1+2)]\text{mol} = -1$ mol,当 $T = 298.15$ K时,则

$$p\Delta V = \Delta nRT = -1\ \text{mol} \times 8.314 \times 10^{-3}\ \text{kJ·mol}^{-1}\text{·K}^{-1} \times 298.15\ \text{K} = -2.479\ \text{kJ}$$

由此可见,即使在有气体参加的反应中,$p\Delta V$ 与 $\Delta H$ 相比也只是一个较小的值。因此,在一般情况下,可认为

$$\Delta H \approx \Delta U$$

在恒温且无非体积功的条件下,系统发生化学反应时与环境交换的热称为**化学反应热效应**,简称**反应热**。按反应进行的条件,反应热效应分为**等容热效应**和**等压热效应**,通常所谓的反应热效应,如不注明,都是指等压热效应。等压热效应即为化学反应焓变,可根据状态函数的性质设计简化途径来计算。

### 二、热化学方程式

表示化学反应及其热效应关系的化学方程式称为**热化学方程式**。例如:

$$2H_2(g) + O_2(g) \Longrightarrow 2H_2O(g) \qquad \Delta_r H_m^\ominus(298.15\ \text{K}) = -483.64\ \text{kJ·mol}^{-1}$$

该式表明,温度为 298.15 K,诸气体压力均为标准压力 $p^\ominus$(101.325 kPa)时,在等压条件下(大多数反应都是在等压条件下进行的),消耗 2 mol $H_2$(g) 和 1 mol $O_2$(g),生成 2 mol $H_2O$(g)所放出的热量为 483.64 kJ。

反应热效应与许多因素有关,正确地书写热化学方程式时必须注意以下几点:

(1) 因为反应热效应的数值与温度、压力有关,所以在热化学方程式中必须注明反应条件。

在同一温度下,物质的性质常随压力而变,热力学中规定了物质的标准状态:气态物质

的标准状态是压力为 100 kPa 的理想气体。液态或固态物质的标准状态是在 100 kPa 压力下,其相应的最稳定的纯净物。对于溶液来说,溶质的标准状态是其质量摩尔浓度为 1 mol·kg⁻¹,实际应用中,稀溶液中溶质的标准状态常近似用溶质的物质的量浓度为 1 mol·L⁻¹,压力为标准压力 100 kPa;把稀溶液的溶剂看作纯物质,其标准状态是标准压力下的纯液体。诸物质处于标准状态时的反应焓变,称为**标准反应焓**,以 $\Delta_r H^\ominus$ 表示。上例中的焓变就是标准反应焓。

温度若不注明,通常指 298.15 K。

(2) 必须注明反应物与生成物的聚集状态(通常用 g 表示气态,l 表示液态,s 表示固态)。若上述反应中生成物是 $H_2O(l)$,而不是 $H_2O(g)$,则放出的热量就会更多些,因为水的汽化要吸收一定热量。

(3) 焓变必须和一个化学反应方程式相对应。物质化学方程式前面的系数表示该物质在 1 mol 反应中的物质的量,不表示分子数。因此,必要时可以用分数表示。

### 三、标准摩尔生成焓

化学反应的等压热效应($\Delta H$),等于生成物焓的总和与反应物焓的总和之差。如果能够知道参加化学反应的各物质的焓的绝对值,对于任一反应就能直接计算其反应热效应。但是实际上,焓的绝对值是无法测定的,为解决这一困难,人们采用了一个相对标准,同样可以方便地用来计算反应的 $\Delta H$。

规定,在温度 $T$ 的标准状态下,由元素的最稳定单质化合生成 1 mol 纯化合物时的反应焓变称为该化合物的**标准摩尔生成焓**,用 $\Delta_f H_m^\ominus$ 表示,其中下标“f”表示生成反应,“m”表示摩尔反应,“⊖”指这种物质均处于标准状态。若温度是 298.15 K,则可不用注明温度。若温度不是 298.15 K,则需要在下标处注明温度,符号为 $\Delta_f H_T$,$T$ 是实际反应温度。可以看到,热力学中的标准状态是指标准压力条件、温度由实际反应而定。在化学手册中查到的 $\Delta_f H_m^\ominus$ 的数据常是 298.15 K 时的标准摩尔生成焓。由上所述,必须注意勿将标准状态与 1.1 节中的标准状况相混淆。

根据上述定义,稳定单质的标准摩尔生成焓为零。应该指出,当一种元素有两种或两种以上单质时,只有一种是最稳定的。从本书附录 2 中标准摩尔生成焓数据可以看到,C 的两种同素异形体石墨和金刚石,其中石墨是 C 的稳定单质,它的标准摩尔生成焓为零。由稳定单质转变为其他形式单质时,也有焓变:

$$C(石墨) \longrightarrow C(金刚石) \quad \Delta_r H_m^\ominus = 1.895 \text{ kJ·mol}^{-1}$$

标准摩尔生成焓是热化学计算中非常重要的数据,通过比较相同类型化合物的标准摩尔生成焓数据,可以判断这些化合物的相对稳定性。例如,$Ag_2O$ 与 $Na_2O$ 相比较,因 $Ag_2O$ 生成时放出热量少,因而比较不稳定(见表 2-1)。

表 2-1 $Ag_2O$ 和 $Na_2O$ 标准摩尔生成焓的比较

| 物质 | $\Delta_f H_m^\ominus$(298.15 K)/(kJ·mol⁻¹) | 稳定性 |
|------|------|------|
| $Ag_2O$ | −31.1 | 300 ℃ 以上分解 |
| $Na_2O$ | −414.2 | 加热不分解 |

练一练

下列反应中哪个反应的焓变代表 AgCl(s) 的标准摩尔生成焓?

(1) $Ag^+(aq) + Cl^-(aq) \rule[0.5ex]{1.5em}{0.4pt} AgCl(s)$

(2) $Ag(s) + \dfrac{1}{2}Cl_2(g) \rule[0.5ex]{1.5em}{0.4pt} AgCl(s)$

(3) $AgCl(s) \rule[0.5ex]{1.5em}{0.4pt} Ag(s) + \dfrac{1}{2}Cl_2(g)$

(4) $Ag(s) + AuCl(aq) \rule[0.5ex]{1.5em}{0.4pt} Au(s) + AgCl(s)$

### 四、盖斯定律

俄国化学家盖斯根据对反应热效应实验测量结果的分析,于 1840 年总结出一条定律:在定压下,反应热效应只与反应物和生成物的始态和终态(温度、物质的聚集状态和物质的量)有关而与变化的途径无关。这个定律称为**盖斯定律**。

根据这个定律,可以计算出一些不能用实验方法直接测定的热效应。例如,在煤气生产中,需要知道下列反应在定温、定压下(298 K,100 kPa)的热效应:

$$C(s) + \frac{1}{2}O_2(g) \rule[0.5ex]{1.5em}{0.4pt} CO(g)$$

上述反应的热效应不能用实验直接测定。但是,C 燃烧生成 $CO_2$ 的热效应和 CO 燃烧生成 $CO_2$ 的热效应是已知的:

$$C(s) + O_2(g) \rule[0.5ex]{1.5em}{0.4pt} CO_2(g) \qquad \Delta_r H_m^{\ominus}(1) = -393.5 \ kJ \cdot mol^{-1} \qquad (1)$$

$$CO(g) + \frac{1}{2}O_2(g) \rule[0.5ex]{1.5em}{0.4pt} CO_2(g) \qquad \Delta_r H_m^{\ominus}(2) = -283.0 \ kJ \cdot mol^{-1} \qquad (2)$$

可以设想,生成 $CO_2$ 的途径,即从始态(C+$O_2$)到达终态($CO_2$)的途径有两种,如图 2-2 所示。第一种途径是一步完成的,以(1)表示;第二种途径分两步完成,即是由碳和氧气生成 CO,再由 CO 和氧气生成 $CO_2$,分别以(3)和(2)表示。

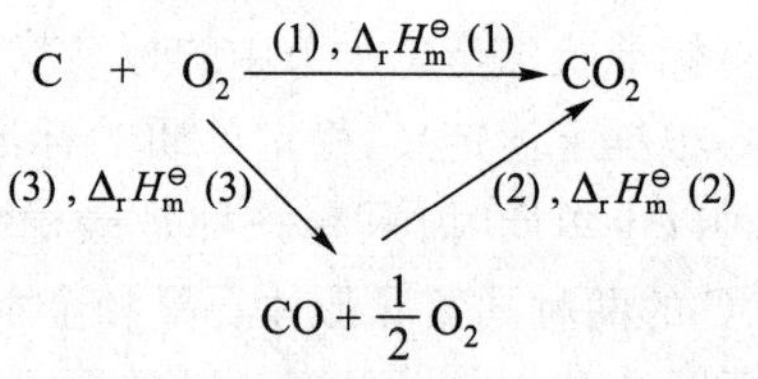

根据盖斯定律,有 $\Delta_r H_m^{\ominus}(1) = \Delta_r H_m^{\ominus}(2) + \Delta_r H_m^{\ominus}(3)$,则

图 2-2 $C + O_2 \longrightarrow CO_2$ 的反应途径

$$\Delta_r H_m^{\ominus}(3) = \Delta_r H_m^{\ominus}(1) - \Delta_r H_m^{\ominus}(2) = [-393.5 - (-283.0)] kJ \cdot mol^{-1} = -110.5 \ kJ \cdot mol^{-1}$$

由此求出反应(3)的热效应为 $-110.5$ kJ。即

$$C(s) + \frac{1}{2}O_2(g) \rule[0.5ex]{1.5em}{0.4pt} CO(g) \qquad \Delta_r H_m^{\ominus}(3) = -110.5 \ kJ \cdot mol^{-1} \qquad (3)$$

实际上,根据盖斯定律,可以把热化学方程式像代数方程那样进行运算。反应方程式相加(或相减),其热效应的数值也相加(或相减)。例如,在上例中反应(1)减去反应(2)即得反应(3)。即反应(3)=反应(1)-反应(2),则热效应 $\Delta_r H_m^{\ominus}(3) = \Delta_r H_m^{\ominus}(1) - \Delta_r H_m^{\ominus}(2)$。

动画:

盖斯定律

盖斯定律的实质是焓为状态函数,焓变与途径无关。

**想一想**

在应用盖斯定律时,如果一个热化学方程式中的水是气态,即 $H_2O(g)$,而另一个热化学方程式中的水是液态,即 $H_2O(l)$。热化学方程式的热效应的数值也能相加(或相减)吗?

### 五、由标准摩尔生成焓计算化学反应热效应

盖斯定律的重要用途就是利用化合物的标准摩尔生成焓,来计算各种化学反应的热效应。因为在任何反应中,反应物和生成物所含有的原子的种类和个数总是相同的(质量守恒定律),用相同种类和数量的单质既可以组成全部反应物,也可以组成全部生成物。如果分别知道了反应物和生成物的标准摩尔生成焓,即可求出反应的热效应。现以氨的氧化反应为例说明。

**例 2-1** 由热力学数据表中查得

$$\Delta_f H_m^{\ominus}(NH_3,g) = -46.11 \text{ kJ·mol}^{-1}$$

$$\Delta_f H_m^{\ominus}(NO,g) = 90.25 \text{ kJ·mol}^{-1}$$

$$\Delta_f H_m^{\ominus}(H_2O,g) = -241.8 \text{ kJ·mol}^{-1}$$

试计算氨的氧化反应 $4NH_3(g) + 5O_2(g) \longrightarrow 4NO(g) + 6H_2O(g)$ 的标准摩尔反应热(即标准摩尔反应焓)$\Delta_r H_m^{\ominus}(298\text{ K})$。

**解:** 反应物和生成物都可以看作是由 2 mol $N_2$,6 mol $H_2$,5 mol $O_2$ 反应生成的,以单质为始态,以生成物为终态,反应物为中间状态,可得关系图 2-3。

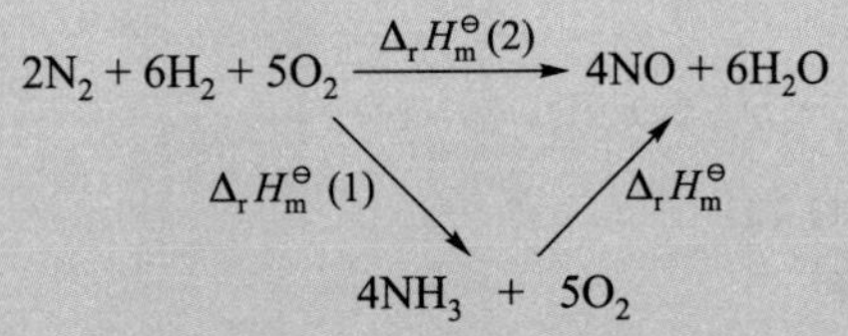

$$2N_2 + 6H_2 + 5O_2 \xrightarrow{\Delta_r H_m^{\ominus}(2)} 4NO + 6H_2O$$

$$\Delta_r H_m^{\ominus}(1) \searrow \quad \nearrow \Delta_r H_m^{\ominus}$$

$$4NH_3 + 5O_2$$

图 2-3 氨的氧化反应关系图

反应物标准摩尔生成焓的总和:

$$\Delta_r H_m^{\ominus}(1) = 4\Delta_f H_m^{\ominus}(NH_3,g) + 5\Delta_f H_m^{\ominus}(O_2,g) = [4\times(-46.11) + 5\times 0]\text{kJ·mol}^{-1}$$

$$= -184.44 \text{ kJ·mol}^{-1}$$

生成物标准摩尔生成焓的总和:

$$\Delta_r H_m^{\ominus}(2) = 4\Delta_f H_m^{\ominus}(NO,g) + 6\Delta_f H_m^{\ominus}(H_2O,g) = [4\times 90.25 + 6\times(-241.8)]\text{kJ·mol}^{-1}$$

$$= -1\,089.8 \text{ kJ·mol}^{-1}$$

根据盖斯定律,有 $\Delta_r H_m^{\ominus}(1) + \Delta_r H_m^{\ominus} = \Delta_r H_m^{\ominus}(2)$,则

$$\Delta_r H_m^{\ominus} = \Delta_r H_m^{\ominus}(2) - \Delta_r H_m^{\ominus}(1) = [-1\,089.8 - (-184.44)]\text{kJ·mol}^{-1} = -905.36 \text{ kJ·mol}^{-1}$$

由上述例子可知,在相同温度和压力下,标准摩尔反应热等于生成物的标准摩尔生成焓总和减去反应物的标准摩尔生成焓总和。

$$\Delta_r H_m^\ominus = \sum \nu_i \Delta_f H_m^\ominus (生成物) - \sum \nu_i \Delta_f H_m^\ominus (反应物)$$

式中 $\nu_i$ 为生成物和反应物的化学计量数。

# 习　题

第二章习题解答

## 一、选择题

1. 与环境只有能量交换,而没有物质交换的系统称为(　　)。

A. 敞开系统　　　　　B. 隔离系统　　　　　C. 封闭系统　　　　　D. 孤立系统

2. 某系统由状态 A 变化到状态 B,经历了两种不同的途径,与环境交换的热与功分别为 $Q_1, W_1$ 和 $Q_2, W_2$。则下列关系正确的是(　　)。

A. $Q_1 = Q_2, W_1 = W_2$ 　　　　　　　　B. $Q_1 + W_1 = Q_2 + W_2$

C. $Q_1 > Q_2, W_1 > W_2$ 　　　　　　　　D. $Q_1 < Q_2, W_1 < W_2$

3. 298 K 时,下列物质中 $\Delta_f H_m^\ominus = 0$ 的是(　　)。

A. $CO_2(g)$ 　　　　　B. $I_2(g)$ 　　　　　C. $Br_2(l)$ 　　　　　D. C(s,金刚石)

## 二、问答题

1. 利用本书附录 2 中的数据,计算下列反应在 298.15 K 时的 $\Delta_r H_m^\ominus$。

(1) $H_2(g) + \dfrac{1}{2} O_2(g) \longrightarrow H_2O(g)$

(2) $CH_3COOH(l) + 2O_2(g) \longrightarrow 2CO_2(g) + 2H_2O(l)$

(3) $H_2(g) + F_2(g) \longrightarrow 2HF(g)$

2. 判断下列两组反应,在 298.15 K 和标准压力下的等压反应热是否相同,并说明理由。

(1) $H_2(g) + Br_2(g) \longrightarrow 2HBr(g)$

$\dfrac{1}{2} H_2(g) + \dfrac{1}{2} Br_2(g) \longrightarrow HBr(g)$

(2) $SO_2(g) + \dfrac{1}{2} O_2(g) \longrightarrow SO_3(g)$

$2SO_2(g) + O_2(g) \longrightarrow 2SO_3(g)$

3. 判断下列说法是否正确:

(1) 单质的标准摩尔生成焓都为零。

(2) 反应的热效应就是反应的焓变。

# 第三章　化学反应速率与化学平衡

学习目标

- 理解反应速率的概念、表示方法和反应速率方程；
- 理解并掌握浓度(或分压)、温度、催化剂对化学反应速率的影响并会应用；
- 掌握标准平衡常数的概念及表达式的书写；
- 掌握转化率的概念及有关计算和应用；
- 运用平衡移动原理说明浓度、压力、温度对化学平衡移动的影响。

化学反应速率表示的是化学反应进行的快慢，而化学平衡则可以表示反应的完全程度。在生产实践如化工生产中，通常希望反应快速完成、转化完全。相反，对于那些危害很大的化学变化，如食物的变质、铁的生锈、染料的褪色，以及橡胶的老化等，总是希望阻止或尽可能延缓其发生，以减少损失。

只有通过学习和研究化学反应，掌握化学反应的相关规律，才能在生产和生活中有效地控制化学反应，使之为人类服务。

# 知识结构框图

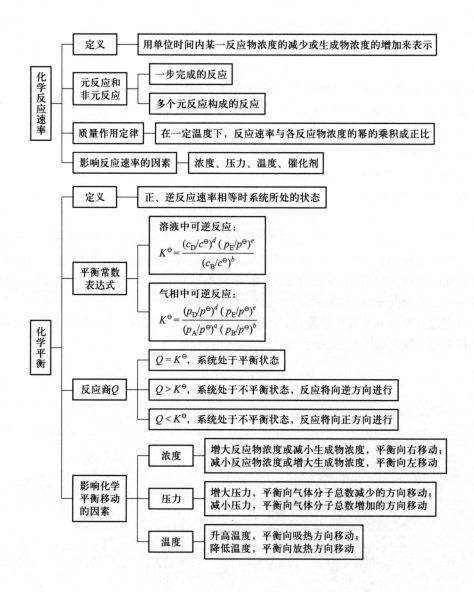

# 3.1 化学反应速率

各种反应进行的快慢程度极不相同,有的反应速率非常快,如炸药的爆炸、酸碱的中和反应;有的反应速率比较慢,如一些氧化还原反应;而有的反应几乎看不出其变化,如金属的自然氧化等。而且相同的反应,当条件不同时,反应速率也不相同。

为了比较化学反应的快慢,首先必须确定反应速率的表示方法。化学反应速率是指在一定条件下,化学反应中反应物转变为生成物的速率。往往用单位时间内反应物或生成物浓度变化的正值(绝对值)表示。浓度的单位通常用 $mol \cdot L^{-1}$,时间的单位可根据反应快慢采用 s(秒)、min(分)、h(小时)、d(天)或 a(年)等。

$$反应速率(v) = \frac{浓度变化}{变化所需时间}$$

下面以 $N_2O_5$ 在 $CCl_4$ 溶液中的分解反应为例说明反应速率的表示。

在 $CCl_4$ 溶液中,$N_2O_5$ 按下式分解:

$$2N_2O_5 \rightleftharpoons 4NO_2 + O_2$$

分解反应的数据列于表 3-1 中。

在一定的时间间隔 $\Delta t = t_2 - t_1$,有

$$\Delta c(N_2O_5) = c(N_2O_5)_2 - c(N_2O_5)_1$$

平均反应速率为

$$\overline{v}(N_2O_5) = \left| \frac{\Delta c(N_2O_5)}{\Delta t} \right| = \left| \frac{c(N_2O_5)_2 - c(N_2O_5)_1}{t_2 - t_1} \right|$$

表 3-1　在 $CCl_4$ 溶液中 $N_2O_5$ 的分解反应速率(298.15 K)

| 经过的时间 $t/s$ | 时间间隔 $\Delta t/s$ | $N_2O_5$ 浓度 $c/(mol \cdot L^{-1})$ | $N_2O_5$ 浓度的降低 $\Delta c/(mol \cdot L^{-1})$ | 反应速率 $\overline{v}/(mol \cdot L^{-1} \cdot s^{-1})$ |
|---|---|---|---|---|
| 0 | 0 | 2.10 | — | — |
| 100 | 100 | 1.95 | 0.15 | $1.5 \times 10^{-3}$ |
| 300 | 200 | 1.70 | 0.25 | $1.2 \times 10^{-3}$ |
| 700 | 400 | 1.31 | 0.39 | $9.8 \times 10^{-4}$ |
| 1 000 | 300 | 1.08 | 0.23 | $7.7 \times 10^{-4}$ |
| 1 700 | 700 | 0.76 | 0.32 | $4.6 \times 10^{-4}$ |
| 2 100 | 400 | 0.56 | 0.20 | $5.0 \times 10^{-4}$ |
| 2 800 | 700 | 0.37 | 0.19 | $2.7 \times 10^{-4}$ |

从表 3-1 可见,反应进行了 100 s 时,如用 $N_2O_5$ 来表示平均反应速率,则

$$\overline{v}(N_2O_5) = \left| \frac{1.95 - 2.10}{100 - 0} \right| mol \cdot L^{-1} \cdot s^{-1} = 1.5 \times 10^{-3} \ mol \cdot L^{-1} \cdot s^{-1}$$

以此类推,但必须注意以下几点:

(1) 以上所讨论的只是 $0 \sim 100$ s $N_2O_5$ 的分解反应的平均速率。每个时间间隔速率都不一样,而且在每个时间间隔里,任何时间内的速率都是不一样的。

因此,在实际生产中,真实的反应速率是某一瞬间的反应速率,即瞬时速率,时间间隔越短,平均速率就越接近于真实速率。本书中以后提到的反应速率均指瞬时速率。

(2) 反应式中各物质的化学计量数往往不同,因此,用不同的反应物或生成物的浓度变化所得到的反应速率,数值上可能不同。为了统一起见,根据 IUPAC 和近年我国国家标准的表述,需将所得反应速率除以各物质在反应式中的化学计量数。

 **想一想**

一个反应在相同温度和不同起始浓度下,反应速率是否相同? 一个反应在不同温度和相同起始浓度下,反应速率是否相同?

# 3.2　影响化学反应速率的主要因素

化学反应速率的大小首先取决于反应物的本性,其次外界条件如浓度、压力、温度、催化剂等对反应速率也有很大的影响。

**一、浓度或分压对反应速率的影响**

实验证明,在一定温度下,反应物浓度越大,反应速率就越快,反之则越慢。为了定量描述这两者之间的关系,须明确以下概念。

**1. 元反应和非元反应**

实验表明,绝大多数化学反应并不是简单地一步完成的,往往是分步进行的。一步就能完成的反应称为**元反应**。例如:

$$2NO_2(g) \Longrightarrow 2NO(g) + O_2(g)$$

$$CO(g) + NO_2(g) \Longrightarrow CO_2(g) + NO(g)$$

分几步进行的反应称为**非元反应**。例如反应:

$$2H_2(g) + 2NO(g) \xrightarrow{800\ ℃} N_2(g) + 2H_2O(g)$$

实际上是分两步进行的:

第一步　　　　　　　$2NO + H_2 \Longrightarrow N_2 + H_2O_2$

第二步　　　　　　　$H_2 + H_2O_2 \Longrightarrow 2H_2O$

每一步为一个元反应,总反应即为两步反应的加和。

动画:

压力对气体反应速率的影响

第三章　化学反应速率与化学平衡

28

**2. 元反应的速率方程——质量作用定律**

在一定温度下,元反应的反应速率与各反应物浓度幂的乘积成正比。浓度的幂指数等于元反应中各反应物的化学计量数。即对于一般的元反应:

$$aA + bB \rightleftharpoons 产物$$

其速率方程为

$$v = kc_A^a c_B^b$$

式中 $k$ 为速率常数;$c_A$ 和 $c_B$ 分别为反应物 A 和 B 的浓度,其单位通常采用 $mol \cdot L^{-1}$ 表示;各物质浓度的幂指数之和 $(a+b)$ 称为该反应的反应级数。这一规律称为质量作用定律。

例如,元反应 $2NO(g) + O_2(g) \rightleftharpoons 2NO_2(g)$,其速率方程为 $v = k\{c(NO)\}^2 \{c(O_2)\}$,其反应级数为 3 级。

应当强调的是

(1) 质量作用定律只适用于元反应,不适用于非元反应。对于非元反应,其速率方程是由实验确定的,往往与反应式中的化学计量数不同。如果知道该非元反应的元步骤,则可以将其最慢的一步作为决定速率的步骤,进行讨论。

(2) 对于指定反应,速率常数 $k$ 不随反应物浓度的变化而变化,但与温度有关,因此实验测得的速率常数要注明测定时的温度。

(3) 多相反应中的固态反应物,其浓度不写入速率方程。如元反应 $C(s) + O_2(g) \rightleftharpoons CO_2(g)$,其速率方程为 $v = kc(O_2)$。

(4) 对于气体反应,当体积恒定时,各组分气体的分压与浓度成正比,故速率方程也可表示为 $v = kp_A^a p_B^b$。

在浓度或分压相同的情况下,$k$ 值越大,反应速率就越快。

**二、温度对反应速率的影响**

温度是影响反应速率的重要因素之一。温度升高时,绝大多数反应的反应速率都会加快。例如,$H_2$ 和 $O_2$ 生成水的反应,常温下反应基本难以进行,而在 500 ℃时,反应会剧烈进行,甚至发生爆炸。根据实验结果,反应物浓度恒定时,对大部分化学反应,温度每升高 10 ℃,反应速率增加到原来的 2~4 倍。表 3-2 列出了温度对 $H_2O_2$ 与 HI 反应速率的影响。

动画:
温度对反应速率的影响

表 3-2　温度对 $H_2O_2$ 与 HI 反应速率的影响

| $t/℃$ | 0 | 10 | 20 | 30 | 40 | 50 |
|---|---|---|---|---|---|---|
| 相对反应速率 | 1.00 | 2.08 | 4.32 | 8.38 | 16.19 | 39.95 |

对于每升高 10 ℃,反应速率增大 1 倍的反应,100 ℃时的反应速率约为 0 ℃时的 $2^{10}$ 倍,即在 0 ℃需要 7 天多才能完成的反应,在 100 ℃只需 10 min 左右即可完成。

### 三、催化剂对反应速率的影响

催化剂(又称触媒)是一种能改变反应速率,但本身的组成、质量和化学性质在反应前后不发生任何变化的物质。催化剂对化学反应速率的影响称为催化作用。能增大反应速率的催化剂称为正催化剂;使反应速率减慢的催化剂称为负催化剂,又称为阻化剂。一般所说的催化剂均是指正催化剂。例如,硫酸生产中的 $V_2O_5$,甲基环己烷脱氢制甲苯中的 Cu,Ni 催化剂等。

催化剂的催化作用具有严格的选择性。一种催化剂往往只对某一特定的反应有催化作用;相同的反应物如采用不同的催化剂,会得到不同的产物。例如:

$$HCOOH \xrightarrow[\triangle]{Al_2O_3} H_2O + CO$$

$$HCOOH \xrightarrow[\triangle]{ZnO} H_2 + CO_2$$

由此可见,不同的反应要选择不同的催化剂。同时选择合适的催化剂一方面可以加速生成目的物的反应,另一方面使其他反应得以抑制。

需要注意的是,在使用催化剂的反应中,必须保持原料的纯净。因为少量杂质的存在,往往会使催化剂的催化活性大大降低,这种现象称为催化剂中毒。

关于催化剂对反应速率的影响还应注意以下几点:

(1) 催化剂只是加快化学反应的速率,但不影响反应的始态和终态。即它可缩短反应时间,但并不能使产物的量增多。

(2) 催化作用使反应速率常数增大,从而使反应速率增大。

值得一提的是在生命过程中,包含着很多复杂的化学反应,生物体内的催化剂——酶,起着重要的作用。如消化、新陈代谢、神经传递、光合作用等,都离不开酶的催化作用。酶是分子量范围在 $10^4 \sim 10^6$ 的蛋白质类化合物。它不但选择性高,而且能在常温、常压和近于中性的条件下加速特定反应的进行。而工业生产中不少催化剂往往需要高温、高压等比较苛刻的条件。因此,模拟酶的催化作用一直是生物学家和化学家关注的研究课题。我国科学工作者在化学模拟生物固氮酶方面的研究已处于世界前列。

### 四、影响反应速率的其他因素

以上讨论的主要是均相反应,对于多相反应来说,除以上影响因素外还有接触面大小、扩散速率和接触机会等因素。比如在化工生产中,常将大块固体破碎成小块或磨成粉末,以增大接触面积;对于气液反应,将液态物质采用喷淋的方式来扩大与气态物质的接触面;还可对反应物进行搅拌、振荡、鼓风等方式以强化扩散作用。

除此之外,为了增大反应速率,往往让生成物及时离开反应系统,使反应物能充分接触。另外,超声波、紫外线、激光和高能射线等也会对某些反应的反应速率产生较大的影响。

第三章 化学反应速率与化学平衡

# 3.3 化学平衡

## 一、化学反应的可逆性和化学平衡

在众多的反应中,仅有少数反应其反应物几乎能完全转变为生成物,而在同样条件下,生成物几乎不能变回反应物。例如:

$$2KClO_3 \xrightarrow[\triangle]{MnO_2} 2KCl + 3O_2(g)$$

这种只能向一个方向进行的反应,称为不可逆反应。

对于大多数反应来说,在一定条件下,反应既能按反应方程式从左向右进行(正向),又可从右向左进行(逆向),这种反应称为可逆反应。例如:

$$2NO(g) + O_2(g) \rightleftharpoons 2NO_2(g)$$

将一定量的 NO 和 $O_2$ 置于一密闭容器中,在一定温度下进行反应,每隔一段时间取样分析,发现反应物 NO 和 $O_2$ 的分压逐渐减小,而生成物 $NO_2$ 的分压逐渐增大,而到一定时间后,混合气体中各组分的分压不再随时间而变化,而是维持恒定,这时即达到平衡状态。

可以用反应速率来解释:反应刚开始时,反应物浓度最大,而产物浓度为 0,因此正反应速率最大,而逆反应速率为 0。随着反应的进行,反应物浓度逐渐减小,生成物浓度不断增大,从而正反应速率减小,逆反应速率增大,至某一时刻 $v_正 = v_逆$(如图 3-1 所示)。此时,在宏观上,各物质的浓度不再改变,处于平衡状态;而在微观上,反应并未停止,正、逆反应仍在进行,只是两者反应速率相等,故化学平衡是动态平衡。

必须注意,化学平衡是有条件的、相对的,当平衡条件改变时,系统内各物质的浓度或分压也会发生变化,原平衡状态随之改变。

## 二、实验平衡常数

反应达到平衡后,反应物和产物的浓度或分压不再改变。经过大量的实验,人们归纳总结了作为平衡特征的实验平衡常数。

对于任一可逆反应 $a\text{A} + b\text{B} \rightleftharpoons d\text{D} + e\text{E}$,在一定温度下,达到平衡时,系统中各物质的浓度有如下关系:

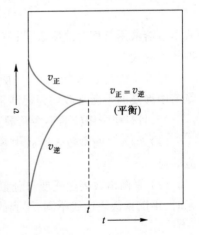

图 3-1　可逆反应的正、逆反应速率变化示意图

$$K_c = \frac{c_D^d c_E^e}{c_A^a c_B^b}$$

式中 $K_c$ 称为化学反应的浓度平衡常数。即在一定温度下,可逆反应达平衡时,以化学计

量数为指数的生成物浓度的乘积与以化学计量数为指数的反应物浓度的乘积之比是一常数 $K_c$。

若是气相反应,由于温度一定时,气体的分压与浓度成正比,可用平衡时气体的分压来代替气态物质的浓度,得到压力平衡常数 $K_p$:

$$K_p = \frac{p_D^d p_E^e}{p_A^a p_B^b}$$

浓度平衡常数和压力平衡常数统称为实验平衡常数。实验平衡常数是有单位的,其单位取决于化学计量方程式中生成物与反应物的单位及相应的化学计量数。但在使用时,通常只给出数值,不标出单位。这样势必会造成一些误解,为此引入标准平衡常数。

### 三、标准平衡常数

标准平衡常数又称热力学平衡常数,用符号 $K^{\ominus}$ 表示。其表达方式与实验平衡常数相同,只是相关物质的浓度要用相对浓度 $(c/c^{\ominus})$、分压要用相对分压 $(p/p^{\ominus})$ 来代替,其中 $c^{\ominus} = 1\ mol \cdot L^{-1}$,$p^{\ominus} = 100\ kPa$。

**1. 标准平衡常数的表达式**

对于既有固相 A,又有 B 和 D 的水溶液,以及气体 E 和 $H_2O$ 参与的可逆反应:

$$a A(s) + b B(aq) \rightleftharpoons d D(aq) + f H_2O + e E(g)$$

系统达到平衡时,其标准平衡常数表达式为

$$K^{\ominus} = \frac{(c_D/c^{\ominus})^d (p_E/p^{\ominus})^e}{(c_B/c^{\ominus})^b}$$

式中水溶液用其相对浓度表示;气体用相对分压而不能用浓度表示,这与气体规定的标准状态有关。

标准平衡常数 $K^{\ominus}$ 无压力平衡常数和浓度平衡常数之分,是量纲一的量。在以后各章节中涉及的平衡常数均为标准平衡常数 $K^{\ominus}$。

**2. 书写和应用标准平衡常数表达式时的注意事项**

(1) 写入平衡常数表达式中各物质的浓度或分压,必须是在系统达到平衡状态时相应的值。

(2) 平衡常数表达式要与计量方程式相对应。同一个化学反应用不同计量方程式表示时,平衡常数表达式不同,得到的数值也不同。例如:

$$H_2(g) + I_2(g) \rightleftharpoons 2HI(g) \qquad K_1^{\ominus} = \frac{[p(HI)/p^{\ominus}]^2}{[p(H_2)/p^{\ominus}][p(I_2)/p^{\ominus}]}$$

$$\frac{1}{2}H_2(g) + \frac{1}{2}I_2(g) \rightleftharpoons HI(g) \qquad K_2^{\ominus} = \frac{p(HI)/p^{\ominus}}{[p(H_2)/p^{\ominus}]^{\frac{1}{2}}[p(I_2)/p^{\ominus}]^{\frac{1}{2}}}$$

$$2HI(g) \rightleftharpoons H_2(g) + I_2(g) \qquad K_3^{\ominus} = \frac{[p(H_2)/p^{\ominus}][p(I_2)/p^{\ominus}]}{[p(HI)/p^{\ominus}]^2}$$

所以

$$K_1^\ominus = (K_2^\ominus)^2 = \frac{1}{K_3^\ominus}$$

（3）有纯固体、纯液体及稀溶液中溶剂参与反应时，它们的相对浓度为 1，不必写入 $K^\ominus$ 的表达式。例如：

$$CaCO_3(s) \rightleftharpoons CaO(s) + CO_2(g) \qquad K^\ominus = \frac{p(CO_2)}{p^\ominus}$$

比如反应有水参加，水既作溶剂，又作反应物，反应掉的水分子数与总的水分子数相比微不足道，故水的相对浓度视为 1，不必列入，例如：

$$NH_3 + H_2O \rightleftharpoons NH_4^+ + OH^-$$

$$K^\ominus = \frac{[c(NH_4^+)/c^\ominus][c(OH^-)/c^\ominus]}{c(NH_3)/c^\ominus}$$

$$\underset{\text{蔗糖}}{C_{12}H_{22}O_{11}} + H_2O \rightleftharpoons \underset{\text{葡萄糖}}{C_6H_{12}O_6} + \underset{\text{果糖}}{C_6H_{12}O_6}$$

$$K^\ominus = \frac{[c(C_6H_{12}O_6)_葡/c^\ominus][c(C_6H_{12}O_6)_果/c^\ominus]}{c(C_{12}H_{22}O_{11})/c^\ominus}$$

（4）温度发生改变，化学反应的平衡常数也随之改变，因此，在使用时须注意相应的温度。

**3. 平衡常数的意义**

（1）平衡常数是可逆反应的特征常数。对同类反应来说，$K^\ominus$ 越大，反应进行得就越完全。

（2）由平衡常数可以判断反应是否处于平衡态和处于非平衡态时反应进行的方向。

比如有一可逆反应：

$$a A + b B \rightleftharpoons d D + e E$$

在一容器中置入任意量的 A，B，D，E 四种物质，在一定温度下进行反应，问此时系统是否处于平衡态？如处于非平衡态，那么反应往哪一方向进行？为了说明问题，引入反应商 $Q$ 的概念。

在任意态时，对溶液中的反应：

$$Q = \frac{(c_D/c^\ominus)^d (c_E/c^\ominus)^e}{(c_A/c^\ominus)^a (c_B/c^\ominus)^b}$$

对于气体反应：

$$Q = \frac{(p_D/p^\ominus)^d (p_E/p^\ominus)^e}{(p_A/p^\ominus)^a (p_B/p^\ominus)^b}$$

反应商和标准平衡常数表达式完全相同，所不同的是，标准平衡常数只能表达平衡态时，系统内各物质之间的数量关系；反应商则能表示反应进行到任意时刻（包括平衡状态）时，系统内各物质之间的数量关系。

当 $Q = K^\ominus$ 时，系统处于平衡状态；$Q < K^\ominus$ 时，说明生成物的浓度（或分压）小于平衡

浓度(或分压),反应将向正方向进行;反之,当 $Q>K^{\ominus}$ 时,系统也处于不平衡状态,反应将向逆方向进行。这就是化学反应进行方向的反应商判据。

**例 3-1** 目前我国的合成氨工业多在中温(500 ℃)及中压($2.03\times10^4$ kPa)下操作。已知此条件下反应 $N_2(g)+3H_2(g) \rightleftharpoons 2NH_3(g)$ 的 $K^{\ominus}=1.57\times10^{-5}$。若反应进行至某一阶段时取样分析,得到数据(体积分数):11.6% $NH_3$,22.1% $N_2$,66.3% $H_2$。试判断此时合成氨反应是否已完成(即是否达到平衡状态)。

**解:** 要预测反应方向,需将反应商 $Q$ 与 $K^{\ominus}$ 进行比较。根据题意由分压定律可以求出该状态下系统各组分的分压,即由

$$p_i = p_{总} \times \frac{V_i}{V_{总}} \quad , \quad p_{总} = 2.03\times10^4 \text{ kPa}$$

得到

$$p(NH_3) = 2.03\times10^4 \text{ kPa} \times 11.6\% = 2.35\times10^3 \text{ kPa}$$
$$p(N_2) = 2.03\times10^4 \text{ kPa} \times 22.1\% = 4.49\times10^3 \text{ kPa}$$
$$p(H_2) = 2.03\times10^4 \text{ kPa} \times 66.3\% = 1.35\times10^4 \text{ kPa}$$

$$Q = \frac{[p(NH_3)/p^{\ominus}]^2}{[p(N_2)/p^{\ominus}][p(H_2)/p^{\ominus}]^3} = \frac{\left(\dfrac{2.35\times10^3}{100}\right)^2}{\left(\dfrac{4.49\times10^3}{100}\right)\left(\dfrac{1.35\times10^4}{100}\right)^3} = 5.00\times10^{-6}$$

$$Q < K^{\ominus}$$

说明系统尚未达到平衡状态,反应还需进行一段时间才能完成。

**4. 多重平衡的平衡常数**

通常遇到的化学平衡系统中,往往同时存在多个化学平衡,并且相互联系,一种物质同时参与几种平衡,这种现象称为多重平衡。例如,气态 $SO_2$,$SO_3$,$O_2$,NO 和 $NO_2$ 共存于同一反应器中,此时至少有三种平衡同时存在:

(1) $SO_2(g) + \frac{1}{2}O_2(g) \rightleftharpoons SO_3(g)$

$$K_1^{\ominus} = \frac{p(SO_3)/p^{\ominus}}{[p(SO_2)/p^{\ominus}][p(O_2)/p^{\ominus}]^{\frac{1}{2}}}$$

(2) $NO_2(g) \rightleftharpoons NO(g) + \frac{1}{2}O_2(g)$

$$K_2^{\ominus} = \frac{[p(NO)/p^{\ominus}][p(O_2)/p^{\ominus}]^{\frac{1}{2}}}{p(NO_2)/p^{\ominus}}$$

(3) $SO_2(g) + NO_2(g) \rightleftharpoons SO_3(g) + NO(g)$

$$K_3^{\ominus} = \frac{[p(SO_3)/p^{\ominus}][p(NO)/p^{\ominus}]}{[p(SO_2)/p^{\ominus}][p(NO_2)/p^{\ominus}]}$$

由于是在同一系统中,一种物质的浓度(或分压)只有一个,应同时满足各个平衡式。因此,以上各式中相同的项$[p(O_2)/p^\ominus]^{\frac{1}{2}}$可消去,即得

$$反应(3)=反应(1)+反应(2),\quad 则\ K_3^\ominus=K_1^\ominus\times K_2^\ominus$$
$$反应(1)=反应(3)-反应(2),\quad 则\ K_1^\ominus=K_3^\ominus/K_2^\ominus$$

由此可以得出多重平衡的规则:在相同条件下,如由两个反应方程式相加(或相减)得到第三个反应方程式,则第三个反应方程式的平衡常数为前两个反应方程式平衡常数之积(或商)。

 练一练

将 $N_2(g)$ 和 $H_2(g)$ 以 1:3 体积比装入一密闭容器中,在 673 K,5 000 kPa 压力下反应达到平衡,产生 12.5%(体积分数)的 $NH_3(g)$,求该反应的标准平衡常数 $K^\ominus$。

## 四、平衡常数与平衡转化率

在实际工作中,常用平衡转化率 $\alpha$(简称转化率)来表示可逆反应进行的程度。它是指反应达到平衡时,反应物转化为生成物的百分率:

$$\alpha=\frac{某反应物已转化的量}{某反应物的总量}\times 100\%$$

若反应前后体积不变,反应物的量可用浓度来表示:

$$\alpha=\frac{某反应物的起始浓度-某反应物的平衡浓度}{某反应物的起始浓度}\times 100\%$$

转化率越大,表示反应向右进行的程度越大。从实验测得的转化率可计算平衡常数;反之,由平衡常数也可计算各物质的转化率。平衡常数和转化率虽然都能表示反应进行的程度,但两者有差别,平衡常数与系统的起始状态无关,只与温度有关;转化率 $\alpha$ 除与温度有关外,还与反应物的起始状态有关,并必须指明是哪种反应物的转化率,反应物不同,转化率的数值往往不同,见表 3-3。

表 3-3  反应 $C_2H_5OH+CH_3COOH \rightleftharpoons CH_3COOC_2H_5+H_2O$ 的转化率与平衡常数(100 ℃)

| 起始浓度 $c/(\text{mol}\cdot\text{L}^{-1})$ | | $\alpha/\%$ | | $K^\ominus$ |
| --- | --- | --- | --- | --- |
| $C_2H_5OH$ | $CH_3COOH$ | 以 $CH_3COOC_2H_5$ 计 | 以 $H_2O$ 计 | |
| 3.0 | 3.0 | 67 | 67 | 4.0 |
| 3.0 | 6.0 | 83 | 42 | 4.0 |
| 6.0 | 3.0 | 42 | 83 | 4.0 |

**例 3-2** 在 298 K 时,$AgNO_3$ 和 $Fe(NO_3)_2$ 溶液发生如下反应:

$$Fe^{2+}+Ag^+ \rightleftharpoons Fe^{3+}+Ag$$

反应开始时,$Fe^{2+}$ 和 $Ag^+$ 浓度各为 0.100 $\text{mol}\cdot\text{L}^{-1}$,达到平衡时 $Fe^{2+}$ 的转化率为 19.4%。试求:

(1) 平衡时 $Fe^{2+}$，$Ag^+$ 和 $Fe^{3+}$ 各离子的浓度；

(2) 298 K 时的平衡常数。

**解：**(1)

| | $Fe^{2+}$ | $+$ | $Ag^+$ | $\rightleftharpoons$ | $Fe^{3+}$ | $+$ | $Ag$ |
|---|---|---|---|---|---|---|---|
| 起始浓度 $c_0/(\text{mol·L}^{-1})$ | 0.100 | | 0.100 | | 0 | | |
| 变化浓度 $c_{变}/(\text{mol·L}^{-1})$ | $-0.100 \times 19.4\%$ $=-0.0194$ | | $-0.100 \times 19.4\%$ $=-0.0194$ | | $0.100 \times 19.4\%$ $=0.0194$ | | |
| 平衡浓度 $c/(\text{mol·L}^{-1})$ | $0.100-0.100 \times 19.4\%$ $=0.0806$ | | $0.100-0.100 \times 19.4\%$ $=0.0806$ | | 0.0194 | | |

平衡时：$c(Fe^{2+})=c(Ag^+)=0.0806 \text{ mol·L}^{-1}$

$c(Fe^{3+})=0.0194 \text{ mol·L}^{-1}$

(2) $K^{\ominus}=\dfrac{c(Fe^{3+})/c^{\ominus}}{[c(Fe^{2+})/c^{\ominus}][c(Ag^+)/c^{\ominus}]}=\dfrac{0.0194}{(0.0806)^2}=2.99$

---

**练一练**

下列说法是否正确？简述理由。

(1) 当平衡常数较大时，反应才能向正方向进行。

(2) 对于放热反应，温度越高，反应物的转化率就越低。

## 3.4 化学平衡的移动

可逆反应在一定条件下达到平衡时，$v_正=v_逆$，即反应系统中各物质的浓度(或分压)不再变化。但一旦外界条件(如浓度、压力、温度等)改变了，原来的平衡状态就会被破坏，在新的条件下，转变到新的平衡状态，这个过程称为**平衡的移动**。下面分别讨论影响平衡移动的几种因素。

### 一、浓度或分压对化学平衡的影响

在一定温度下，可逆反应 $a\text{A}+b\text{B} \rightleftharpoons d\text{D}+e\text{E}$ 达到平衡时，加入反应物或移去生成物，正反应速率将增加，$v_正>v_逆$，反应向正方向进行，即平衡向右移动。随着反应的进行，生成物的浓度不断增加，反应物的浓度不断减少。因此，正反应速率随之下降，而逆反应速率随之上升，当 $v'_正=v'_逆$ 时，系统又一次达到新的平衡。显然在新的平衡中，各组分的浓度均已改变，但比值：

$$\frac{(c_D/c^{\ominus})^d (c_E/c^{\ominus})^e}{(c_A/c^{\ominus})^a (c_B/c^{\ominus})^b}$$

仍保持不变。

在上述新的平衡系统中,生成物的浓度有所增加,反应物 A 的浓度比增加后的有所减少,反应向增加生成物的方向移动,即平衡向右移动。相反,若增加生成物的浓度,反应会向增加反应物的方向移动,即平衡向左移动。若将生成物从平衡系统中取出,这时逆反应速率下降,平衡向右移动。

前面提到的反应商判据,也可用来判断平衡移动的方向:

$Q=K^{\ominus}$  系统处于平衡状态

$Q<K^{\ominus}$  平衡向右移动

$Q>K^{\ominus}$  平衡向左移动

**例 3-3**  在例 3-2 的平衡系统中,维持温度不变,如再加入一定量的固体亚铁盐,使增加的 $Fe^{2+}$ 为 0.100 mol·$L^{-1}$,试求:

(1) 平衡将向什么方向移动?

(2) 再次达到平衡时,$Fe^{2+}$,$Ag^+$ 和 $Fe^{3+}$ 各离子的浓度。

(3) $Ag^+$ 的总转化率。

**解**:(1) 欲知平衡向什么方向移动,需将 $Q$ 与 $K^{\ominus}$ 进行比较。因温度不变,$K^{\ominus}$ 与例 3-2 相同,为 2.99。刚加入亚铁盐时,溶液中各种离子的瞬时浓度为

$$c(Fe^{2+})=(0.100+0.080\ 6)\ mol\cdot L^{-1}=0.181\ mol\cdot L^{-1}$$

$$c(Fe^{3+})=0.019\ 4\ mol\cdot L^{-1}$$

$$c(Ag^+)=0.080\ 6\ mol\cdot L^{-1}$$

$$Q=\frac{[c(Fe^{3+})/c^{\ominus}]}{[c(Fe^{2+})/c^{\ominus}][c(Ag^+)/c^{\ominus}]}=\frac{0.019\ 4}{0.181\times0.080\ 6}=1.33$$

由于 $Q<K^{\ominus}$,所以平衡向右移动。

(2)

| | $Fe^{2+}$ | + | $Ag^+$ | $\rightleftharpoons$ | $Fe^{3+}$ | + | Ag |
|---|---|---|---|---|---|---|---|
| 起始浓度 $c_0$/(mol·$L^{-1}$) | 0.181 | | 0.080 6 | | 0.019 4 | | |
| 平衡浓度 $c$/(mol·$L^{-1}$) | 0.181-$x$ | | 0.080 6-$x$ | | 0.019 4+$x$ | | |

$$K^{\ominus}=\frac{[c(Fe^{3+})/c^{\ominus}]}{[c(Fe^{2+})/c^{\ominus}][c(Ag^+)/c^{\ominus}]}=\frac{0.019\ 4+x}{(0.181-x)(0.080\ 6-x)}=2.99$$

$$x=0.013\ 9$$

则

$$c(Fe^{2+})=(0.181-0.013\ 9)\ mol\cdot L^{-1}=0.167\ mol\cdot L^{-1}$$

$$c(Ag^+)=(0.080\ 6-0.013\ 9)\ mol\cdot L^{-1}=0.066\ 7\ mol\cdot L^{-1}$$

$$c(Fe^{3+})=(0.019\ 4+0.013\ 9)\ mol\cdot L^{-1}=0.033\ 3\ mol\cdot L^{-1}$$

(3) $\alpha(Ag^+)=\dfrac{(0.100-0.066\ 7)}{0.100}\times100\%=33.3\%$

加入 $Fe^{2+}$ 后,$Ag^+$ 的转化率由 19.4% 提高到 33.3%。

从例 3-3 可以得到这样的启示,在化工生产中,为了充分利用某一反应物,常常让价格相对较低的另一反应物过量,以提高前者的转化率;还可以通过从平衡系统中不断移出生成物,使平衡向右移动,提高转化率。例如,煅烧石灰石制造生石灰的反应:

$$CaCO_3(s) \Longrightarrow CaO(s) + CO_2(g)$$

就是由于生成的 $CO_2$ 不断从窑炉中排出,提高了 $CaCO_3$ 的转化率,从而使 $CaCO_3$ 完全分解。

### 二、压力对化学平衡的影响

压力的变化对液相或固相反应的平衡几乎没有影响,但对有气态物质参加或生成的可逆反应,在一定温度下,改变系统的总压力,则可能引起化学平衡的移动。

在一定温度下,可逆反应 $a\,A(g) + b\,B(g) \Longrightarrow d\,D(g) + e\,E(g)$,在一密闭容器中达到平衡,如果将系统的体积缩小至原来的 $1/x(x>1)$,则系统的总压为原来的 $x$ 倍。这时各组分气体的分压也分别增至原来的 $x$ 倍,反应商为

$$Q = \frac{(xp_D/p^\ominus)^d(xp_E/p^\ominus)^e}{(xp_A/p^\ominus)^a(xp_B/p^\ominus)^b} = \frac{(p_D/p^\ominus)^d(p_E/p^\ominus)^e}{(p_A/p^\ominus)^a(p_B/p^\ominus)^b}x^{(d+e)-(a+b)} = K^\ominus x^{\Delta\nu}$$

$$\Delta\nu = (d+e) - (a+b)$$

(1) 当生成物分子数大于反应物分子数,即 $\Delta\nu>0$ 时,$Q>K^\ominus$,平衡左移。

(2) 当生成物分子数小于反应物分子数,即 $\Delta\nu<0$ 时,$Q<K^\ominus$,平衡右移。

(3) 当反应前后分子数相等,即 $\Delta\nu=0$ 时,$Q=K^\ominus$,平衡不移动。

由上述讨论可得出以下结论:① 压力变化只对那些反应前后气体分子数有变化的反应平衡系统有影响。② 在等温下,增大压力,平衡向气体分子数减少的方向移动;减小压力,平衡向气体分子数增加的方向移动。

---

✏️ **小贴士**

在等温条件下,在平衡系统中加入不参与反应的其他气态物质(如稀有气体):① 若总体积不变,则系统的总压增加,无论 $\Delta\nu>0$,$\Delta\nu<0$ 或 $\Delta\nu=0$,平衡都不移动。这是因为平衡系统的总压虽然增加,但各物质的分压并无改变,$Q$ 和 $K^\ominus$ 仍相等,平衡状态不变。② 若总压维持不变,则总体积增大(相当于系统原来的压力减小),此时若 $\Delta\nu\ne0$,$Q\ne K^\ominus$,平衡将移动。平衡移动情况与前述压力减小引起的平衡变化一样。

---

**例 3-4** $1\,000\,^\circ\!C$,总压力为 $3\,000$ kPa 下,反应 $CO_2(g) + C(s) \Longrightarrow 2CO(g)$ 达到平衡时,$CO_2$ 的摩尔分数为 $0.17$。当总压减至 $2\,000$ kPa 时,问 $CO_2$ 的摩尔分数为多少?由此得出什么结论?

**解:** 设达到新的平衡时,$CO_2$ 的摩尔分数为 $x$,CO 的摩尔分数为 $1-x$,则

$$p(CO_2) = p_{总} \cdot x(CO_2) = 2\,000x \text{ kPa}$$

$$p(CO) = p_{总} \cdot x(CO) = 2\,000(1-x) \text{ kPa}$$

将以上各值代入平衡常数表达式:

$$K^\ominus = \frac{[p(CO)/p^\ominus]^2}{p(CO_2)/p^\ominus} = \frac{[2\,000(1-x)/100]^2}{2\,000x/100}$$

若已知 $K^{\ominus}$，即可求得 $x$。因系统温度不变，降低压力时 $K^{\ominus}$ 值不变，故 $K^{\ominus}$ 可由原来的平衡系统求得。

原来的平衡系统中：

$$p(CO) = 3\,000 \text{ kPa} \times (1-0.17) = 2\,490 \text{ kPa}$$

$$p(CO_2) = 3\,000 \text{ kPa} \times 0.17 = 510 \text{ kPa}$$

$$K^{\ominus} = \frac{[p(CO)/p^{\ominus}]^2}{p(CO_2)/p^{\ominus}} = \frac{(2\,490/100)^2}{510/100} = 122$$

将 $K^{\ominus}$ 值代入上式：

$$\frac{[2\,000(1-x)/100]^2}{2\,000x/100} = 122$$

$$x = 0.125 \approx 0.13$$

总压降低，$CO_2$ 的摩尔分数减少了，说明反应向右移动。此例又一次证实当气体总压降低时，平衡将向气体分子数增加的方向移动。

### 三、温度对化学平衡的影响

不论浓度、压力还是体积变化，它们对化学平衡的影响都是由 $Q$ 值改变而得以实现的，平衡常数并未改变；而温度变化时，主要改变了平衡常数，从而导致平衡的移动。参看表3-4和表3-5。

表 3-4　温度对放热反应的平衡常数的影响

$$2SO_2(g) + O_2(g) \rightleftharpoons 2SO_3(g) \qquad \Delta_r H_m^{\ominus} = -197.7 \text{ kJ} \cdot \text{mol}^{-1}$$

| $t/℃$ | 400 | 425 | 450 | 475 | 500 | 525 | 550 | 575 | 600 |
|---|---|---|---|---|---|---|---|---|---|
| $K^{\ominus}$ | 434 | 238 | 136 | 80.8 | 49.6 | 31.4 | 20.4 | 13.7 | 9.29 |

表 3-5　温度对吸热反应的平衡常数的影响

$$CaCO_3(s) \rightleftharpoons CaO(s) + CO_2(g) \qquad \Delta_r H_m^{\ominus} = 178.2 \text{ kJ} \cdot \text{mol}^{-1}$$

| $t/℃$ | 500 | 600 | 700 | 800 | 900 | 1\,000 |
|---|---|---|---|---|---|---|
| $K^{\ominus}$ | $9.7 \times 10^{-5}$ | $2.4 \times 10^{-3}$ | $2.9 \times 10^{-2}$ | $2.2 \times 10^{-1}$ | 1.05 | 3.70 |

无论从实验测定还是由热力学计算，都能得到下述结论：如果正反应是吸热反应（$\Delta H > 0$），则增加温度，平衡常数增加，平衡右移；反之，如果正反应是放热反应（$\Delta H < 0$），则增加温度，会使平衡常数减小，平衡左移。简言之，升高温度，平衡向吸热反应方向移动；降低温度，平衡向放热反应方向移动。

### 四、催化剂与化学平衡

催化剂不会使平衡发生移动，但使用催化剂能加快反应速率，缩短达到平衡的时间。由于平衡常数并不改变，因此使用催化剂并不能提高转化率。

动画：
温度对化学
平衡的影响

## 五、平衡移动原理——吕·查德里原理

吕·查德里把外界条件对化学平衡的影响概括为一条普遍的规律：如果改变平衡系统中某个条件(如浓度、温度、压力)，平衡总是向着减弱这个改变的方向移动。这个规律叫作吕·查德里原理。

 **练一练**

在 1 000 ℃和总压为 3 039 kPa 下，反应 $CO_2(g) + C(s) \rightleftharpoons 2CO(g)$ 达到平衡时，$CO_2$ 的摩尔分数为 0.17。求当总压减到 2 026 kPa 时，$CO_2$ 的摩尔分数为多少，由此可得出什么结论？

第三章习题解答

# 习　题

### 一、填空题

1. 在密闭容器中进行 $N_2(g) + 3H_2(g) \longrightarrow 2NH_3(g)$ 的反应，若压力增大到原来的 2 倍，反应速率将增大＿＿＿＿＿＿＿倍。

2. 化学反应的平衡常数 $K^{\ominus}$ 仅仅是＿＿＿＿＿＿＿的函数，而与＿＿＿＿＿＿＿无关。

3. 一定温度下，反应 $PCl_5(g) \rightleftharpoons PCl_3(g) + Cl_2(g)$ 达到平衡后，维持温度和体积不变，向容器中加入一定量的惰性气体，反应将＿＿＿＿＿＿＿移动。

### 二、选择题

1. 某温度下，反应 $2NO(g) + O_2(g) \rightleftharpoons 2NO_2(g)$ 达到平衡是因为(　　　)。

A. 反应已停止　　　　　　　　　　　B. 反应物中的一种已消耗完

C. 正、逆反应速率相等　　　　　　　D. 两种反应物都刚好消耗完

2. 对于反应 $CO(g) + H_2O(g) \rightleftharpoons CO_2(g) + H_2(g)$，如果要提高 CO 的转化率可以采用(　　　)。

A. 增加 CO 的量　　　　　　　　　　B. 增加 $H_2O(g)$ 的量

C. 两种方法都可以　　　　　　　　　D. 两种方法都不可以

3. 反应 $A(g) + B(g) \rightleftharpoons C(g)$ 在密闭容器中达到平衡，保持温度不变，而体积增大 2 倍，则平衡常数 $K^{\ominus}$ 为原来的(　　　)。

A. 1/3 倍　　　　　　B. 3 倍　　　　　　C. 9 倍　　　　　　D. 不变

4. 化学反应速率通常随下列因素变化而变化的是(　　　)。

A. 浓度　　　　　　　B. 温度　　　　　　C. 时间　　　　　D. 所有这些因素

5. 下列改变能使任何反应达到平衡时的产物增加的是(　　　)。

A. 升高温度　　　　　　　　　　　　B. 增加起始反应物浓度

C. 加入催化剂　　　　　　　　　　　D. 增加压力

### 三、是非题

1. 催化剂只能缩短反应到达平衡的时间而不能改变平衡状态。　　　　　　　　　(　　)

2. 一种反应物的转化率随另一种反应物的起始浓度不同而异。　　　　　　　　　(　　)

3. 分几步完成的化学反应的总平衡常数是各步平衡常数之和。　　　　　　　　　(　　)

4. 可使任何反应达到平衡时增加产率的措施是增加反应物浓度。　　　　　　　　(　　)

5. 在一定条件下，一个反应达到平衡的标志是各反应物和生成物的浓度相等。　　(　　)

## 四、问答题

1. 写出下列反应平衡常数 $K^{\ominus}$ 的表达式。

(1) $2NO_2(g) + 4H_2 \Longrightarrow N_2(g) + 4H_2O$

(2) $Cr_2O_7^{2-} + H_2O \Longrightarrow 2CrO_4^{2-} + 2H^+$

(3) $NO(g) + \dfrac{1}{2}O_2(g) \Longrightarrow NO_2(g)$

(4) $CO_2(g) + C(s) \Longrightarrow 2CO(g)$

2. 工业上用乙烷裂解制乙烯的反应 $C_2H_6(g) \Longrightarrow C_2H_4(g) + H_2(g)$，通常在高温、常压下，加入过量水蒸气(不参与反应)，来提高乙烯的产率，试解释。

3. 反应 $C(s) + H_2O(g) \Longrightarrow CO(g) + H_2(g)$，$\Delta H > 0$，判断下列说法是否正确，说明理由。

(1) 由于反应物和生成物的总分子数相等，故体积缩小，平衡不会移动；

(2) 达到平衡时，各反应物和生成物的分压一定相等；

(3) 升高温度，平衡向右移动；

(4) 加入催化剂，正反应速率增加，平衡向右移动。

## 五、计算题

1. 已知在某温度下，反应：

$$Fe(s) + CO_2(g) \Longrightarrow FeO(s) + CO(g) \qquad K_1^{\ominus} = 1.47$$

$$FeO(s) + H_2(g) \Longrightarrow Fe(s) + H_2O(g) \qquad K_2^{\ominus} = 0.42$$

计算该温度下，反应 $CO_2(g) + H_2(g) \Longrightarrow CO(g) + H_2O(g)$ 的 $K_3^{\ominus}$。

2. 某温度下，CO 和 $H_2O$ 在密闭容器中发生如下反应：

$$CO(g) + H_2O(g) \Longrightarrow CO_2(g) + H_2(g)$$

达到平衡时，$p(CO) = 100.0\ kPa$，$p(H_2O) = 200.0\ kPa$，$p(CO_2) = 200.0\ kPa$，则反应开始前，反应物的分压各是多少？平衡时，CO 的转化率是多少？

3. NO 和 $O_2$ 的反应为 $2NO(g) + O_2(g) \Longrightarrow 2NO_2(g)$，恒温恒容条件下，反应开始的瞬间测得 $p(NO) = 100.0\ kPa$，$p(O_2) = 286.0\ kPa$，当达到平衡时，$p(NO_2) = 79.2\ kPa$，试计算在该条件下反应的 $K^{\ominus}$。

4. $SO_2$ 转化为 $SO_3$ 的反应为 $2SO_2(g) + O_2(g) \Longrightarrow 2SO_3(g)$。在 630 ℃和 101.3 kPa 下，将 1.00 mol $SO_2$ 和 1.00 mol $O_2$ 的混合物缓慢通过 $V_2O_5$，达到平衡后，测得剩余的 $O_2$ 为 0.615 mol。试求在该温度下反应的平衡常数 $K^{\ominus}$。

5. 有反应 $PCl_3(g) + Cl_2(g) \Longrightarrow PCl_5(g)$。在 5.0 L 容器中含有相等物质的量的 $PCl_3$ 和 $Cl_2$，在 250 ℃进行合成，达到平衡($K^{\ominus} = 0.533$)时，$PCl_5$ 的分压是 100 kPa。则原来 $PCl_3$ 和 $Cl_2$ 物质的量为多少？

# 第四章　物质结构

学习目标

- 掌握用四个量子数来描述原子中电子的运动状态;
- 掌握核外电子排布原则及方法;掌握常见元素的电子排布式和价电子构型;
- 理解核外电子排布和元素周期系之间的关系;
- 理解离子键与共价键的特征及它们的区别;
- 理解 $\sigma$ 键和 $\pi$ 键的特征;理解极性共价键、非极性共价键及配位共价键的特点;
- 理解分子间作用力的特征与性质;理解氢键的形成及其对物质性质的影响。

　　众所周知,世界是由物质组成的,物质又由相同或不同的元素组成。正是这些元素的原子经过各种化学反应,组成了千万种不同性质的物质。分子是物质能独立存在并保持其化学特性的最小粒子。物质的化学性质主要取决于分子的性质。而分子的性质既取决于分子的化学组成,又取决于分子的结构。因此,要掌握物质的性质、化学反应,以及性质和物质结构之间的关系,就必须了解原子、原子结构及原子之间的结合方式。

　　本章在讨论原子核外电子排布和运动规律的基础上,进一步阐明原子和元素性质变化的周期规律。并在原子结构的基础上,重点讨论分子的形成、分子的空间构型及分子之间的相互作用力。

# 知识结构框图

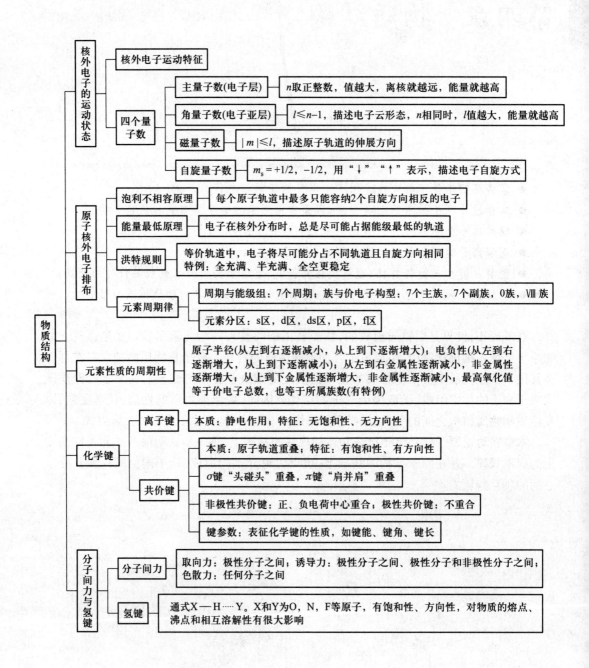

## 4.1 原子核外电子的运动状态

### 一、概率密度和电子云图形

原子由带正电荷的原子核和带负电荷的电子组成,原子的质量主要集中在原子核上,电子的质量很小,运动速度很大,运动空间又极小,只能在原子空间范围内运动,与经典力学中的宏观物体运动不同。在原子中,不能同时准确地用位置和速度来描述电子的运动状态。原子核外的电子并不是在一定的轨道上运动,而是在原子核周围空间做高速复杂运动,它的运动规律是符合统计性的。对于电子的运动,只能用统计的方法给出概率的描述。即不知道每一个电子运动的具体途径,但从统计的结果却可以知道某种运动状态的电子在哪一个空间出现的概率最大。电子在核外空间各处出现的概率大小,称为**概率密度**。为了形象地表示电子在原子中的概率密度分布情况,常用密度不同的小黑点来表示,这些小黑点像云一样围绕着原子核,故称**电子云**。黑点较密的地方,表示电子出现的概率密度较大;黑点较稀疏处,表示电子出现的概率密度较小。氢原子 1s 电子云如图 4-1 所示,从图中可见,氢原子 1s 电子云呈球形对称分布,且电子的概率密度随离核距离的增大而减小。

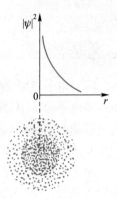

图 4-1 氢原子 1s 电子云

### 二、四个量子数

#### 1. 主量子数($n$)

主量子数是描述核外电子离核的远近,电子离核由近到远分别用数值 $n = 1, 2, 3, \cdots$ 有限的整数来表示,迄今已知的最大值为 7,而且,主量子数决定了原子轨道能级的高低,$n$ 越大,电子的能级就越大,能量就越高。$n$ 是决定电子能量的主要量子数,$n$ 相同原子轨道能级相同。一个 $n$ 值表示一个电子层,与各 $n$ 值相对应的电子层符号如下表:

| $n$ | 1 | 2 | 3 | 4 | 5 | 6 | 7 |
|---|---|---|---|---|---|---|---|
| 电子层名称 | 第一层 | 第二层 | 第三层 | 第四层 | 第五层 | 第六层 | 第七层 |
| 电子层符号 | K | L | M | N | O | P | Q |

#### 2. 角量子数($l$)

在同一电子层内,电子的能量也有所差别,运动状态也有所不同,即一个电子层还可分为若干个能量稍有差别、原子轨道形状不同的亚层。角量子数 $l$ 就是用来描述原子轨道或电子云的形态。$l$ 的数值不同,原子轨道或电子云的形状就不同,$l$ 的取值受 $n$ 的限制,可以取从 0 到 $n-1$ 的正整数:

| $n$ | 1 | 2 | 3 | 4 |
|---|---|---|---|---|
| $l$ | 0 | 0,1 | 0,1,2 | 0,1,2,3 |

$l$ 的每个值代表一个亚层。第一电子层只有一个亚层,第二电子层有两个亚层,以此类推。亚层用光谱符号 s,p,d,f 等表示。角量子数、亚层符号及原子轨道或电子云形状的对应关系如下表:

| $l$ | 0 | 1 | 2 | 3 |
|---|---|---|---|---|
| 亚层符号 | s | p | d | f |
| 原子轨道或电子云形状 | 圆球形 | 哑铃形 | 花瓣形 | 花瓣形 |

同一电子层中,随着 $l$ 的增大,原子轨道能量也依次升高,即 $E_{ns}<E_{np}<E_{nd}<E_{nf}$,即在多电子原子中,角量子数 $l$ 与主量子数 $n$ 一起决定电子的能级。与主量子数决定的电子层间的能量判别相比,角量子数决定的亚层间的能量差要小得多。

**3. 磁量子数($m$)**

原子轨道不仅有一定的形状,并且还具有不同的空间伸展方向。磁量子数 $m$ 用来描述原子轨道在空间的伸展方向。磁量子数的取值受角量子数的制约,它可取从 $+l$ 到 $-l$,包括 0 在内的整数值,$l$ 确定后,$m$ 可有 $2l+1$ 个值。当 $l=0$ 时,$m$ 只能为 0;当 $l=1$ 时,$m$ 可以为 $+1,0,-1$ 三个数值,即 p 轨道有三种空间取向;当 $l=2$ 时,$m$ 可以为 $+2$,$+1,0,-1,-2$,即 d 轨道有五种空间取向。

通常把 $n,l,m$ 都确定的电子运动状态称为原子轨道,因此 s 亚层只有 1 个原子轨道,p 亚层有 3 个原子轨道,d 亚层有 5 个原子轨道,f 亚层有 7 个原子轨道。磁量子数不影响原子轨道的能量,$n,l$ 都相同的几个原子轨道能量是相同的,这样的轨道称等价轨道或简并轨道。如 $l$ 相同的 3 个 p 轨道、5 个 d 轨道、7 个 f 轨道都是简并轨道,$n,l$ 和 $m$ 的关系见表 4-1。

表 4-1  $n,l$ 和 $m$ 的关系

| 主量子数($n$) | 1 | 2 | | 3 | | | 4 | | | |
|---|---|---|---|---|---|---|---|---|---|---|
| 电子层符号 | K | L | | M | | | N | | | |
| 角量子数($l$) | 0 | 0 | 1 | 0 | 1 | 2 | 0 | 1 | 2 | 3 |
| 电子亚层符号 | 1s | 2s | 2p | 3s | 3p | 3d | 4s | 4p | 4d | 4f |
| 磁量子数($m$) | 0 | 0 | 0<br>±1 | 0 | 0<br>±1 | 0<br>±1<br>±2 | 0 | 0<br>±1 | 0<br>±1<br>±2 | 0<br>±1<br>±2<br>±3 |
| 亚层轨道数($2l+1$) | 1 | 1 | 3 | 1 | 3 | 5 | 1 | 3 | 5 | 7 |
| 电子层轨道数($n^2$) | 1 | 4 | | 9 | | | 16 | | | |

综上所述,用 $n,l,m$ 三个量子数即可决定一个特定原子轨道的大小、形状和伸展方向。

#### 4. 自旋量子数($m_s$)

电子除了绕核运动外,还存在自旋运动,描述电子自旋运动的量子数称为自旋量子数 $m_s$。自旋量子数 $m_s$ 可能取值只有两个,即 $+1/2$ 和 $-1/2$,这说明电子的自旋只有两个方向。用符号"↑"和"↓"表示。

将四个量子数综合起来就可以比较全面地描述一个核外电子的运动状态。如原子轨道的分布范围、轨道形状和伸展方向及电子的自旋状态等。

在四个量子数中,$n,l,m$ 三个量子数可确定电子的原子轨道;$n,l$ 两个量子数可确定电子的能级;$n$ 一个量子数只能确定电子的电子层。

---

  **练一练**

指出下列假设的电子运动状态,哪几种不可能存在? 为什么?

(1) $3,2,2,+1/2$　(2) $2,2,2,1$　(3) $2,0,0,-1/2$　(4) $2,1,1,-1/2$

## 4.2　原子核外电子排布与元素周期律

对于氢原子来说,在通常情况下,其核外的一个电子总是位于基态的 1s 轨道上。但对于多电子原子来说,其核外电子是按能级顺序分层排布的。

### 一、多电子原子轨道的能级

在多电子原子中,由于电子间的相互排斥作用,原子轨道能级关系较为复杂。1939年,鲍林根据光谱实验结果总结出多电子原子中各原子轨道能级的相对高低的情况,并用图近似地表示出来,称为鲍林近似能级图(图 4-2)。

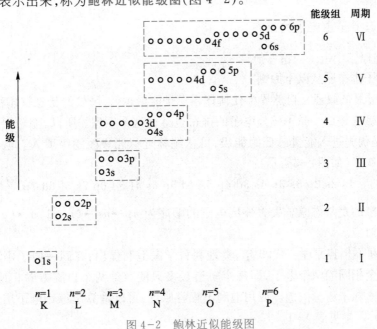

图 4-2　鲍林近似能级图

图 4-2 中圆圈表示原子轨道,其位置的高低表示各轨道能级的相对高低,图中每一个虚线方框中的几个轨道的能量是相近的,称为一个**能级组**。每个能级组(除第一能级组)都是从 s 能级开始,于 p 能级终止。能级组数等于核外电子层数。能级组的划分与元素周期表中周期的划分是一致的。从图 4-2 可以看出:

(1) 同一原子中的同一电子层内,各亚层之间的能量次序为

$$ns < np < nd < nf$$

(2) 同一原子中的不同电子层内,相同类型亚层之间的能量次序为

$$1s < 2s < 3s < \cdots, \quad 2p < 3p < 4p < \cdots$$

(3) 同一原子中的第三层以上的电子层中,不同类型的亚层之间,在能级组中常出现能级交错现象。例如:

$$4s < 3d < 4p, \quad 5s < 4d < 5p, \quad 6s < 4f < 5d < 6p$$

对于鲍林近似能级图,需要注意以下几点:

(1) 它只有近似的意义,不可能完全反映出每个元素的原子轨道能级的相对高低。

(2) 它只能反映同一原子内各原子轨道能级之间的相对高低。不能用鲍林近似能级图来比较不同元素原子轨道能级的相对高低。

(3) 该图实际上只能反映出同一原子外电子层中原子轨道能级的相对高低,而不一定能完全反映内电子层中原子轨道能级的相对高低。

(4) 电子在某一轨道上的能量,实际上与原子序数(核电荷数)有关。核电荷数越大,对电子的吸引力越大,电子离核越近,轨道能量就降得越低。轨道能级之间的相对高低情况,与鲍林近似能级图会有所不同。

### 二、基态原子中电子的排布

**1. 基态原子中电子的排布原理**

核外电子排布服从以下原则:

(1) **能量最低原理**  自然界中任何体系总是能量越低,所处的状态就越稳定,这个规律称为**能量最低原理**。原子核外电子的排布也遵循这个原理。所以,随着原子序数的递增,电子总是优先进入能量最低的能级,可依鲍林近似能级图逐级填入。电子填入轨道时遵循下列次序(如图4-3所示):

1s 2s 2p 3s 3p 4s 3d 4p 5s 4d 5p 6s 4f 5d 6p 7s 5f 6d 7p

但要注意的是基态原子失去外层电子的顺序为 $np \rightarrow ns \rightarrow (n-1)d \rightarrow (n-2)f$,和填充时的并不对应。

(2) **泡利不相容原理**  1929 年,奥地利科学家泡利提出:在同一原子中不可能有四个量子数完全相同的两个电子,即每个轨道最多只能容纳两个自旋方向相反的电子,这个规律称为**泡利不相容原理**。应用泡利不相容原理,可以推算出每一电子层上电子的最大容量为 $2n^2$。参见表 4-1。

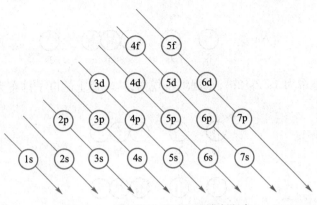

图 4-3　基态原子外层电子填充顺序

动画：

电子填充顺序

49

动画：

洪特规则

（3）**洪特规则**　德国科学家洪特根据大量光谱实验数据提出：在同一亚层的等价轨道上，电子将尽可能占据不同的轨道，且自旋方向相同，这个规律称为**洪特规则**。此外洪特根据光谱实验，又总结出另一条规则：等价轨道在全充满、半充满或全空的状态下是比较稳定的。即

$$p^6 \text{ 或 } d^{10} \text{ 或 } f^{14} \qquad\qquad \text{全充满}$$
$$p^3 \text{ 或 } d^5 \text{ 或 } f^7 \qquad\qquad\quad \text{半充满}$$
$$p^0 \text{ 或 } d^0 \text{ 或 } f^0 \qquad\qquad\quad \text{全　空}$$

**2. 基态原子中电子的排布**

根据上述三条原理、规则，就可以确定大多数元素的基态原子中电子的排布情况。必须注意，电子填充的先后顺序虽是 4s 轨道先于 3d 轨道，但在书写电子排布式时，必须把 3d 轨道放在 4s 轨道前面，与同层的 3s,3p 轨道连在一起。

电子在核外的排布常称为**电子层构型**（简称电子构型），通常有三种表示方法：

（1）**电子排布式**　以电子在原子核外各亚层中分布情况来表示，在亚层符号的右上角注明排列的电子数。如 $_{13}$Al，其电子排布式为 $1s^2 2s^2 2p^6 3s^2 3p^1$；又如 $_{35}$Br，其电子排布式为 $1s^2 2s^2 2p^6 3s^2 3p^6 3d^{10} 4s^2 4p^5$。

由于参加化学反应的只是原子的外层电子，内层电子结构一般是不变的，因此，可以用"原子实"来表示原子的内层电子结构。当内层电子构型与稀有气体的电子构型相同时，就用该稀有气体的元素符号来表示原子的内层电子构型，并称之为原子实。这样可避免电子排布式书写过于繁长，如以上两例的电子排布也可简写成

$$_{13}\text{Al}:[\text{Ne}]3s^2 3p^1 \quad , \quad _{35}\text{Br}:[\text{Ar}]3d^{10} 4s^2 4p^5$$

又如铬和铜原子核外电子的排布式，根据洪特规则的特例：

$_{24}$Cr 不是 $1s^2 2s^2 2p^6 3s^2 3p^6 \mathbf{3d^4 4s^2}$，而是 $1s^2 2s^2 2p^6 3s^2 3p^6 \mathbf{3d^5 4s^1}$。$3d^5 4s^1$ 都为半充满。

$_{29}$Cu 不是 $1s^2 2s^2 2p^6 3s^2 3p^6 \mathbf{3d^9 4s^2}$，而是 $1s^2 2s^2 2p^6 3s^2 3p^6 \mathbf{3d^{10} 4s^1}$。$3d^{10}$ 为全充满，$4s^1$ 为半充满。

（2）**轨道表示式**　按电子在核外原子轨道中的分布情况，用一个圆圈或一个方格表示一个原子轨道（简并轨道的圆圈或方格连在一起），用向上或向下箭头表示电子的自旋

4.2　原子核外电子排布与元素周期律

状态。例如：

$_{11}$Na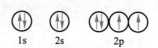

又如 $_8$O 的电子排布为 $1s^2 2s^2 2p^4$，根据洪特规则，其轨道上的电子排布为

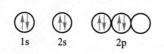

而不是

![电子排布图 1s 2s 2p]

（3）**量子数表示**　按所处的状态用整套量子数表示。原子核外电子的运动状态是由四个量子数确定的，例如：

$_{15}$P（[Ne]$3s^2 3p^3$），则 $3s^2$ 的这 2 个电子用整套量子数表示为 $3,0,0,+1/2$；$3,0,0,$ $-1/2$；$3p^3$ 的这 3 个电子用整套量子数表示为 $3,1,-1,+1/2$；$3,1,0,+1/2$；$3,1,1,$ $+1/2$。

表 4-2 列出了由光谱实验数据得到的原子序数 1—109 各元素基态原子中的电子排布情况。其中绝大多数元素的电子排布与以上所述的排布原则是一致的，但也有少数不符合。对此，必须尊重事实，并在此基础上去探求更符合实际的理论解释。

### 三、原子的电子结构和元素周期律

从表 4-2 可见，元素的电子排布呈周期性变化，这种周期性变化导致元素的性质也呈现周期性变化。这一规律称为**元素周期律**，元素周期律的图表形式称为**元素周期表**。

**1. 周期与能级组**

元素周期表中有 7 个横行，每个横行表示一个周期，一共有 7 个周期。第 1 周期只有 2 种元素，为特短周期；第 2,3 周期各有 8 种元素，为短周期；第 4,5 周期各有 18 种元素，为长周期；第 6 和第 7 周期有 32 种元素，为特长周期。

将元素周期表与原子的电子结构、原子轨道近似能级图进行对照分析，可以看出：

（1）各周期的元素数目与其相对应的能级组中的电子数目相一致，而与各层的电子数目并不相同（除第 1 周期和第 2 周期外）。

（2）每一周期开始都出现一个新的电子层，元素原子的电子层数就等于该元素在元素周期表中所处的周期数。也就是说，原子的最外层的主量子数与该元素所处的周期数相等。

（3）每一周期中的元素随着原子序数的递增，总是从活泼的碱金属开始（第 1 周期例外），逐渐过渡到稀有气体为止。对应于其电子结构的能级组则从 $n s^1$ 开始至 $n p^6$ 结束，如此周期性地重复出现。在长周期或特长周期中，其电子层结构中还夹着 $(n-1)$d 或 $(n-2)$f$(n-1)$d 亚层。

表 4-2 基态原子的电子分布

| 周期 | 原子序数 | 元素符号 | 元素名称 | 电子层 | | | | | | | | | | | | | | | | |
|---|---|---|---|---|---|---|---|---|---|---|---|---|---|---|---|---|---|---|---|---|
| | | | | K | L | | M | | | N | | | | O | | | | P | | | Q |
| | | | | 1s | 2s | 2p | 3s | 3p | 3d | 4s | 4p | 4d | 4f | 5s | 5p | 5d | 5f | 6s | 6p | 6d | 7s |
| 1 | 1 | H | 氢 | 1 | | | | | | | | | | | | | | | | | |
| | 2 | He | 氦 | 2 | | | | | | | | | | | | | | | | | |
| 2 | 3 | Li | 锂 | 2 | 1 | | | | | | | | | | | | | | | | |
| | 4 | Be | 铍 | 2 | 2 | | | | | | | | | | | | | | | | |
| | 5 | B | 硼 | 2 | 2 | 1 | | | | | | | | | | | | | | | |
| | 6 | C | 碳 | 2 | 2 | 2 | | | | | | | | | | | | | | | |
| | 7 | N | 氮 | 2 | 2 | 3 | | | | | | | | | | | | | | | |
| | 8 | O | 氧 | 2 | 2 | 4 | | | | | | | | | | | | | | | |
| | 9 | F | 氟 | 2 | 2 | 5 | | | | | | | | | | | | | | | |
| | 10 | Ne | 氖 | 2 | 2 | 6 | | | | | | | | | | | | | | | |
| 3 | 11 | Na | 钠 | 2 | 2 | 6 | 1 | | | | | | | | | | | | | | |
| | 12 | Mg | 镁 | 2 | 2 | 6 | 2 | | | | | | | | | | | | | | |
| | 13 | Al | 铝 | 2 | 2 | 6 | 2 | 1 | | | | | | | | | | | | | |
| | 14 | Si | 硅 | 2 | 2 | 6 | 2 | 2 | | | | | | | | | | | | | |
| | 15 | P | 磷 | 2 | 2 | 6 | 2 | 3 | | | | | | | | | | | | | |
| | 16 | S | 硫 | 2 | 2 | 6 | 2 | 4 | | | | | | | | | | | | | |
| | 17 | Cl | 氯 | 2 | 2 | 6 | 2 | 5 | | | | | | | | | | | | | |
| | 18 | Ar | 氩 | 2 | 2 | 6 | 2 | 6 | | | | | | | | | | | | | |
| 4 | 19 | K | 钾 | 2 | 2 | 6 | 2 | 6 | | 1 | | | | | | | | | | | |
| | 20 | Ca | 钙 | 2 | 2 | 6 | 2 | 6 | | 2 | | | | | | | | | | | |
| | 21 | Sc | 钪 | 2 | 2 | 6 | 2 | 6 | 1 | 2 | | | | | | | | | | | |
| | 22 | Ti | 钛 | 2 | 2 | 6 | 2 | 6 | 2 | 2 | | | | | | | | | | | |
| | 23 | V | 钒 | 2 | 2 | 6 | 2 | 6 | 3 | 2 | | | | | | | | | | | |
| | 24 | Cr | 铬 | 2 | 2 | 6 | 2 | 6 | 5 | 1 | | | | | | | | | | | |
| | 25 | Mn | 锰 | 2 | 2 | 6 | 2 | 6 | 5 | 2 | | | | | | | | | | | |
| | 26 | Fe | 铁 | 2 | 2 | 6 | 2 | 6 | 6 | 2 | | | | | | | | | | | |
| | 27 | Co | 钴 | 2 | 2 | 6 | 2 | 6 | 7 | 2 | | | | | | | | | | | |
| | 28 | Ni | 镍 | 2 | 2 | 6 | 2 | 6 | 8 | 2 | | | | | | | | | | | |
| | 29 | Cu | 铜 | 2 | 2 | 6 | 2 | 6 | 10 | 1 | | | | | | | | | | | |
| | 30 | Zn | 锌 | 2 | 2 | 6 | 2 | 6 | 10 | 2 | | | | | | | | | | | |
| | 31 | Ga | 镓 | 2 | 2 | 6 | 2 | 6 | 10 | 2 | 1 | | | | | | | | | | |
| | 32 | Ge | 锗 | 2 | 2 | 6 | 2 | 6 | 10 | 2 | 2 | | | | | | | | | | |
| | 33 | As | 砷 | 2 | 2 | 6 | 2 | 6 | 10 | 2 | 3 | | | | | | | | | | |
| | 34 | Se | 硒 | 2 | 2 | 6 | 2 | 6 | 10 | 2 | 4 | | | | | | | | | | |
| | 35 | Br | 溴 | 2 | 2 | 6 | 2 | 6 | 10 | 2 | 5 | | | | | | | | | | |
| | 36 | Kr | 氪 | 2 | 2 | 6 | 2 | 6 | 10 | 2 | 6 | | | | | | | | | | |

| 周期 | 原子序数 | 元素符号 | 元素名称 | 电子层 | | | | | | | | | | | | | | | | | |
|---|---|---|---|---|---|---|---|---|---|---|---|---|---|---|---|---|---|---|---|---|---|
| | | | | K | L | | M | | | N | | | | O | | | | P | | | Q |
| | | | | 1s | 2s | 2p | 3s | 3p | 3d | 4s | 4p | 4d | 4f | 5s | 5p | 5d | 5f | 6s | 6p | 6d | 7s |
| 5 | 37 | Rb | 铷 | 2 | 2 | 6 | 2 | 6 | 10 | 2 | 6 | | | 1 | | | | | | | |
| | 38 | Sr | 锶 | 2 | 2 | 6 | 2 | 6 | 10 | 2 | 6 | | | 2 | | | | | | | |
| | 39 | Y | 钇 | 2 | 2 | 6 | 2 | 6 | 10 | 2 | 6 | 1 | | 2 | | | | | | | |
| | 40 | Zr | 锆 | 2 | 2 | 6 | 2 | 6 | 10 | 2 | 6 | 2 | | 2 | | | | | | | |
| | 41 | Nb | 铌 | 2 | 2 | 6 | 2 | 6 | 10 | 2 | 6 | 4 | | 1 | | | | | | | |
| | 42 | Mo | 钼 | 2 | 2 | 6 | 2 | 6 | 10 | 2 | 6 | 5 | | 1 | | | | | | | |
| | 43 | Tc | 锝 | 2 | 2 | 6 | 2 | 6 | 10 | 2 | 6 | 5 | | 2 | | | | | | | |
| | 44 | Ru | 钌 | 2 | 2 | 6 | 2 | 6 | 10 | 2 | 6 | 7 | | 1 | | | | | | | |
| | 45 | Rh | 铑 | 2 | 2 | 6 | 2 | 6 | 10 | 2 | 6 | 8 | | 1 | | | | | | | |
| | 46 | Pd | 钯 | 2 | 2 | 6 | 2 | 6 | 10 | 2 | 6 | 10 | | 0 | | | | | | | |
| | 47 | Ag | 银 | 2 | 2 | 6 | 2 | 6 | 10 | 2 | 6 | 10 | | 1 | | | | | | | |
| | 48 | Cd | 镉 | 2 | 2 | 6 | 2 | 6 | 10 | 2 | 6 | 10 | | 2 | | | | | | | |
| | 49 | In | 铟 | 2 | 2 | 6 | 2 | 6 | 10 | 2 | 6 | 10 | | 2 | 1 | | | | | | |
| | 50 | Sn | 锡 | 2 | 2 | 6 | 2 | 6 | 10 | 2 | 6 | 10 | | 2 | 2 | | | | | | |
| | 51 | Sb | 锑 | 2 | 2 | 6 | 2 | 6 | 10 | 2 | 6 | 10 | | 2 | 3 | | | | | | |
| | 52 | Te | 碲 | 2 | 2 | 6 | 2 | 6 | 10 | 2 | 6 | 10 | | 2 | 4 | | | | | | |
| | 53 | I | 碘 | 2 | 2 | 6 | 2 | 6 | 10 | 2 | 6 | 10 | | 2 | 5 | | | | | | |
| | 54 | Xe | 氙 | 2 | 2 | 6 | 2 | 6 | 10 | 2 | 6 | 10 | | 2 | 6 | | | | | | |
| 6 | 55 | Cs | 铯 | 2 | 2 | 6 | 2 | 6 | 10 | 2 | 6 | 10 | | 2 | 6 | | | 1 | | | |
| | 56 | Ba | 钡 | 2 | 2 | 6 | 2 | 6 | 10 | 2 | 6 | 10 | | 2 | 6 | | | 2 | | | |
| | 57 | La | 镧 | 2 | 2 | 6 | 2 | 6 | 10 | 2 | 6 | 10 | | 2 | 6 | 1 | | 2 | | | |
| | 58 | Ce | 铈 | 2 | 2 | 6 | 2 | 6 | 10 | 2 | 6 | 10 | 1 | 2 | 6 | 1 | | 2 | | | |
| | 59 | Pr | 镨 | 2 | 2 | 6 | 2 | 6 | 10 | 2 | 6 | 10 | 3 | 2 | 6 | | | 2 | | | |
| | 60 | Nd | 钕 | 2 | 2 | 6 | 2 | 6 | 10 | 2 | 6 | 10 | 4 | 2 | 6 | | | 2 | | | |
| | 61 | Pm | 钷 | 2 | 2 | 6 | 2 | 6 | 10 | 2 | 6 | 10 | 5 | 2 | 6 | | | 2 | | | |
| | 62 | Sm | 钐 | 2 | 2 | 6 | 2 | 6 | 10 | 2 | 6 | 10 | 6 | 2 | 6 | | | 2 | | | |
| | 63 | Eu | 铕 | 2 | 2 | 6 | 2 | 6 | 10 | 2 | 6 | 10 | 7 | 2 | 6 | | | 2 | | | |
| | 64 | Gd | 钆 | 2 | 2 | 6 | 2 | 6 | 10 | 2 | 6 | 10 | 7 | 2 | 6 | 1 | | 2 | | | |
| | 65 | Tb | 铽 | 2 | 2 | 6 | 2 | 6 | 10 | 2 | 6 | 10 | 9 | 2 | 6 | | | 2 | | | |
| | 66 | Dy | 镝 | 2 | 2 | 6 | 2 | 6 | 10 | 2 | 6 | 10 | 10 | 2 | 6 | | | 2 | | | |
| | 67 | Ho | 钬 | 2 | 2 | 6 | 2 | 6 | 10 | 2 | 6 | 10 | 11 | 2 | 6 | | | 2 | | | |
| | 68 | Er | 铒 | 2 | 2 | 6 | 2 | 6 | 10 | 2 | 6 | 10 | 12 | 2 | 6 | | | 2 | | | |
| | 69 | Tm | 铥 | 2 | 2 | 6 | 2 | 6 | 10 | 2 | 6 | 10 | 13 | 2 | 6 | | | 2 | | | |
| | 70 | Yb | 镱 | 2 | 2 | 6 | 2 | 6 | 10 | 2 | 6 | 10 | 14 | 2 | 6 | | | 2 | | | |
| | 71 | Lu | 镥 | 2 | 2 | 6 | 2 | 6 | 10 | 2 | 6 | 10 | 14 | 2 | 6 | 1 | | 2 | | | |
| | 72 | Hf | 铪 | 2 | 2 | 6 | 2 | 6 | 10 | 2 | 6 | 10 | 14 | 2 | 6 | 2 | | 2 | | | |

| 周期 | 原子序数 | 元素符号 | 元素名称 | 电子层 | | | | | | | | | | | | | | | | | |
| --- | --- | --- | --- | --- | --- | --- | --- | --- | --- | --- | --- | --- | --- | --- | --- | --- | --- | --- | --- | --- | --- |
| | | | | K | L | | M | | | N | | | | O | | | | P | | | Q |
| | | | | 1s | 2s | 2p | 3s | 3p | 3d | 4s | 4p | 4d | 4f | 5s | 5p | 5d | 5f | 6s | 6p | 6d | 7s |
| 6 | 73 | Ta | 钽 | 2 | 2 | 6 | 2 | 6 | 10 | 2 | 6 | 10 | 14 | 2 | 6 | 3 | | 2 | | | |
| | 74 | W | 钨 | 2 | 2 | 6 | 2 | 6 | 10 | 2 | 6 | 10 | 14 | 2 | 6 | 4 | | 2 | | | |
| | 75 | Re | 铼 | 2 | 2 | 6 | 2 | 6 | 10 | 2 | 6 | 10 | 14 | 2 | 6 | 5 | | 2 | | | |
| | 76 | Os | 锇 | 2 | 2 | 6 | 2 | 6 | 10 | 2 | 6 | 10 | 14 | 2 | 6 | 6 | | 2 | | | |
| | 77 | Ir | 铱 | 2 | 2 | 6 | 2 | 6 | 10 | 2 | 6 | 10 | 14 | 2 | 6 | 7 | | 2 | | | |
| | 78 | Pt | 铂 | 2 | 2 | 6 | 2 | 6 | 10 | 2 | 6 | 10 | 14 | 2 | 6 | 9 | | 1 | | | |
| | 79 | Au | 金 | 2 | 2 | 6 | 2 | 6 | 10 | 2 | 6 | 10 | 14 | 2 | 6 | 10 | | 1 | | | |
| | 80 | Hg | 汞 | 2 | 2 | 6 | 2 | 6 | 10 | 2 | 6 | 10 | 14 | 2 | 6 | 10 | | 2 | | | |
| | 81 | Tl | 铊 | 2 | 2 | 6 | 2 | 6 | 10 | 2 | 6 | 10 | 14 | 2 | 6 | 10 | | 2 | 1 | | |
| | 82 | Pb | 铅 | 2 | 2 | 6 | 2 | 6 | 10 | 2 | 6 | 10 | 14 | 2 | 6 | 10 | | 2 | 2 | | |
| | 83 | Bi | 铋 | 2 | 2 | 6 | 2 | 6 | 10 | 2 | 6 | 10 | 14 | 2 | 6 | 10 | | 2 | 3 | | |
| | 84 | Po | 钋 | 2 | 2 | 6 | 2 | 6 | 10 | 2 | 6 | 10 | 14 | 2 | 6 | 10 | | 2 | 4 | | |
| | 85 | At | 砹 | 2 | 2 | 6 | 2 | 6 | 10 | 2 | 6 | 10 | 14 | 2 | 6 | 10 | | 2 | 5 | | |
| | 86 | Rn | 氡 | 2 | 2 | 6 | 2 | 6 | 10 | 2 | 6 | 10 | 14 | 2 | 6 | 10 | | 2 | 6 | | |
| 7 | 87 | Fr | 钫 | 2 | 2 | 6 | 2 | 6 | 10 | 2 | 6 | 10 | 14 | 2 | 6 | 10 | | 2 | 6 | | 1 |
| | 88 | Ra | 镭 | 2 | 2 | 6 | 2 | 6 | 10 | 2 | 6 | 10 | 14 | 2 | 6 | 10 | | 2 | 6 | | 2 |
| | 89 | Ac | 锕 | 2 | 2 | 6 | 2 | 6 | 10 | 2 | 6 | 10 | 14 | 2 | 6 | 10 | | 2 | 6 | 1 | 2 |
| | 90 | Th | 钍 | 2 | 2 | 6 | 2 | 6 | 10 | 2 | 6 | 10 | 14 | 2 | 6 | 10 | | 2 | 6 | 2 | 2 |
| | 91 | Pa | 镤 | 2 | 2 | 6 | 2 | 6 | 10 | 2 | 6 | 10 | 14 | 2 | 6 | 10 | 2 | 2 | 6 | 1 | 2 |
| | 92 | U | 铀 | 2 | 2 | 6 | 2 | 6 | 10 | 2 | 6 | 10 | 14 | 2 | 6 | 10 | 3 | 2 | 6 | 1 | 2 |
| | 93 | Np | 镎 | 2 | 2 | 6 | 2 | 6 | 10 | 2 | 6 | 10 | 14 | 2 | 6 | 10 | 4 | 2 | 6 | 1 | 2 |
| | 94 | Pu | 钚 | 2 | 2 | 6 | 2 | 6 | 10 | 2 | 6 | 10 | 14 | 2 | 6 | 10 | 6 | 2 | 6 | | 2 |
| | 95 | Am | 镅 | 2 | 2 | 6 | 2 | 6 | 10 | 2 | 6 | 10 | 14 | 2 | 6 | 10 | 7 | 2 | 6 | | 2 |
| | 96 | Cm | 锔 | 2 | 2 | 6 | 2 | 6 | 10 | 2 | 6 | 10 | 14 | 2 | 6 | 10 | 7 | 2 | 6 | 1 | 2 |
| | 97 | Bk | 锫 | 2 | 2 | 6 | 2 | 6 | 10 | 2 | 6 | 10 | 14 | 2 | 6 | 10 | 9 | 2 | 6 | | 2 |
| | 98 | Cf | 锎 | 2 | 2 | 6 | 2 | 6 | 10 | 2 | 6 | 10 | 14 | 2 | 6 | 10 | 10 | 2 | 6 | | 2 |
| | 99 | Es | 锿 | 2 | 2 | 6 | 2 | 6 | 10 | 2 | 6 | 10 | 14 | 2 | 6 | 10 | 11 | 2 | 6 | | 2 |
| | 100 | Fm | 镄 | 2 | 2 | 6 | 2 | 6 | 10 | 2 | 6 | 10 | 14 | 2 | 6 | 10 | 12 | 2 | 6 | | 2 |
| | 101 | Md | 钔 | 2 | 2 | 6 | 2 | 6 | 10 | 2 | 6 | 10 | 14 | 2 | 6 | 10 | 13 | 2 | 6 | | 2 |
| | 102 | No | 锘 | 2 | 2 | 6 | 2 | 6 | 10 | 2 | 6 | 10 | 14 | 2 | 6 | 10 | 14 | 2 | 6 | | 2 |
| | 103 | Lr | 铹 | 2 | 2 | 6 | 2 | 6 | 10 | 2 | 6 | 10 | 14 | 2 | 6 | 10 | 14 | 2 | 6 | 1 | 2 |
| | 104 | Rf | 𬬻 | 2 | 2 | 6 | 2 | 6 | 10 | 2 | 6 | 10 | 14 | 2 | 6 | 10 | 14 | 2 | 6 | 2 | 2 |
| | 105 | Db | 𬭊 | 2 | 2 | 6 | 2 | 6 | 10 | 2 | 6 | 10 | 14 | 2 | 6 | 10 | 14 | 2 | 6 | 3 | 2 |
| | 106 | Sg | 𬭳 | 2 | 2 | 6 | 2 | 6 | 10 | 2 | 6 | 10 | 14 | 2 | 6 | 10 | 14 | 2 | 6 | 4 | 2 |
| | 107 | Bh | 𬭶 | 2 | 2 | 6 | 2 | 6 | 10 | 2 | 6 | 10 | 14 | 2 | 6 | 10 | 14 | 2 | 6 | 5 | 2 |
| | 108 | Hs | 𬭎 | 2 | 2 | 6 | 2 | 6 | 10 | 2 | 6 | 10 | 14 | 2 | 6 | 10 | 14 | 2 | 6 | 6 | 2 |
| | 109 | Mt | 䥑 | 2 | 2 | 6 | 2 | 6 | 10 | 2 | 6 | 10 | 14 | 2 | 6 | 10 | 14 | 2 | 6 | 7 | 2 |

注：表中单线框内为过渡元素(副族元素)，双线框内为内过渡元素(镧系元素和锕系元素)。

由此充分证明,元素性质的周期性变化,是元素的原子核外电子排布周期性变化的结果。

**2. 族与价电子构型**

价电子是指原子参加化学反应时,能参与成键的电子。价电子所在的亚层统称为价电子层,简称价层。原子的价电子构型是指价层电子的排布式,它能反映出该元素原子在电子层结构上的特征。

元素周期表中的纵列,称为族,一共有 18 个纵列,分为 7 个主(A)族、7 个副(B)族和一个 0 族,一个Ⅷ族。同族元素虽然电子层数不同,但价电子构型基本相同(少数除外),所以原子、价电子构型相同是元素分族的实质。

(1)**主族元素** 元素周期表中共有 7 个主族,表示为ⅠA～ⅦA。凡原子核外最后一个电子填入 $ns$ 或 $np$ 亚层上的元素,都是主族元素。其价电子构型为 $ns^{1\sim2}$ 或 $ns^2np^{1\sim5}$,价电子总数等于其族数。由于同一族中各元素原子核外电子层数从上到下递增,因此同族元素的化学性质具有递变性。

(2)**0 族元素** 0 族为稀有气体族。这些元素原子的最外层($ns np$)上电子都已填满,价电子构型为 $ns^2$ 或 $ns^2np^6$,因此它们的化学性质很不活泼,过去曾称为惰性气体。

(3)**副族元素** 元素周期表中共有 7 个副族,即ⅢB～ⅦB～ⅡB。凡原子核外最后一个电子填入 $(n-1)d$ 或 $(n-2)f$ 亚层上的元素,都是副族元素,也称过渡元素。其价电子构型为 $(n-1)d^{1\sim10}ns^{0\sim2}$。ⅢB～ⅦB 族元素原子的价电子总数等于其族数。ⅠB,ⅡB 族元素由于其 $(n-1)d$ 亚层已经填满,所以最外层(即 $ns$)上的电子数等于其族数。

(4)**Ⅷ族元素** Ⅷ族有三个纵列,它们的价电子数为 8～10,与其族不完全相同。

**小贴士**

同一副族元素的化学性质也具有一定的相似性,但其化学性质递变性不如主族元素明显。镧系和锕系元素的最外层和次外层的电子排布近乎相同,只是倒数第三层的电子排布不同,使得镧系 15 种元素、锕系 15 种元素的化学性质最为相似,在元素周期表中分别占据同一位置,因此将镧系、锕系元素单独拉出来,置于周期表下方各列一行来表示。

可见,价电子构型是元素周期表中元素分类的基础。元素周期表中"族"的实质是根据价电子构型的不同对元素进行分类。

**3. 元素的分区**

根据元素的价层电子构型的不同,可以把元素周期表中元素所在的位置分为五个区,如图 4-4 所示。

**s 区**:为ⅠA,ⅡA 族元素,价电子构型为 $ns^1$,$ns^2$,但不包括氦(He)。

**d 区**:为ⅢB～ⅦB,Ⅷ族元素,价电子构型 $(n-1)$

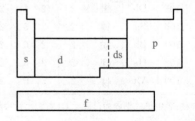

图 4-4 元素周期表中元素分区示意图

$d^{1\sim8}ns^{0\sim2}$。

**ds 区**：为 I B, II B 族元素,价电子构型 $(n-1)d^{10}ns^{1\sim2}$,因其 $(n-1)d$ 已填满,其 $ns$ 上的电子数与 s 区相同,所以称为 ds 区元素。

**p 区**：为 III A ～ VII A,0 族元素,价电子构型为 $ns^2np^{1\sim6}$。

**f 区**：为镧系、锕系元素(称为内过渡元素),价电子构型为 $(n-2)f^{0\sim14}(n-1)d^{0\sim2}ns^2$。

**想一想**

(1) 电子排布式和高中时学习的排布方式有何不同? 注意区别。

(2) 价电子构型为 $ns^1$ 的元素一定是碱金属元素吗?

(3) p 区元素的原子填充电子时是先填入 $ns$,然后填入 $np$,失去电子时,也是这个顺序吗?

(4) 元素周期表中的所有元素其电子排布都遵守能量最低原理、泡利不相容原理和洪特规则吗?

## 4.3 元素性质的周期性

元素性质取决于其原子的内部结构,本节结合原子核外电子层结构的周期性变化,阐述元素的一些主要性质的周期性变化规律。

### 一、原子半径($r$)

由于电子在原子核外的运动是概率分布的,没有明显的界线,所以原子的大小无法直接测定。通常所说的原子半径,是通过实验测得相邻两原子的原子核之间的距离(核间距),核间距被形象地认为是该两原子的半径之和。通常根据原子与原子间作用力的不同,原子半径的数据一般有以下三种:

(1) **金属半径** 是指金属晶体中相邻的两个原子核间距的一半。

(2) **共价半径** 是指某一元素的两个原子以共价键结合时,两核间距的一半。

(3) **范德华半径** 是指两个原子只靠范德华力(分子间作用力)互相吸引时,它们原子核间距的一半。

由表 4-3 可见原子半径在元素周期表中的变化规律:

(1) 同一主族元素从上而下电子层数增加,电子排斥力增大,原子半径逐渐增大。副族元素原子半径从上到下的递变不是很明显,特别是第五、六周期元素原子半径非常接近。

(2) 同一周期中原子半径的递变按短周期和长周期有所不同。在短周期中,由于电子的依次增加是在同一层中,核电荷对外层电子的引力逐渐增强,原子半径逐渐减小,至稀有气体半径突然增大,因它们是范德华半径之故。在长周期中,主族元素原子半径的递变规律和短周期相似;副族元素原子半径递变缓慢,这是由于过渡元素的电子依次增加在次外层的 d 轨道上,从而增强了电子间的排斥作用,削弱了核对电子的吸引力之故。

表 4-3　元素周期表中各元素的原子半径(单位:pm)

| 1 | 2 | 3 | 4 | 5 | 6 | 7 | 8 | 9 | 10 | 11 | 12 | 13 | 14 | 15 | 16 | 17 | 18 |
|---|---|---|---|---|---|---|---|---|---|---|---|---|---|---|---|---|---|
| H 37 | | | | | | | | | | | | | | | | | He 93 |
| Li 123 | Be 89 | | | | | | | | | | | B 82 | C 77 | N 70 | O 66 | F 64 | Ne 112 |
| Na 154 | Mg 136 | | | | | | | | | | | Al 118 | Si 117 | P 110 | S 104 | Cl 99 | Ar 154 |
| K 203 | Ca 174 | Sc 144 | Ti 132 | V 122 | Cr 118 | Mn 117 | Fe 117 | Co 116 | Ni 115 | Cu 117 | Zn 125 | Ga 126 | Ge 122 | As 121 | Se 117 | Br 114 | Kr 169 |
| Rb 216 | Sr 191 | Y 162 | Zr 145 | Nb 134 | Mo 130 | Tc 127 | Ru 125 | Rh 125 | Pd 128 | Ag 134 | Cd 148 | In 144 | Sn 140 | Sb 141 | Te 137 | I 133 | Xe 190 |
| Cs 235 | Ba 198 | Lu 158 | Hf 144 | Ta 134 | W 130 | Re 128 | Os 126 | Ir 127 | Pt 130 | Au 134 | Hg 144 | Tl 148 | Pd 147 | Bi 146 | Po 146 | At 145 | Rn 220 |

| La 169 | Ce 165 | Pr 164 | Nd 164 | Pm 163 | Sm 162 | Eu 185 | Gd 162 | Tb 161 | Dy 160 | Ho 158 | Er 158 | Tm 158 | Yb 170 |
|---|---|---|---|---|---|---|---|---|---|---|---|---|---|

## 二、电负性(χ)

为了说明化学键的极性,鲍林提出了电负性的概念。认为元素电负性是指元素的原子在分子中吸引成键电子的能力。他指定最活泼的非金属元素氟的电负性为4.0,然后通过计算得出其他元素电负性的相对值。元素电负性越大,表示该元素原子在分子中吸引成键电子的能力越强。反之,则越弱。表4-4列出了鲍林的元素电负性数值。

表 4-4　元素的电负性

| H 2.2 | | | | | | | | | | | | | | | | | He 3.2 |
|---|---|---|---|---|---|---|---|---|---|---|---|---|---|---|---|---|---|
| Li 1.0 | Be 1.6 | | | | | | | | | | | B 2.0 | C 2.6 | N 3.0 | O 3.4 | F 4.0 | Ne 5.1 |
| Na 0.9 | Mg 1.3 | | | | | | | | | | | Al 1.6 | Si 1.9 | P 2.2 | S 2.6 | Cl 3.2 | Ar 3.3 |
| K 0.8 | Ca 1.0 | Sc 1.4 | Ti 1.5 | V 1.6 | Cr 1.7 | Mn 1.6 | Fe 1.8 | Co 1.9 | Ni 1.9 | Cu 1.9 | Zn 1.7 | Ga 1.8 | Ge 2.0 | As 2.2 | Se 2.6 | Br 3.0 | Kr 2.9 |
| Rb 0.8 | Sr 1.0 | Y 1.2 | Zr 1.3 | Nb 1.6 | Mo 2.2 | Tc 1.9 | Ru 2.2 | Rh 2.3 | Pd 2.2 | Ag 1.9 | Cd 1.7 | In 1.8 | Sn 2.0 | Sb 2.1 | Te 2.1 | I 2.7 | Xe 2.6 |
| Cs 0.8 | Ba 0.9 | Lu 1.3 | Hf 1.3 | Ta 1.5 | W 2.4 | Re 1.9 | Os 2.2 | Ir 2.2 | Pt 2.3 | Au 2.5 | Hg 2.0 | Tl 2.0 | Pb 2.3 | Bi 2.0 | Po 2.0 | At 2.2 | Rn |
| Fr 0.7 | Ra 0.9 | | | | | | | | | | | | | | | | |

由表4-4可见,同一周期主族元素的电负性从左到右依次递增。也是由于原子的有

效核电荷逐渐增大,原子半径依次减小的缘故,使原子在分子中吸引成键电子的能力逐渐增加。在同一主族中,从上到下元素的电负性趋于减小,说明原子在分子中吸引成键电子的能力趋于减弱。过渡元素电负性的变化没有明显的规律。

### 三、元素的金属性与非金属性

元素的金属性是指原子失去电子成为阳离子的能力,通常可用电离能来衡量。元素的非金属性是指原子得到电子成为阴离子的能力,通常可用电子亲和能来衡量。元素的电负性综合考虑了原子得失电子的能力,故可作为元素金属性与非金属性统一衡量的依据。一般来说,金属的电负性小于 2,非金属的电负性则大于 2。

同一周期主族元素从左到右,元素的金属性逐渐减弱,非金属性逐渐增强。同一主族从上到下,元素的非金属性逐渐减弱,金属性逐渐增强。

### 四、元素的氧化值

为了说明化合物中某一元素的原子与其他元素原子化合的能力,常用氧化值(或称氧化数)作为定量的表征。氧化值定义为:当分子中原子之间的共用电子对被指定属于电负性较大的原子后,各原子所带的形式电荷数就是氧化值。元素的氧化值与其价电子构型有关。由于元素价电子构型是周期性的重复,所以元素的最高氧化值也是周期性的重复。元素的原子参加化学反应时,可达到的最高氧化值等于其价电子总数,也等于所属族数,见表 4-5。

表 4-5 元素的最高氧化值和价电子构型

| 主族 | ⅠA | ⅡA | ⅢA | ⅣA | ⅤA | ⅥA | ⅦA | 0 |
|---|---|---|---|---|---|---|---|---|
| 价电子构型 | $ns^1$ | $ns^2$ | $ns^2np^1$ | $ns^2np^2$ | $ns^2np^3$ | $ns^2np^4$ | $ns^2np^5$ | $ns^2np^6$ |
| 最高氧化值 | +1 | +2 | +3 | +4 | +5 | +6 | +7 | +8(部分元素) |
| 副族 | ⅠB | ⅡB | ⅢB | ⅣB | ⅤB | ⅥB | ⅦB | Ⅷ |
| 价电子构型 | $(n-1)d^{10}$ $ns^1$ | $(n-1)d^{10}$ $ns^2$ | $(n-1)d^1$ $ns^2$ | $(n-1)d^2$ $ns^2$ | $(n-1)d^3$ $ns^2$ | $(n-1)d^{4\sim5}$ $ns^{1\sim2}$ | $(n-1)d^5$ $ns^2$ | $(n-1)d^{6\sim10}$ $ns^{1\sim2}$ |
| 最高氧化值 | +3(部分元素) | +2 | +3 | +4 | +5 | +6 | +7 | +8(部分元素) |

但需指出,0 族,Ⅷ族元素中,至今只有少数元素(如 Xe,Kr 和 Ru,Os 等)有氧化值为+8 的化合物。ⅠB 族元素最高氧化值不等于族数,如 Cu 为+2,Ag 为+3,Au 为+3。

# 4.4 化 学 键

### 一、离子键

电负性小的金属离子和电负性较大的非金属离子相遇时,电子从电负性小的原子转移到电负性大的原子,从而形成了阳离子和阴离子,都具有类似稀有气体原子的稳定结构。这种由原子间发生电子的转移,形成阴、阳离子,并通过静电引力而形成的化学键叫**离子键**。由离子键形成的化合物叫作**离子型化合物**。阴、阳离子分别是键的两极,故离子键呈强极性。

必须指出的是,在离子键形成的过程中,并不是所有的离子都必须形成稀有气体原子的电子构型,如过渡元素及锡、铅等类的金属。

离子键具有以下特征:

(1) 离子键的本质是阴、阳离子间的静电引力。

(2) 离子键没有方向性和饱和性。离子的电场分布是球形对称的,可以从任何方向吸引带相反电荷的离子,故**离子键无方向性**。此外,只要离子周围空间允许,它将尽可能多地吸引带相反电荷的离子,即**离子键无饱和性**。

## 二、共价键

### 1. 共价键的形成

当两个独立的、距离很远的氢原子相互靠近欲形成氢分子时,有两种情况:

(1) 两个氢原子中电子的自旋方向相反　当这两个氢原子相互靠近时,随着核间距($R$)的减小,两个 1s 原子轨道发生重叠,在核间形成一个电子密度较大的区域,增强了核对电子的吸引,同时部分抵消了两核间的排斥,从而形成稳定的化学键。

(2) 两个氢原子的自旋方向相同　当它们相互靠近时,两个 1s 原子轨道只能发生不同相位叠加(异号重叠),致使电子密度在两原子核间减小,增大了两核间的排斥力,随着两原子的逐渐接近,系统能量不断升高,处于不稳定状态,不能形成化学键。

因此,氢分子中共价键的形成是由于自旋方向相反的电子相互配对,原子轨道重叠,从而使系统能量降低,系统趋向稳定的结果。

### 2. 价键理论的要点

**价键理论**是建立在形成分子的原子应有未成对电子,这些未成对的电子在自旋方向相反时才可以两两配对形成共价键,所以价键理论又称**电子配对法**,简称**VB 法**。其基本要点如下:

(1) 成键两原子相互靠近时,只有自旋方向相反的电子可以配对形成共价键——电子配对原理。若 A、B 两个原子各有 1 个未成对电子,则可形成共价单键;若 A、B 两个原子各有 2 个或 3 个未成对电子,则可形成共价双键或共价三键;若 A 原子有 2 个未成对电子,B 原子有 1 个未成对电子,则 A 和 2 个 B 形成 $AB_2$ 分子。

(2) 两原子在形成共价键时,成键电子的原子轨道要发生重叠,重叠越多,则两核间的电子出现的概率密度越大,形成的共价键越牢固——**最大重叠原理**。

### 3. 共价键的特征

(1) 饱和性　由于在形成共价键时,成键原子之间需共用未成对电子,一个原子有几个未成对电子,就只能和几个自旋反向的电子配对成键,也就是说,原子所能形成共价键的数目受未成对电子数限制。这就是共价键的饱和性。例如,Cl 原子的电子排布为 $[Ne]3s^2 3p^5$,3p 轨道上的电子排布是 (↑↓)(↑↓)(↑),轨道中只有一个未成对电子。因此,它只能和另一个 Cl 原子或 H 原子中自旋方向相反的未成对电子配对,形成一个共价键,即形成 $Cl_2$ 或 HCl 分子。但是,一个 Cl 原子绝不能同时和两个 Cl 原子或两个 H 原子配对。

(2) 方向性　原子轨道中,除 s 轨道是球形对称,没有方向性外,p,d,f 轨道都具有一定的空间伸展方向。在形成共价键时,只有当成键原子轨道沿合适的方向相互靠近,才能达到最大程度的重叠,形成稳定的共价键。这就是共价键的方向性。例如,HCl 分子中共价键的形成,是由 H 原子的 1s 轨道和 Cl 原子的 3p 轨道(如 $3p_x$ 轨道)重叠成键的,只有 s 轨道沿 $p_x$ 轨道的对称轴($x$ 轴)方向进行才能发生最大的重叠[见图 4-5(a)]。

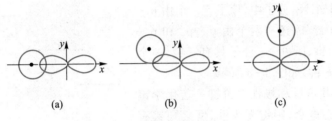

(a)　　　　(b)　　　　(c)

图 4-5　HCl 分子的形成

#### * 4. 共价键的类型

(1) σ 键　当成键原子轨道沿键轴(两原子核间的连线)方向靠近,以"头碰头"方式进行重叠,重叠部分集中于两核之间,通过并对称于键轴,这种键称为 σ 键。形成 σ 键的电子称为 σ 电子。可形成 σ 键的原子轨道有 s-s 轨道重叠,s-$p_x$ 轨道重叠、$p_x$-$p_x$ 轨道重叠。图 4-6 所示的 H—H 键、H—Cl 键、Cl—Cl 键均为 σ 键。

(2) π 键　当两成键原子轨道沿键轴方向靠近,原子轨道以"肩并肩"方式进行重叠,重叠部分在键轴的两侧并对称于与键轴垂直的平面,这样形成的键称为 π 键(见图 4-7)。形成 π 键的电子称为 π 电子。可发生这种重叠的原子轨道有 $p_z$-$p_z$,此外还有 $p_y$-$p_y$,p-d等。

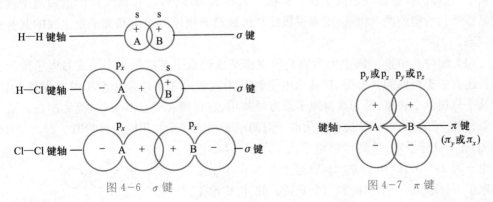

图 4-6　σ 键　　　　　　图 4-7　π 键

通常 π 键形成时原子轨道的重叠程度小于 σ 键,故 π 键没有 σ 键稳定,π 电子容易参与化学反应。

有关 σ 键和 π 键的特征见表 4-6。

表 4-6  σ 键和 π 键的特征

| 键的类型 | σ 键 | π 键 |
|---|---|---|
| 原子轨道重叠方式 | 沿键轴方向相对重叠 | 沿键轴方向平行重叠 |
| 原子轨道重叠部分 | 两原子核之间,在键轴处 | 键轴上方和下方,键轴处为零 |
| 原子轨道重叠程度 | 大 | 小 |
| 键的强度 | 较牢固 | 较差 |
| 化学活泼性 | 不活泼 | 活泼 |

在共价型分子中,σ 键、π 键的形成与成键原子的价层电子结构有关。两原子间形成的共价键,若为单键,必为 σ 键,若为多键,其中必含一个 σ 键。例如,$N_2$ 分子中,除了有一个由 $p_x$-$p_x$ 重叠形成的 σ 键外,还有两个由 $p_y$-$p_y$ 和 $p_z$-$p_z$ 重叠形成的 π 键,所以 $N_2$ 分子具有三键,一个是 σ 键,两个是 π 键,如图 4-8 所示。

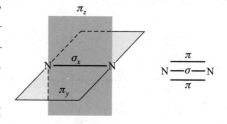

图 4-8  $N_2$ 分子中的 σ 键和 π 键示意图

(3) 非极性共价键和极性共价键  若化学键中正、负电荷中心重合,则键无极性,反之则键有极性。根据键的极性可将共价键分为非极性共价键和极性共价键。

由同种原子形成的共价键,如单质分子 $H_2$,$O_2$,$N_2$ 等分子中的共价键,电子云在两核中间均匀分布(并无偏向),这类共价键称为**非极性共价键**。

另一些化合物如 $HCl$,$CO$,$H_2O$,$NH_3$ 等分子中的共价键是由不同元素的原子形成的。由于元素的电负性不同,对电子对的吸引能力也不同,所以共用电子对会偏向电负性较大的元素的原子,使其带负电荷,而电负性较小的原子带正电荷,键的两端出现了正、负极,正、负电荷中心不重合。这样的共价键称为**极性共价键**。

键的极性大小取决于成键两原子的电负性差。电负性差越大,键的极性就越强。如果两个成键原子的电负性差足够大,致使共用电子对完全转移到另一原子上而形成阴、阳离子,这样的极性键就是离子键。从极性大小的角度,可将非极性共价键和离子键看成是极性共价键的两个极端,或者说极性共价键是非极性共价键和离子键之间的某种过渡状态。

(4) 配位共价键  以上提到的共价键都是成键原子各提供一个未成对电子所形成的。还有一类特殊的共价键,其共用电子对是由成键原子中的某个原子单方提供,另一个原子只提供空轨道,但为成键原子双方所共用,这种键称**配位共价键**,简称配位键或配价键,用"→"表示,箭头从提供共用电子对的原子指向接受共用电子对的原子。例如,在 $CO$ 分子中,C 的价层电子为 $2s^2 2p^2$,O 的价层电子为 $2s^2 2p^4$,C 和 O 的 2p 轨道上各有 2 个未成对电子,可以形成一个 σ 键和一个 π 键。此外,C 原子的 2p 轨道上还有一个空轨道,O 原子的 2p 轨道上又有一对孤对电子,正好提供给 C 原子的空轨道而形成配位键。配位键的形成如图 4-9 所示。

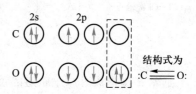

图 4-9  配位键的形成

由此可见,要形成配位键应具备两个条件:① 成键原子的一方至少要含有一对孤对电子;② 成键原子中接受孤对电子的一方要有空轨道。所形成的配位键也分 $\sigma$ 配位键和 $\pi$ 配位键。

配位键的形成方式和共价键有所不同,但成键后两者是没有本质区别的。此类共价键在无机化合物中是大量存在的,如 $NH_4^+$,$SO_4^{2-}$,$PO_4^{3-}$,$ClO_4^-$ 等都含有配位共价键。

动画:
$N_2$ 分子的
成键过程

 **想一想**

试举出一种化合物,其分子中具有离子键、共价键和配位键。

#### *5. 键参数

键参数是用于表征化学键性质的物理量,常见的键参数有键能、键长和键角等,利用键参数可以判断分子的几何构型、分子的极性及热稳定性等。

(1) 键能($E$)    键能是衡量化学键强弱的物理量,它表示拆开一个键或形成一个键的难易程度。由于形成共价键必须放出能量,那么拆开共价键时,就需要供给能量。键能的定义是:在 298.15 K 和 100 kPa 条件下,断裂气态分子的单位物质的量的化学键(即 $6.022 \times 10^{23}$ 个化学键),使它变成气态原子或基团时所需的能量,称为键能,用符号 $E$ 表示,其 SI 单位为 $kJ \cdot mol^{-1}$。

一般来说,键能越大,相应的共价键就越牢固,组成的分子就越稳定。

(2) 键长($l$)    分子中两成键原子核之间的平衡距离(即核间距),称为键长或键距。表4-7列举了一些共价键的键长和键能数据。

表4-7 一些共价键的键长和键能

| 键 | 键长 $l$/pm | 键能 $E$/(kJ·mol⁻¹) | 键 | 键长 $l$/pm | 键能 $E$/(kJ·mol⁻¹) |
|---|---|---|---|---|---|
| H—H | 74 | 436 | C—H | 109 | 414 |
| C—C | 154 | 347 | C—N | 147 | 305 |
| C=C | 134 | 611 | C—O | 143 | 360 |
| C≡C | 120 | 837 | C=O | 121 | 736 |
| N—N | 145 | 159 | C—Cl | 177 | 326 |
| O—O | 148 | 142 | N—H | 101 | 389 |
| Cl—Cl | 199 | 244 | O—H | 96 | 464 |
| Br—Br | 228 | 192 | S—H | 136 | 368 |
| I—I | 267 | 150 | N≡N | 110 | 946 |
| S—S | 205 | 264 | F—F | 128 | 158 |

在不同的分子中,两原子间形成相同类型的化学键时,其键长是基本相同的。相同原子形成的共价键的键长,单键>双键>三键。键长越短,键能就越大,键就越牢固。

(3) 键角($\alpha$)    分子中键与键的夹角称为键角。键角是反映分子空间结构的重要指标之一。一些分子的键长、键角和几何构型见表4-8。一般知道一个分子的键长和键角,就可以推知该分子的几何构型。

表 4-8　一些分子的键长、键角和几何构型

| 分子($AD_n$) | 键长 $l$/pm | 键角 $\alpha$/(°) | 几何构型 | |
|---|---|---|---|---|
| $HgCl_2$ | 234 | 180 | D—A—D | 直线形 |
| $CO_2$ | 116.3 | 180 | | |
| $H_2O$ | 96 | 104.5 | | 折线形(角形、V 形) |
| $SO_2$ | 143 | 119.5 | | |
| $BF_3$ | 131 | 120 | | 三角形 |
| $SO_3$ | 143 | 120 | | |
| $NH_3$ | 101.5 | 107.3 | | 三角锥形 |
| $SO_3^{2-}$ | 151 | 106 | | |
| $CH_4$ | 109 | 109.5 | | 四面体形 |
| $SO_4^{2-}$ | 149 | 109.5 | | |

# *4.5　杂化轨道理论与分子的几何构型

价键理论成功地阐述了共价键的形成过程、本质和特征,但却无法解释多原子分子的空间构型。例如,$CH_4$ 分子中 C 的电子排布是 $1s^2 2s^2 2p^2$,p 轨道上只有 2 个未成对电子,按照价键理论,与 H 原子只能形成 2 个 C—H 键。但实验证明 $CH_4$ 的空间构型为正四面体,中心碳原子与 4 个氢原子形成 4 个等同的 C—H 键,每个 C—H 键之间的键角为 109°28′。为了更好地解释分子的实际空间构型,1931 年,鲍林和斯莱脱在价键理论的基础上,提出杂化轨道理论。

## 一、杂化轨道理论的基本要点

(1) 在成键过程中,由于原子间的相互影响,同一原子中参加成键的几个能量相近的原子轨道可以进行组合,重新分配能量和调整伸展方向,组合成新的利于成键的原子轨道,这一过程称为轨道杂化(见图 4-10),所形成的新轨道称为杂化轨道。有几个原子轨道进行杂化,就形成几个新的杂化轨道。

图 4-10　轨道杂化

(2) 轨道经杂化后,其角度分布及形状均发生了变化,如 s 轨道和 p 轨道杂化形成的杂化轨道,其电子云的形状既不同于 s 轨道(球形对称),也不同于 p 轨道(哑铃形),

而是变成了电子云比较集中在一头的不对称形状,形成的杂化轨道一头大、一头小,成键时大的一头重叠,这样重叠程度最大,所以杂化轨道的成键能力比未杂化前更强(见图4-11),形成的分子也更加稳定。

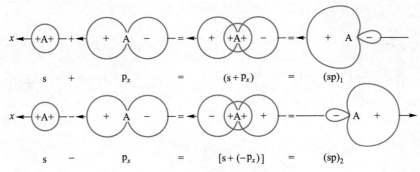

图 4-11 两个 sp 杂化轨道的形成和方向

杂化轨道理论需要注意:

(1) 原子轨道的杂化,只有在形成分子的过程中才会发生,而孤立的原子是不可能发生杂化的。

(2) 只有能量相近的原子轨道才能发生杂化。

(3) 一定数目的原子轨道杂化后,可得轨道数目相同、能量相等的杂化轨道。

### 二、杂化轨道类型与分子几何构型的关系

#### 1. sp 杂化

同一原子的 1 个 s 轨道和 1 个 p 轨道之间进行杂化,形成 2 个等价的 sp 杂化轨道的过程称为 sp 杂化。每个杂化轨道中含 $\frac{1}{2}$ s 轨道和 $\frac{1}{2}$ p 轨道的成分。sp 杂化轨道间的夹角为 $180°$。两个 sp 杂化轨道的对称轴在同一条直线上,只是方向相反。因此,当两个 sp 杂化轨道与其他原子的原子轨道重叠成键时,形成直线形分子。例如,$HgCl_2$ 分子的形成见图 4-12。Hg 原子的价层电子构型为 $5d^{10}6s^2$,成键时 1 个 6s 轨道上的电子激发到空的 6p 轨道上(成为激发态 $6s^16p^1$),同时发生杂化,组成 2 个新的等价的 sp 杂化轨道,sp 杂化轨道间的夹角为 $180°$,呈直线形。Hg 原子就是通过这样 2 个 sp 杂化轨道和 2 个氯原子的 p 轨道重叠形成 2 个 $\sigma$ 键,从而形成了 $HgCl_2$ 分子,$HgCl_2$ 分子具有直线形的几何构型。

$BeCl_2$ 及 ⅡB 族元素的其他 $AB_2$ 型直线形分子的形成过程与上述过程相似。

#### 2. sp² 杂化

同一原子的 1 个 s 轨道和 2 个 p 轨道进行杂化,形成 3 个等价的 sp² 杂化轨道,每个杂化轨道中含 $\frac{1}{3}$ s 轨道和 $\frac{2}{3}$ p 轨道的成分。sp² 杂化轨道间的夹角为 $120°$,3 个杂化轨道呈平面正三角形分布。例如,$BF_3$ 分子的形成见图 4-13。B 原子的价层电子构型为 $2s^22p^1$,只有 1 个未成对电子,成键过程中 2s 的 1 个电子激发到 2p 空轨道上(成为激发态 $2s^12p_x^12p_y^1$),同时发生杂化,组成 3 个新的等价的 sp² 杂化轨道,sp² 杂化轨道间的夹角为 $120°$,呈平面正三

角形。3 个 F 原子的 2p 轨道以"头碰头"方式与 B 原子的 3 个杂化轨道的大头重叠,形成 3 个 σ 键,从而形成了 BF₃ 分子,BF₃ 分子的几何构型为平面正三角形。

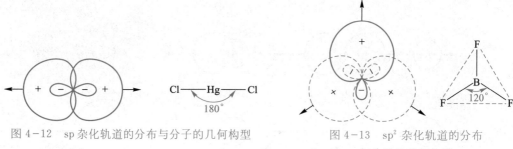

图 4-12　sp 杂化轨道的分布与分子的几何构型　　　　图 4-13　sp² 杂化轨道的分布与分子的几何构型

动画:

s-p 杂化

### 3. sp³ 杂化

同一原子的 1 个 s 轨道和 3 个 p 轨道间的杂化,形成 4 个等价的 sp³ 杂化轨道,每个杂化轨道含 $\frac{1}{4}$ s 轨道和 $\frac{3}{4}$ p 轨道的成分。4 个杂化轨道分别指向正四面体的 4 个顶点,轨道间的夹角均为 $109°28'$。例如,CH₄ 分子的形成见图 4-14。C 原子的价层电子构型为 $2s^2 2p^2$(即 $2s^2 2p_x^1 2p_y^1$),只有 2 个未成对电子,成键过程中,经过激发,成为 $2s^1 2p_x^1 2p_y^1 2p_z^1$,同时发生杂化,组成 4 个新的等价的 sp³ 杂化轨道。sp³ 杂化轨道间的夹角为 $109°28'$,呈正四面体形。4 个 H 原子的 s 轨道以"头碰头"方式与 C 原子的 4 个杂化轨道的大头重叠,形成 4 个 σ 键,从而形成了 CH₄ 分子,CH₄ 分子的几何构型为正四面体形。

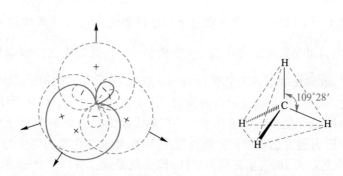

图 4-14　sp³ 杂化轨道的分布与分子的几何构型

### 4. 不等性杂化

如果在杂化轨道中有不参加成键的孤对电子存在,使所形成的各杂化轨道的成分和能量不完全相等,这类杂化称为不等性杂化。例如,NH₃ 和 H₂O 分子中的 N,O 原子就是以不等性 sp³ 杂化轨道进行成键的。

实验测定 NH₃ 为三角锥形,键角为 $107°18'$,略小于正四面体时的键角。N 原子的价层电子构型为 $2s^2 2p^3$,它的 1 个 s 轨道和 3 个 p 轨道进行杂化,形成 4 个 sp³ 杂化轨道。其中 3 个杂化轨道各有 1 个成单电子,第 4 个杂化轨道则被成对电子所占有。3 个具有未成对电子的杂化轨道分别与 H 原子的 1s 轨道重叠成键,而成对电子占据的杂化轨道不参与成键。

在不等性杂化中,由于成对电子没有参与成键,则离核较近,故其占据的杂化轨道所含 s 轨道成分较多、p 轨道成分较少,其他成键的杂化轨道则相反。因此,受成对电子的影响,键的夹角小于正四面体中键的夹角[如图 4-15(a)所示]。

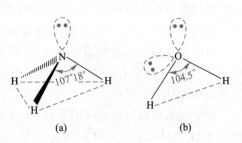

图 4-15  $NH_3$ 和 $H_2O$ 的几何构型

$H_2O$ 分子的形成与此类似,其中 O 原子也采取不等性 $sp^3$ 杂化,只是 4 个杂化轨道中有 2 个被成对电子所占有。成键电子所含 p 轨道成分更多,其键的夹角也更小,为 104.5°,分子为折线形(或 V 形)[如图 4-15(b)所示]。

由此可见,键角随 s 成分的减少而相应缩小。表 4-9 归纳出 s-p 型等性和不等性杂化的区别。

表 4-9  s-p 型等性和不等性杂化的比较

| 杂化轨道类型 | | | 轨道键角 | 轨道几何形状 | 分子几何形状 | 实例 |
|---|---|---|---|---|---|---|
| $sp^3$ | 等性杂化 | | 109°28′ | 正四面体 | 正四面体形 | $CH_4$,$NH_4^+$,$SiF_4$ |
| | 不等性杂化 | 1 对成对电子 | <109°28′ | 四面体 | 三角锥形 | $NH_3$,$H_3O^+$,$PCl_3$ |
| | | 2 对成对电子 | ≪109°28′ | 四面体 | 折线形 | $H_2O$,$OF_2$ |
| $sp^2$ | 等性杂化 | | 120° | 平面三角形 | 平面正三角形 | $BF_3$,$SO_3$,$C_2H_4$ |
| | 不等性杂化<br>(含 1 对成对电子) | | <120° | 平面三角形 | 折线形 | $SO_2$,$NO_2$ |
| $sp$ | 等性杂化 | | 180° | 直线形 | 直线形 | $BeCl_2$,$CO_2$,$HgCl_2$ |

 练一练

$H_2S$ 分子中 H—S—H 键角为 92°,几何构型为折线形。试分析 $H_2S$ 分子的成键过程。并从键参数角度与 $H_2O$ 分子比较,评价两化合物的稳定性。

# 4.6  分子间力和氢键

分子中除有化学键外,在分子与分子之间还存在着比化学键弱得多的相互作用力,称为分子间力。气态物质能凝聚成液态,液态物质能凝固成固态,正是分子间作用的结果。分子间力是 1873 年由荷兰物理学家范德华首先发现并提出的,故又称范德华力,它是决定物质熔点、沸点、溶解度等物理化学性质的一个重要因素。

## 一、分子的极性

想象在分子中正、负电荷分别集中于一点,称正、负电荷中心,即"+"极和"-"极。

如果两个电荷中心之间存在一定距离,即形成偶极,这样的分子就有极性,称为**极性分子**。如果两个电荷中心重合,分子就无极性,称为**非极性分子**。

对于由共价键结合的双原子分子,键的极性和分子的极性是一致的。例如,$O_2$,$N_2$,$H_2$,$Cl_2$ 等分子都是由非极性共价键结合的,它们是非极性分子;HI,HBr,HCl,HF 等分子都是由极性共价键结合的,它们是极性分子。

对于由共价键结合的多原子分子,除考虑键的极性外,还要考虑分子构型是否对称。例如,$CH_4$,$SiH_4$,$CCl_4$,$SiCl_4$ 等分子呈正四面体形中心对称结构,$CO_2$ 分子呈直线形中心对称结构,故这些分子都属于非极性分子。而在 $H_2O$,$NH_3$,$SiCl_3H$ 等分子中,键都是极性的,而 $H_2O$ 分子是折线形的,$NH_3$ 分子是三角锥形的,$SiCl_3H$ 分子是变形四面体形结构,其分子结构无中心对称成分,所以这些分子是极性的。

分子极性的大小通常用**偶极矩**($\mu$)来衡量,偶极矩的定义为分子中正电荷中心或负电荷中心上的电荷量($q$)与正、负电荷中心间距离($d$)的乘积:

$$\mu = q \times d$$

偶极矩又称偶极长度。其 SI 单位是库仑·米(C·m),它是一个矢量,规定方向是从正极到负极。双原子分子的偶极矩示意如图4-16所示。分子偶极矩的大小可通过实验测定,但无法单独测定 $q$ 和 $d$。

$\mu = 0$ 的分子为非极性分子,$\mu \neq 0$ 的分子为极性分子。$\mu$ 值越大,分子的极性就越强。

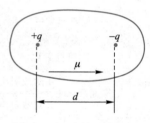

图4-16 分子的偶极矩

### 二、分子间力

分子间力与化学键相比,是比较弱的力。气体的液化、凝固主要靠分子间力。分子间力包括色散力、诱导力和取向力。

#### 1. 色散力

非极性分子中的电子和原子核处在不断的运动之中,使分子的正、负电荷中心不断地发生瞬间的相对位移,使分子产生瞬时偶极。当两个或多个非极性分子在一定条件下充分靠近时,就会由于瞬时偶极而发生异极相吸作用。这种作用力虽然是短暂的,但原子核和电子时刻在运动,瞬时偶极不断出现,异极相邻的状态也时刻出现,所以分子间始终维持这种作用力。这种由于瞬时偶极而产生的相互作用力,称为**色散力**,如图4-17所示。

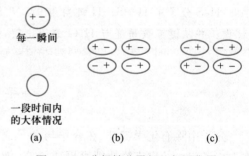

图4-17 非极性分子间的相互作用

色散力不仅是非极性分子间的作用力,它也存在于极性分子间及极性分子与非极性分子之间。通常色散力的大小随分子的变形性增大而增大,组成、结构相似的分子,相对分子质量越大,分子的变形性就越大,色散力也就越大。

动画:

分子间力

## 2. 诱导力

当极性分子与非极性分子相互靠近时,非极性分子在极性分子永久偶极的影响下,正、负电荷中心分离产生诱导偶极,诱导偶极与极性分子的永久偶极之间的相互作用力称为诱导力。如图 4-18 所示。诱导力不仅存在于非极性分子与极性分子之间,也存在于极性分子与极性分子之间。诱导力随着分子的极性增大而增大,也随分子的变形性增大而增大。

## 3. 取向力

当两个极性分子充分靠近时,由于极性分子中存在永久偶极,就会发生同极相斥、异极相吸,从而使极性分子按一定的取向排列,同时变形,这种永久偶极间产生的作用力称为取向力,如图 4-19 所示。取向力的本质是静电引力,因此分子间的偶极矩越大,取向力就越强。

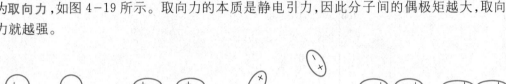

| (a) 分子离得较远 | (b) 分子靠近时 | (a) 分子离得较远 | (b) 取向 | (c) 诱导 |

图 4-18　极性分子和非极性分子间的作用　　　图 4-19　极性分子间的相互作用

> ✏️ **小贴士**
>
> 　在非极性分子之间只有色散力,在极性分子与非极性分子之间有色散力和诱导力,在极性分子之间存在色散力、取向力和诱导力。在三种作用力中,色散力存在于一切分子之间,对于大多数分子来说色散力是主要的,取向力次之,诱导力最小。

分子间力直接影响物质的许多物理性质,如熔点、沸点、溶解度、黏度、表面张力、硬度等。分子间力的大小可以解释一些物理性质的递变规律。例如,一些组成相似的非极性或极性分子物质,其熔点、沸点随相对分子质量的增加而升高。卤素单质 $F_2$,$Cl_2$,$Br_2$,$I_2$ 中,在常温下,$F_2$ 和 $Cl_2$ 是气体,$Br_2$ 是液体,$I_2$ 是固体,这是因为从 $F_2$ 到 $I_2$ 随相对分子质量的增加,色散力随之增大,故熔点、沸点依次升高。又如极性分子易溶于极性分子,非极性分子易溶于非极性分子,这称为"极性相似相溶"。"相似"的实质是指溶质内部分子间力和溶剂内部分子间力相似,当具有相似分子间力的溶质、溶剂分子混合时,两者易互溶。例如,$NH_3$ 易溶于 $H_2O$,$I_2$ 易溶于苯或 $CCl_4$,而不易溶于水。再如极性小的聚乙烯、聚异丁烯等物质,分子间力较小,因而硬度不大;含有极性基团的有机玻璃等物质,分子间力较大,具有一定硬度。

## 三、氢键

大家已经知道,对于结构相似的同系列物质的熔点、沸点一般随分子量的增大而升高。但在氢化物中,$NH_3$,$H_2O$,$HF$ 的熔点、沸点比相应同族的氢化物都高得多,如图 4-20 所示。此外,氢氟酸的酸性也比其他氢卤酸显著减小。这说明这些分子间除了普遍存在的分子间力外,还存在着另一种作用力,致使这些简单的分子成为缔合分子,分子缔合的重要原因是由于分子间形成了氢键。氢键是一种特殊的分子间力。在 HF 分子中,由于 F 原子电负性大、半径小,共用电子对强烈偏向 F 原子一边,而使 H 原子几乎成为裸露的质子。这样 H 原子就可以和相邻 HF 分子中的 F 原子的孤对电子相吸引,这种静电引力称为氢键。如下所示(其中虚线表示氢键):

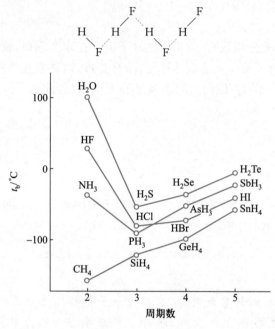

图 4-20　ⅣA～ⅦA 族各元素的氢化物的沸点递变情况

　　氢键可用 X—H····Y 表示,其中 X,Y 代表电负性大、半径小且有孤对电子的原子,一般是 F,N,O 等原子。X,Y 可以是同种原子,也可以是不同种原子。氢键既可在同种分子或不同种分子间形成,也可在分子内形成(如在 $HNO_3$ 或 $H_3PO_4$ 中)。

　　与共价键相似,氢键也有方向性和饱和性:每个 X—H 只能与一个 Y 原子相互吸引形成氢键;Y 与 H 形成氢键时,尽可能采取 X—H 键键轴的方向,使 X—H····Y 在一条直线上。

---

✏️ **小贴士**

　　氢键的强度超过一般分子间力,但远不及正常化学键。基本上属于静电吸引作用。键能在 41.84 $kJ \cdot mol^{-1}$ 以下,如 HF 的氢键键能为 28 $kJ \cdot mol^{-1}$。氢键的形成会对某些物质的物理性质产生一定的影响,如对于 $NH_3$,$H_2O$ 和 HF,欲使固体熔化或液体汽化,除要克服纯粹的分子间力外,还必须额外地提供一份能量来破坏分子间的氢键。因此其熔点、沸点比同族内的其他氢化物要高。分子内氢键常使物质的熔点、沸点降低。如果溶质分子与溶剂分子间能形成氢键,将有利于溶质的溶解。$NH_3$ 在水中有较大的溶解度就与此有关。液体分子间若有氢键存在,其黏度一般较大。例如,甘油、磷酸、浓硫酸都是因为分子间有多个氢键存在,通常为黏稠状的液体。

动画:

水分子间的氢键

第四章　物质结构

第四章习题
解答

**一、填空题**

1. 完成下表：

| 原子序数($Z$) | K | L | M | N | O | P |
|---|---|---|---|---|---|---|
| 19 | | | | | | |
| 22 | | | | | | |
| 30 | | | | | | |
| 33 | | | | | | |
| 60 | | | | | | |

2. 完成下表(不看周期表)：

| 价层电子构型 | 区 | 周期 | 族 | 原子序数 | 最高氧化值 | 电负性相对大小 |
|---|---|---|---|---|---|---|
| $4s^1$ | | | | | | |
| $3s^2 3p^5$ | | | | | | |
| $3d^3 4s^2$ | | | | | | |
| $5d^{10} 6s^1$ | | | | | | |

3. 原子序数为 35 的元素，其基态原子的核外电子排布式为_____，用原子实表示为_____，其价电子构型为_____，该元素位于元素周期表的第_____族，第_____周期，元素符号是_____。

4. 完成下表(不看周期表)：

| 原子序数($Z$) | 电子层结构 | 价层电子构型 | 区 | 周期 | 族 | 金属或非金属 |
|---|---|---|---|---|---|---|
| | $[Ne]3s^2 3p^5$ | | | | | |
| | | $4d^5 5s^1$ | | | | |
| | | | | 6 | ⅡB | |
| 43 | | | | | | |

5. N 原子的电子排布写成 $1s^2 2s^2 2p_x^2 2p_y^1$，违背了_____原理。

6. 填充合理量子数：

(1) $n =$_____，$l = 2, m = 0, m_s = +1/2$

(2) $n = 2, l =$_____，$m = \pm 1, m_s = -1/2$

(3) $n = 3, l = 0, m =$_____，$m_s = +1/2$

(4) $n = 4, l = 3, m = 0, m_s =$_____

## 二、选择题

1. 关于原子轨道的下述观点,正确的是(　　)。

A. 原子轨道是电子运动的轨道

B. 某一原子轨道是电子的一种空间运动状态,即波函数 $\psi$

C. 原子轨道表示电子在空间各点出现的概率

D. 原子轨道表示电子在空间各点出现的概率密度

2. 元素性质的周期性取决于(　　)。

A. 原子中核电荷数的变化　　　　　　B. 原子中价电子数目的变化

C. 元素性质变化的周期性　　　　　　D. 原子中电子分布的周期性

3. 某元素原子的价电子构型为 $3d^5 4s^2$,它的原子中未成对电子数为(　　)。

A. 0　　　　　　B. 1　　　　　　C. 3　　　　　　D. 5

4. 在 $l=2$ 的电子亚层中可能容纳的电子数是(　　)。

A. 2　　　　　　B. 6　　　　　　C. 10　　　　　　D. 14

5. 在下列各种含 H 的化合物中含有氢键的是(　　)。

A. HCl　　　　　　B. $H_3BO_3$　　　　　　C. $CH_3F$　　　　　　D. $PH_3$

6. $NH_3$ 比 $PH_3$ 在较高的温度下沸腾,可以用来解释这个事实的概念是(　　)。

A. 氨具有较小的分子体积　　　　　　B. 氨具有较大的键角

C. 氨显示出氢键　　　　　　D. 氨显示出偶极力

7. 下列各键中,不具有饱和性和方向性特征的是(　　)。

A. 配位键　　　　B. 共价键　　　　C. 离子键　　　　D. 氢键

8. 下列化合物中,具有强极性共价键和配位键的离子化合物为(　　)。

A. NaOH　　　　　　B. $H_2O$　　　　　　C. $NH_4Cl$　　　　　　D. $MgCl_2$

9. 下列分子中,属于极性分子的是(　　)。

A. $O_2$　　　　　　B. $CO_2$　　　　　　C. $BBr_3$　　　　　　D. $CHCl_3$

10. 共价键最可能存在于(　　)。

A. 金属原子之间　　　　　　B. 金属原子和非金属原子之间

C. 非金属原子之间　　　　　　D. 电负性相差很大的元素的原子之间

## 三、是非题

1. 原子中的电子的能量几乎完全是通过主量子数 $n$ 的数值来确定。　　　　　　(　　)

2. 各个原子的电子数总是等于其原子序数。　　　　　　(　　)

3. 同一原子中,不可能有运动状态完全相同的电子存在。　　　　　　(　　)

4. 每个原子轨道必须同时用 $n,l,m,m_s$ 四个量子数来描述。　　　　　　(　　)

5. $_{28}Ni^{2+}$ 的核外电子排布是 $[Ar]3d^8$,而不是 $[Ar]3d^6 4s^2$。　　　　　　(　　)

6. 主量子数为 1 时,有两个自旋方向相反的轨道。　　　　　　(　　)

7. $HNO_3$ 可形成分子内氢键,因此其熔点、沸点较低。　　　　　　(　　)

8. 氢键就是 H 与其他原子间形成的化学键。　　　　　　(　　)

9. 极性键组成极性分子,非极性键组成非极性分子。　　　　　　(　　)

10. HBr 的分子间力比 HI 的小,故 HBr 没有 HI 稳定(即容易分解)。　　　　　　(　　)

## 四、问答题

1. 写出下列量子数相应的各类轨道的符号。

(1) $n=2,l=1$　　　　　　(2) $n=3,l=2$

(3) $n=4,l=3$　　　　　　(4) $n=2,l=0$

2. 写出原子序数为 42,52,79 的各元素的原子核外电子排布式及其价电子构型。

3. 某元素的原子序数为 35,试回答:

(1) 其原子中的电子数是多少? 有几个未成对电子?

(2) 其原子中填有电子的电子层、能级组、能级、轨道各有多少? 价电子数有几个?

(3) 该元素属于第几周期、第几族? 是金属还是非金属? 最高氧化值是多少?

4. 若元素最外层上仅有一个电子,该电子的量子数为 $n=4, l=0, m=0, m_s=+1/2$,问:

(1) 符合上述条件的元素可能有几个? 原子序数各为多少?

(2) 写出各元素的核外电子排布式及其价层电子构型,并指出其价层电子结构及在元素周期表中的区和族。

5. 已知元素 A,B 的原子的电子排布式分别为 $[Kr]5s^2$ 和 $[Ar]3d^{10}4s^24p^4$,$A^{2+}$ 和 $B^{2-}$ 的电子层结构均与 Kr 相同。试推测:

(1) A,B 的元素符号、原子序数及在元素周期表中的位置(区、周期、族);

(2) 元素 A,B 的基本性质。

6. 为什么碳原子的价电子构型是 $2s^22p^2$,而不是 $2s^12p^3$? 为什么碳原子的两个 2p 电子是成单而不是成对的?

7. 下列物质中,哪些是离子化合物? 哪些是共价化合物? 哪些是极性分子? 哪些是非极性分子?

KBr  CHCl$_3$  CO  CsCl  NO  BF$_3$  SiF$_4$  SO$_2$  SO$_3$  SCl$_2$  COCl$_2$  HI

8. 判断下列化合物中有无氢键存在,如果存在氢键,是分子间氢键还是分子内氢键?

(1) C$_6$H$_6$　　　　(2) C$_2$H$_6$　　　　(3) NH$_3$　　　　(4) H$_3$BO$_3$　　　　(5) HNO$_3$

# 第五章 元素及其化合物选述

📝 **学习目标**

● 掌握卤族、氧族、氮族、碳族元素单质及其化合物的性质和用途；

● 掌握碱金属、碱土金属单质及其化合物的性质和用途；

● 了解常见的过渡元素及其化合物的性质和用途。

化学元素构成了整个物质世界，在已知的一百多种化学元素中，除了 22 种非金属元素外其余都是金属元素。金属元素和非金属元素的物理、化学性质有明显的区别。但是也有些元素（如硼、硅、锗、砷等）兼有金属和非金属的性质。

本章将介绍部分金属元素和非金属元素及其主要化合物的性质，以及它们的主要用途。

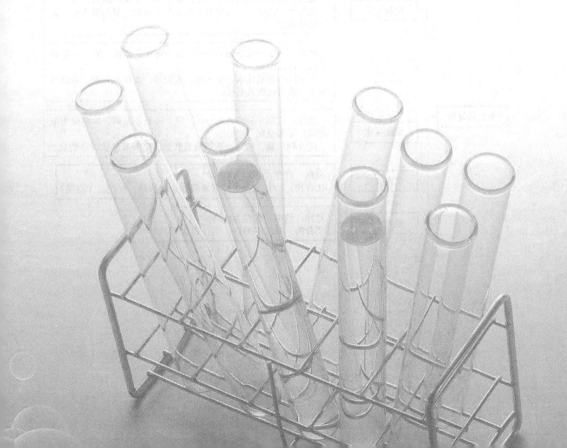

# 知识结构框图

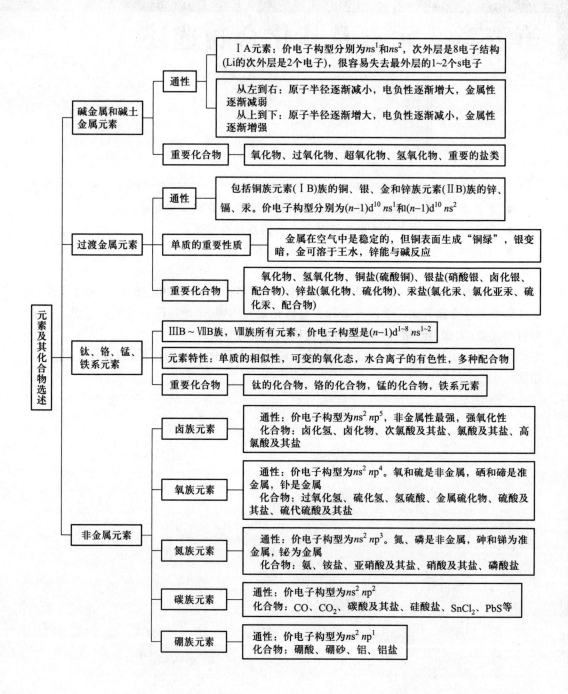

## 5.1 碱金属和碱土金属元素

ⅠA族元素包括锂、钠、钾、铷、铯、钫六种元素,又称碱金属元素。ⅡA族元素包括铍、镁、钙、锶、钡、镭六种元素,其中钙、锶、钡又称为碱土金属元素,因为它们氧化物的性质与碱金属氧化物类似,也与土壤中的氧化铝类似。现在习惯上也常把铍和镁包括在碱土金属之内。

ⅠA族和ⅡA族元素的价电子构型分别为 $ns^1$ 和 $ns^2$,它们的原子最外层有 $1\sim2$ 个 s 电子,这些元素称为 s 区元素。

动画:<br>焰色反应

### 一、通性

碱金属元素的原子最外层只有一个 $ns$ 电子,而次外层是 8 电子结构(Li 的次外层是 2 个电子),很容易失去最外层的 1 个 s 电子。因此,碱金属元素是同周期元素中金属性最强的。碱土金属的金属性比碱金属略差。

同一族元素自上而下,或是同一周期从左到右,性质的变化都呈现明显的规律性。其中变化趋势如图 5-1 所示。

各族元素通常只有一种稳定的氧化态。ⅠA族为 +1,ⅡA族为 +2,这与它们的族数一致。

s 区元素是最活泼的金属元素,它们的单质都能与大多数非金属反应,如极易在空气中燃烧。除了铍、镁外,都较易与水反应,s 区元素形成稳定的氢氧化物,这些氢氧化物大多是强碱。

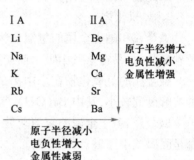

图 5-1  s 区元素性质变化趋势

s 区元素所形成的化合物大多是离子型的。常温下 s 区元素的盐类在水溶液中大多不发生水解反应。

 **想一想**

ⅠA族与ⅡA族元素的性质的递变规律及其与原子结构的关系如何?

### 二、重要化合物

#### 1. 氧化物

碱金属、碱土金属与氧能形成三种类型的氧化物,即正常氧化物、过氧化物、超氧化物,其中分别含有 $O^{2-}$,$O_2^{2-}$ 和 $O_2^-$。

(1) 正常氧化物　碱土金属的氧化物都是难溶于水的白色粉末。

BeO 和 MgO 可作耐高温材料,CaO 是重要的建筑材料,也可由它制得价格更便宜的碱 $Ca(OH)_2$。

(2) 过氧化物　除铍和镁外,所有碱金属和碱土金属都能形成相应的过氧化物 $M_2^IO_2$ 和 $M^{II}O_2$。

动画:<br>$Na_2O_2$ 与<br>$H_2O$ 的反应

过氧化钠($Na_2O_2$)是最常见的碱金属过氧化物。过氧化钠与水或稀酸在室温下反应生成 $H_2O_2$，由于反应放出大量的热，而使 $H_2O_2$ 迅速分解，放出氧气。过氧化钠也能与二氧化碳反应，放出氧气。由于 $Na_2O_2$ 的这种特殊反应性能，使其用于防毒面具、高空飞行和潜水作业等。

$Na_2O_2$ 本身相当稳定，加热至熔融时几乎不分解，但遇到棉花、木炭或铝粉等还原性物质时，就会引起燃烧或发生爆炸，因此使用 $Na_2O_2$ 时应当注意安全，工业上 $Na_2O_2$ 被列为强氧化剂。在碱性介质中，它也可体现出很强的氧化性，如能将矿石中的铬、锰、钒等氧化为可溶性的含氧酸盐，因此，在分析化学中常用作分解矿石的试剂。

过氧化钠的主要用途是用作氧化剂和氧气发生剂，此外，还用作消毒剂及纺织、纸浆的漂白剂等。

（3）**超氧化物**　除了锂、铍、镁外，碱金属和碱土金属都能形成相应的超氧化物 $M^IO_2$ 和 $M^{II}(O_2)_2$。超氧化物与水反应生成 $H_2O_2$，同时放出 $O_2$。与 $CO_2$ 作用也会有 $O_2$ 放出。因此超氧化物可用作供氧剂，还可用作氧化剂。

**2. 氢氧化物**

碱金属和碱土金属的氢氧化物都是白色固体。它们易吸收空气中的 $CO_2$ 变为相应的碳酸盐，也易在空气中吸水而潮解，故固体 NaOH 和 $Ca(OH)_2$ 常用作干燥剂。

碱金属的氢氧化物在水中都是易溶的，溶解时放出大量的热。碱土金属的氢氧化物的溶解度则较小，其中 $Be(OH)_2$ 和 $Mg(OH)_2$ 是难溶的氢氧化物。

碱金属、碱土金属的氢氧化物中，除 $Be(OH)_2$ 为两性氢氧化物外，其他的氢氧化物都是强碱或中强碱。

**3. 重要的盐类**

碱金属、碱土金属的常见的盐有卤化物、硝酸盐、硫酸盐、碳酸盐等。应注意，碱土金属中铍盐和钡盐的毒性很大。

碱金属的盐大多数易溶于水，仅少数是难溶的。如锂的氟化物、碳酸盐、磷酸盐等。此外，$K^+$，$Rb^+$，$Cs^+$ 形成的少数具有较大阴离子的盐也是难溶的。例如，如六羟基锑酸钠（$Na[Sb(OH)_6]$，白色）、醋酸双氧铀酰锌钠（$NaAc·Zn(Ac)_2·3UO_2(Ac)_2·9H_2O$，黄绿色）、高氯酸钾（$KClO_4$，白色）、氯铂酸钾（$K_2[PtCl_6]$，淡黄色）、四苯硼酸钾（白色）、钴亚硝酸钠钾（$K_2Na[Co(NO_2)_6]$，亮黄色）等。在实验室中常利用生成这些难溶盐来鉴定 $Na^+$ 和 $K^+$。

碱土金属的盐比相应碱金属的盐溶解度小。除卤化物和硝酸盐外，多数碱土金属的盐溶解度较小，而且不少是难溶的。例如，碳酸盐、草酸盐及磷酸盐等都是难溶盐。

碱金属的盐一般具有较高的热稳定性，唯有其硝酸盐的热稳定性差，加热易分解。例如：

$$4LiNO_3 \Longrightarrow 2Li_2O + 4NO_2\uparrow + O_2\uparrow$$

碱土金属的盐的热稳定性较碱金属的盐差，但在常温下也都是稳定的。

> **想一想**
>
> ⅠA 族与ⅡA 族元素的过氧化物和超氧化物的主要用途有哪些？为什么？

# 5.2 过渡金属元素

铜族元素(ⅠB 族)的铜、银、金和锌族元素(ⅡB 族)的锌、镉、汞的最外层电子数分别与ⅠA 族和ⅡA 族相同,但它们之间的性质却有很大的差异。这些元素的次外层的 d 亚层刚好排满 10 个电子,而最外电子层构型又和 s 区相同,所以称为 **ds 区元素**,也称过渡金属元素。

## 一、通性

ⅠB 族元素的 d 轨道都是刚好填满 10 个电子,由于刚填满 d 轨道的电子很不稳定,本族元素除能失去一个 s 电子形成+1 氧化态外,还可以再失去一个或两个 d 电子形成+2,+3 氧化态。ⅡB 族元素 d 轨道的电子已趋于稳定,只能失去最外层的一对 s 电子,因而它们多表现为+2 氧化态。汞有+1 氧化态,这时它总是以双聚离子$[Hg\text{—}Hg]^{2+}$形式存在。

## 二、过渡金属元素单质的重要性质

过渡金属元素的金属在空气中是稳定的,但是铜与含有 $CO_2$ 的潮湿空气接触,表面生成"铜绿"——碱式碳酸铜:

$$2Cu+O_2+CO_2+H_2O = Cu_2(OH)_2CO_3$$

银也能发生类似反应,当银和含 $H_2S$ 的空气接触时即逐渐变暗:

$$4Ag+2H_2S+O_2 = 2Ag_2S+2H_2O$$

金与所有的酸都不反应,但可溶于王水:

$$Au+4HCl+HNO_3 = H[AuCl_4]+NO\uparrow+2H_2O$$

锌是 ds 区元素中唯一能与碱反应的金属元素:

$$Zn+2H_2O+2NaOH = Na_2[Zn(OH)_4]+H_2\uparrow$$

这是由于锌比较活泼,反应产物 $Na_2[Zn(OH)_4]$ 又可溶于水的缘故。

## 三、过渡金属元素的重要化合物

### 1. 氧化物和氢氧化物

除 Au 外,过渡金属元素的氧化物的性质见表 5-1。

表 5-1 过渡金属元素氧化物的性质

| 氧化物 | 颜色 | 热稳定性 | 酸碱性 |
|---|---|---|---|
| $Cu_2O$ | 红色 | 稳定 | 碱性 |
| CuO | 黑色 | 800 ℃开始分解为 $Cu_2O$ | 碱性为主,略显两性 |
| $Ag_2O$ | 棕色 | 300 ℃开始分解为 Ag | 碱性 |
| ZnO | 白色 | 稳定 | 两性 |
| CdO | 棕色 | 稳定 | 碱性 |
| HgO | 黄色或红色 | 300 ℃开始分解为 Hg | 碱性 |

$Cu(OH)_2$ 呈淡蓝色,略显两性,不但可溶于酸,也可溶于强碱溶液,而形成四羟基合铜离子($[Cu(OH)_4]^{2-}$)。四羟基合铜离子可被葡萄糖还原为鲜红色的 $Cu_2O$,医院里常用这个反应来检验尿糖含量。

**2. 铜盐**

最常见的铜盐是五水硫酸铜($CuSO_4 \cdot 5H_2O$),俗称胆矾,呈蓝色。无水硫酸铜是白色粉末,有很强的吸水性,吸水后变成蓝色,所以常被用于检验有机物中的微量水,也可用作干燥剂。

$Cu^{2+}$ 与过量氨水作用生成深蓝色的 $Cu[(NH_3)_4]^{2+}$,这是鉴定 $Cu^{2+}$ 的特效反应。$Cu^{2+}$ 在中性或酸性溶液中,能与 $K_4[Fe(CN)_6]$ 作用生成砖红色 $Cu_2[Fe(CN)_6]$ 沉淀。这个反应很灵敏,但 $Fe^{3+}$,$Co^{2+}$ 存在会有干扰。

硫酸铜有杀菌能力,用于蓄水池、游泳池中防止藻类生长。硫酸铜与石灰乳混合而成的"波尔多"液,可用于消灭植物的病虫害。

$Cu^+$ 在水溶液中非常不稳定,从铜的电势图:

$$Cu^{2+} \xrightarrow{\ 0.153\ V\ } Cu^+ \xrightarrow{\ 0.521\ V\ } Cu$$

可看出 $Cu^+$ 易发生歧化反应而转变为 $Cu^{2+}$ 和单质 Cu。反应的标准平衡常数很大($K^\ominus = 1.2 \times 10^6$),说明在水溶液中歧化反应进行得很彻底。

若使 Cu(Ⅱ)转化为 Cu(Ⅰ),必须有还原剂存在;同时 $Cu^+$ 必须以沉淀或配合物形式存在,借以减小溶液中 $Cu^+$ 的浓度。例如:

$$2Cu^{2+} + 4I^- \Longrightarrow 2CuI\downarrow + I_2$$

此反应便是碘量法测定铜的依据所在(参见第九章)。

**3. 银盐**

除 $AgNO_3$,AgF,$AgClO_4$ 能溶于水,$Ag_2SO_4$ 微溶外,其他银盐大多难溶于水。这是银盐的一个重要特点。

(1) 硝酸银 硝酸银是最重要的可溶性银盐,可由单质银与硝酸作用制得。

固体 $AgNO_3$ 受热分解:

$$2AgNO_3 \Longrightarrow 2Ag + 2NO_2\uparrow + O_2\uparrow$$

如若见光 $AgNO_3$ 也会按上式分解,故应将其保存在棕色玻璃瓶中。

AgNO₃ 具有氧化性,在水溶液中可被 Cu,Zn 金属还原为单质,遇微量有机物也即刻被还原为单质。皮肤或工作服上沾上 AgNO₃ 将逐渐变成紫黑色。AgNO₃ 还有一定的杀菌能力,对人体有腐蚀作用。

AgNO₃ 主要用于制造照相底片的卤化银,同时它也是一种重要的分析试剂。10%的 AgNO₃ 溶液在医疗上用作消毒剂和腐蚀剂。AgNO₃ 还用于电镀、制镜、印刷、电子等行业。

(2) 卤化银　在硝酸银溶液中加入卤化物,可生成相应的 AgCl,AgBr 和 AgI 沉淀。它们的颜色依次加深(白—浅黄—黄),溶解度则依次降低,但 AgF 易溶于水。

卤化银的一个典型性质是光敏性较强,在光照下分解:

$$2AgX \xrightarrow{\text{日光}} 2Ag + X_2$$

从 AgF→AgI 稳定性减弱,分解的趋势增大,因此在制备 AgBr 和 AgI 时常在暗室内进行。基于卤化银的感光性,可用它作为照相底片上的感光物质,也可将感光变色的卤化银加进玻璃以制造变色眼镜。

(3) 配合物　$Ag^+$ 易与 $NH_3$,$S_2O_3^{2-}$,$CN^-$ 等配体形成配位数为 2 的稳定的配合物。许多难溶的银盐都是借助于形成配合物而溶解。根据 $Ag^+$ 难溶盐溶解度的不同和配离子稳定性的差异、沉淀平衡和配位平衡,可以使其在一定条件下相互转化。

---

 **小贴士**

在定性分析中,对 $Ag^+$ 的鉴定可利用 $Ag^+$ 与盐酸的反应,反应生成白色凝乳状沉淀,沉淀不溶于硝酸,但溶于氨水中:

$$AgCl + 2NH_3 \cdot H_2O == [Ag(NH_3)_2]^+ + Cl^- + 2H_2O$$

---

银的配合物在实际生产、生活中有较广泛的用途。例如,用于电镀、照相、制镜等方面。制造热水瓶时,瓶胆上镀银就是利用银氨配离子与甲醛或葡萄糖的反应。

**4. 锌盐**

(1) 氯化物　氯化锌($ZnCl_2 \cdot H_2O$)是较重要的锌盐,极易溶于水。在 $ZnCl_2$ 溶液中,由于形成配合酸,溶液呈显著酸性:

$$ZnCl_2 + H_2O == H[ZnCl_2(OH)]$$

该溶液能溶解金属氧化物,因此,能清除金属表面的氧化物,可用作焊药。

$ZnCl_2$ 主要用作有机合成工业的脱水剂、缩合剂和催化剂,以及染料工业的媒染剂,也用作石油净化剂和活性炭活化剂。此外,$ZnCl_2$ 还可用于干电池、电镀、医药、木材防腐和农药等方面。

(2) 硫化物　在 $Zn^{2+}$ 的溶液中通入 $H_2S$ 时,都会有硫化物从溶液中析出:

$$Zn^{2+} + H_2S == 2H^+ + ZnS(白色) \downarrow$$

ZnS 中加入微量的 Cu,Mn,Ag 等离子作活化剂,光照后可发出多种颜色的荧光。这种材料称荧光粉,可用于制作荧光屏、夜光表。

动画:
ZnCl₂ 作焊药

5.2　过渡金属元素

**小贴士**

在硫酸锌（$ZnSO_4 \cdot 7H_2O$）的溶液中加入硫化钡时生成 ZnS 和 $BaSO_4$ 的混合沉淀物,此沉淀叫锌钡白(俗称立德粉):

$$Zn^{2+} + SO_4^{2-} + Ba^{2+} + S^{2-} === ZnS\downarrow + BaSO_4\downarrow$$

锌钡白无毒性,在空气中比较稳定,是一种优良的白色颜料,广泛应用于涂料和油墨中。

### 5. 汞盐

(1) 氯化汞和氯化亚汞　氯化汞($HgCl_2$)是白色针状结晶或颗粒粉末。熔点低,易升华,俗称升汞。有剧毒,内服 $0.2 \sim 0.4\ g$ 就能致命。但少量使用,有消毒作用。

 **小贴士**

在酸性溶液中,$HgCl_2$ 是较强的氧化剂,与适量 $SnCl_2$ 作用,$HgCl_2$ 被还原为白色的 $Hg_2Cl_2$;$SnCl_2$ 过量时,则析出黑色的金属汞,化学分析中利用上述反应鉴定 Hg(Ⅰ)和 Sn(Ⅱ)。

$$2HgCl_2 + Sn^{2+} + 4Cl^- === [SnCl_6]^{2-} + Hg_2Cl_2\downarrow(白色)$$
$$Hg_2Cl_2 + Sn^{2+} + 4Cl^- === [SnCl_6]^{2-} + 2Hg\downarrow(黑色)$$

$HgCl_2$ 主要用作有机合成的催化剂,外科上用作消毒剂。此外,在干电池、染料、农药等中也有应用。

氯化亚汞是难溶于水的白色粉末,无毒,因略有甜味,俗称甘汞。$Hg_2Cl_2$ 见光分解,故应保存在棕色瓶中。

 **小贴士**

$Hg_2Cl_2$ 与氨水反应,即歧化为氯化氨基汞和汞:

$$Hg_2Cl_2 + 2NH_3 === Hg(NH_2)Cl\downarrow + Hg\downarrow + NH_4Cl$$

白色的氯化氨基汞和黑色汞微粒混在一起,使沉淀呈灰黑色。这个反应可用来鉴定 Hg(Ⅰ)。

$Hg_2Cl_2$ 在化学上常用于制作甘汞电极,在医药上曾用作轻泻剂。

(2) 硫化汞　向 $Hg_2^{2+}$ 及 $HgCl_2$ 溶液中通入 $H_2S$,均能产生黑色的 HgS 沉淀。在金属硫化物中 HgS 的溶解度最小,其他的酸不能将其溶解,而 HgS 只易溶于王水:

$$3HgS + 12Cl^- + 2NO_3^- + 8H^+ === 3[HgCl_4]^{2-} + 3S\downarrow + 2NO\uparrow + 4H_2O$$

这一反应由于有 S 及 $[HgCl_4]^{2-}$ 生成,有效降低了 $S^{2-}$ 和 $Hg^{2+}$ 的浓度,导致了 HgS 的溶解。可见,HgS 溶解是氧化还原反应和配位反应共同作用的结果。

(3) 汞的配合物　向 $Hg^{2+}$,$Hg_2^{2+}$ 的溶液中分别加入过量的 $Br^-$,$CN^-$,$SCN^-$,$S_2O_3^{2-}$,$S^{2-}$ 时,难溶的汞盐因生成配离子而溶解。难溶的亚汞盐则发生歧化反应产生 Hg(Ⅱ)的配离子及黑色的单质汞。例如,在 $Hg(NO_3)_2$ 及 $Hg_2(NO_3)_2$ 溶液中加入 KI 时发生如下反应:

$$Hg^{2+} + 2I^- \longrightarrow HgI_2 \downarrow (橘红色)$$

$$HgI_2 + 2I^- \longrightarrow [HgI_4]^{2-} (无色)$$

四碘合汞(Ⅱ)配离子($[HgI_4]^{2-}$)的碱性溶液称为奈斯勒(Nessler)试剂,溶液中有微量的 $NH_4^+$ 存在时,滴加该试剂,会立即生成红棕色沉淀,常用此来鉴定 $NH_4^+$。

 **想一想**

铜族元素和锌族元素的单质和化合物有哪些用途?为什么?

# 5.3 钛、铬、锰、铁系元素

d 区元素包括ⅢB～Ⅷ族所有的元素。

## 一、钛及其化合物

### 1. 钛的性质和用途

钛属于稀有分散金属,就地球中的丰度而言,在金属元素中仅次于 Al,Fe,Mg,居第四位,但冶炼比较困难。

钛是银白色金属,因具有熔点高、密度小、机械强度大、抗腐蚀性强等特点,而受到人们的青睐,是航空、宇航、舰船、军械兵器等部门不可缺少的材料,也是化工等部门用于制造防腐设备的优良材料。

### 2. 钛的化合物

在钛的化合物中,以 +4 氧化态最稳定。$TiO_2$ 为白色粉末,不溶于水、稀酸或碱溶液中,但能溶于热的浓硫酸或氢氟酸中。纯净的 $TiO_2$ 称钛白,是优良的白色颜料。纳米 $TiO_2$ 有较好的杀菌作用,纳米光催化 $TiO_2$ 有治理空气污染的功能,纳米 $TiO_2$ 能处理多种有毒化合物,可以将水中的烃类、卤代烃、酸、表面活性剂、染料、含氮有机物、有机磷杀虫剂、木材防腐剂和燃料油等很快地完全氧化为 $CO_2$,$H_2O$ 等无害物质。它具有折射率高、着色力强、遮盖力大、化学性能稳定等优点。

 **小贴士**

$TiO_2$ 在有碳参与下,加热进行氯化,可制得 $TiCl_4$:

$$TiO_2 + 2C + 2Cl_2 \xrightarrow{\triangle} TiCl_4 + 2CO$$

$TiCl_4$ 是无色液体,有刺鼻气味,极易水解,在潮湿的空气中由于水解而发烟,利用此反应可以制造烟幕。

## 二、铬的化合物

### 1. 铬(Ⅲ)化合物

三氧化二铬($Cr_2O_3$)是极难熔化的氧化物之一,熔点是 2 275 ℃,微溶于水,溶于酸。$Cr_2O_3$ 是具有特殊稳定性的绿色物质,它被用作颜料(铬绿),近年来也有用它作有机合成的催化剂。它是制取其他铬化合物的原料之一。

铬钾矾($KCr(SO_4)_2 \cdot 12H_2O$)是以 $SO_2$ 还原重铬酸钾溶液而制得的蓝紫色晶体:

$$K_2Cr_2O_7 + H_2SO_4 + 3SO_2 === 2KCr(SO_4)_2 + H_2O$$

应用于鞣革工业和纺织工业。

### 2. 铬(Ⅵ)化合物

三氧化铬($CrO_3$)是暗红色针状晶体。极易从空气中吸收水分,并且易溶于水,形成铬酸。$CrO_3$ 在受热超过其熔点(196 ℃)时,就分解放出氧气而变为 $Cr_2O_3$。$CrO_3$ 是较强的氧化剂,一些有机物质如酒精等与它接触时即着火。$CrO_3$ 是电镀铬的重要原料。

$CrO_3$ 与水作用生成铬酸($H_2CrO_4$)和重铬酸($H_2Cr_2O_7$),二者都是强酸,但 $H_2Cr_2O_7$ 比 $H_2CrO_4$ 的酸性还强些。

铬(Ⅵ)最重要的化合物是钠和钾的铬酸盐和重铬酸盐。铬酸钠($Na_2CrO_4$)和铬酸钾($K_2CrO_4$)都是黄色结晶,这两种铬酸盐的水溶液都显碱性;重铬酸钠($Na_2Cr_2O_7$)和重铬酸钾($K_2Cr_2O_7$)都是橙红色晶体,它们的水溶液均显酸性。重铬酸钠和重铬酸钾的俗称分别为红矾钠和红矾钾,在鞣革、电镀等工业中广泛应用。由于 $K_2Cr_2O_7$ 无吸潮性,它还可作为化学分析的基准试剂。

可溶性的铬酸盐和重铬酸盐溶液中,都存在着 $CrO_4^{2-}$ 和 $Cr_2O_7^{2-}$ 之间的平衡:

$$2CrO_4^{2-} + 2H^+ \rightleftharpoons 2HCrO_4^- \rightleftharpoons Cr_2O_7^{2-} + H_2O$$
$$\text{黄色} \qquad\qquad\qquad\qquad \text{橙红色}$$

从以上平衡可知,加酸可使平衡右移,故在酸性条件下,主要以 $Cr_2O_7^{2-}$ 形式存在,溶液呈橙红色。在碱性条件下主要以 $CrO_4^{2-}$ 形式存在,溶液呈黄色。

由于上述的平衡存在,在 $K_2Cr_2O_7$ 溶液中加入 $Ba^{2+}$,$Pb^{2+}$,$Ag^+$,得到的是相应的铬酸盐沉淀,所生成的有色沉淀,可用于鉴定 $Pb^{2+}$,$Ag^+$ 和 $Ba^{2+}$。在酸性溶液中,$Cr_2O_7^{2-}$ 和 $H_2O_2$ 反应生成蓝色的过氧化铬($CrO_5$),这也是鉴定 $Cr_2O_7^{2-}$ 的反应。

饱和 $K_2Cr_2O_7$ 溶液和浓 $H_2SO_4$ 的混合物叫铬酸洗液,它有强氧化性,在实验室中用于洗涤玻璃器皿。

## 三、锰的化合物

### 1. 锰(Ⅱ)化合物

$Mn^{2+}$ 与碱溶液作用,生成白色的 $Mn(OH)_2$ 沉淀,$Mn(OH)_2$ 还原性强,极易被氧化,故不能稳定存在于空气中,白色的 $Mn(OH)_2$ 很快地变成棕色的水合二氧化锰,甚至溶解在水中的少量氧也能将其氧化:

$$2Mn(OH)_2 + O_2 = 2MnO(OH)_2$$

该反应在水质分析中用于测定水中的溶解氧。

很多锰(Ⅱ)盐是易溶于水的。从溶液中结晶出来的锰盐是带有结晶水的粉红色晶体。例如,$MnCl_2 \cdot 4H_2O$,$MnSO_4 \cdot 7H_2O$,$Mn(NO_3)_2 \cdot 6H_2O$ 和 $Mn(ClO_4)_2 \cdot 6H_2O$ 等。

$Mn^{2+}$ 在酸性溶液中稳定,只有很强的氧化剂,如 $PbO_2$,$NaBiO_3$,$(NH_4)_2S_2O_8$ 等才可把它氧化成 $MnO_4^-$,由于 $MnO_4^-$ 具有很深的颜色,所以以上反应常用来鉴定 $Mn^{2+}$。

锰(Ⅱ)的不溶盐有 $MnCO_3$,$MnS$ 等。$MnCO_3$ 是白色粉末,可以用作白色颜料(锰白)。

在可溶性锰(Ⅱ)盐中以硫酸锰最为稳定,是常用的化工原料。它可用于造纸、陶瓷、印染、电解锰和二氧化锰的生产中,还可作为动植物生长激素的成分,用于农业和畜牧业。

**2. 锰(Ⅳ)化合物**

锰(Ⅳ)化合物中最为重要的氧化物是二氧化锰($MnO_2$),在一般情况下它是极稳定的黑色粉末。在酸性溶液中 $MnO_2$ 具有较强的氧化能力,与还原剂作用,被还原为 $Mn^{2+}$;与浓盐酸反应,产生氯气;与硫酸反应,产生氧气。

$$MnO_2 + 4HCl \xrightarrow{\triangle} MnCl_2 + Cl_2\uparrow + 2H_2O$$

$$2MnO_2 + 2H_2SO_4 \xrightarrow{\triangle} 2MnSO_4 + O_2\uparrow + 2H_2O$$

$MnO_2$ 的用途很广,可用于制造干电池,在电子、玻璃、火柴、油漆、油墨等工业中都有应用,也是制备锰的其他化合物的主要原料。

**3. 锰(Ⅵ)和锰(Ⅶ)化合物**

在锰(Ⅵ)化合物中,比较稳定的是锰酸盐,如锰酸钾($K_2MnO_4$)。

绿色的锰酸根($MnO_4^{2-}$)仅存在于强碱性(pH>13.5)溶液中,在酸性、中性或弱碱性溶液中均会发生歧化反应而变成紫色的 $MnO_4^-$ 和棕色的 $MnO_2$ 沉淀。

锰(Ⅶ)的化合物中,最为重要的是高锰酸钾($KMnO_4$,俗称灰锰氧),为紫黑色晶体,有金属光泽。其热稳定性差,将固体加热到 200 ℃以上,会分解放出氧气,这是实验室制取氧气的方法之一:

$$2KMnO_4 \xrightarrow{\triangle} K_2MnO_4 + MnO_2 + O_2\uparrow$$

 **小贴士**

$KMnO_4$ 易溶于水,其水溶液也不稳定。在酸性溶液中会缓慢分解,析出棕色的 $MnO_2$,并有 $O_2$ 放出:

$$4MnO_4^- + 4H^+ = 4MnO_2\downarrow + 2H_2O + 3O_2\uparrow$$

在中性或弱碱性溶液中 $MnO_4^-$ 也会分解,只是这种分解速率更为缓慢。光对分解起催化作用,所以配制好的 $KMnO_4$ 溶液必须保存在棕色试剂瓶中。

$KMnO_4$ 是强氧化剂,溶液介质的酸碱性不仅影响 $KMnO_4$ 的氧化能力,也影响它的还原产物。在酸性、中性或弱碱性、强碱性介质中,其还原产物依次是 $Mn^{2+}$,$MnO_2$ 和

动画:

$KMnO_4$ 的
氧化能力

$MnO_4^{2-}$。例如，$KMnO_4$ 与 $K_2SO_3$ 反应：

$$2KMnO_4 + 5K_2SO_3 + 3H_2SO_4 = 2MnSO_4 + 6K_2SO_4 + 3H_2O \quad (酸性介质)$$
$$2KMnO_4 + 3K_2SO_3 + H_2O = 2MnO_2\downarrow + 3K_2SO_4 + 2KOH \quad (中性或弱碱性介质)$$
$$2KMnO_4 + K_2SO_3 + 2KOH = 2K_2MnO_4 + K_2SO_4 + H_2O \quad (强碱性介质)$$

在酸性介质中 $KMnO_4$ 的氧化能力很强，它本身有很深的紫红色，而它的还原产物（$Mn^{2+}$）几近无色（浓 $Mn^{2+}$ 溶液呈淡红色），所以在定量分析中用它来测定还原性物质时，不需另外添加指示剂，因此 $KMnO_4$ 滴定法应用很广泛。

$KMnO_4$ 的用途广泛，除可作氧化剂之外，还可用于油脂、树脂及蜡的漂白剂；在医药上用作杀菌消毒剂和防腐剂，5％的 $KMnO_4$ 溶液可治疗烫伤。

 **想一想**

如何实现铬（Ⅱ）、铬（Ⅲ）、铬（Ⅵ）和铬（Ⅶ）化合物的转化？

### 四、铁系元素

铁、钴、镍原子最外层电子都是 $4s^2$，次外层 3d 电子分别是 $3d^6$，$3d^7$，$3d^8$。它们的氧化值常见的是 ＋2 和 ＋3。铁、钴、镍的性质相近，通常把这三种元素称为铁系元素。

**1. 氧化物和氢氧化物**

$Fe_2O_3$，$Co_2O_3$，$Ni_2O_3$ 都有氧化性，其氧化能力随 Fe—Co—Ni 顺序增强。$Co_2O_3$ 和 $Ni_2O_3$ 与盐酸反应都能放出 $Cl_2$。

$$M_2O_3 + 6HCl = 2MCl_2 + Cl_2\uparrow + 3H_2O \quad (M=Co,Ni)$$

铁的氧化物除 FeO 和 $Fe_2O_3$ 外，还存在具有磁性的 $Fe_3O_4$（黑色），可把它看作 FeO 和 $Fe_2O_3$ 的混合氧化物。

在 $Fe^{2+}$，$Co^{2+}$ 和 $Ni^{2+}$ 的溶液中分别加入碱，可得到白色的 $Fe(OH)_2$、粉红色 $Co(OH)_2$ 和绿色的 $Ni(OH)_2$ 沉淀。$Fe(OH)_2$ 沉淀被空气迅速氧化为红棕色的 $Fe(OH)_3$。$Co(OH)_2$ 也会很慢地被空气氧化为暗棕色的 $Co(OH)_3$。但 $Ni(OH)_2$ 不会被空气氧化。

$Fe(OH)_3$，$Co(OH)_3$ 和 $Ni(OH)_3$ 与酸的作用表现出不同的性质。例如，$Fe(OH)_3$ 与盐酸发生中和反应，而 $Co(OH)_3$，$Ni(OH)_3$ 与盐酸作用，能把 $Cl^-$ 氧化为 $Cl_2$：

$$2M(OH)_3 + 6HCl = 2MCl_2 + Cl_2\uparrow + 6H_2O \quad (M=Co,Ni)$$

**2. ＋2 价盐类**

$Fe^{2+}$ 有还原性，而 $Co^{2+}$，$Ni^{2+}$ 稳定，其还原性按 $Fe^{2+}$—$Co^{2+}$—$Ni^{2+}$ 顺序减弱。$Fe^{2+}$，$Co^{2+}$，$Ni^{2+}$ 盐类有许多共同的特性。例如，它们的强酸盐都易溶于水，而一些弱酸盐难溶于水。可溶性盐从水溶液中结晶出来时，常含有相同数目的结晶水。

由于这些离子都有未成对电子，所以它们的水合离子都呈现颜色，如淡绿色的 $[Fe(H_2O)_6]^{2+}$、粉红色的 $[Co(H_2O)_6]^{2+}$ 和绿色的 $[Ni(H_2O)_6]^{2+}$。这些盐类从溶液中结晶出来时,水合离子中的水成为结晶水共同析出,所以 $Fe^{2+}$ 盐都带淡绿色,$Co^{2+}$ 盐都带粉红色,$Ni^{2+}$ 盐都带绿色。

它们的硫酸盐和碱金属或铵的硫酸盐均能形成相同类型的复盐 $M_2^I SO_4 \cdot M^{II} SO_4 \cdot 6H_2O(M^I$ 为 $K^+$,$Rb^+$,$Cs^+$,$NH_4^+$;$M^{II}$ 为 $Fe^{2+}$,$Co^{2+}$,$Ni^{2+}$)。

亚铁盐中以 $FeSO_4 \cdot 7H_2O$ 最为重要。$FeSO_4 \cdot 7H_2O$ 是绿色的晶体,在空气中会逐渐风化,并容易氧化为黄褐色的碱式硫酸铁 $Fe(OH)SO_4$。在酸性溶液中,$Fe^{2+}$ 也会被空气所氧化,所以在保存 $Fe^{2+}$ 溶液时,应加足够浓度的酸,同时加几枚铁钉。从如下的标准电极电势:

$$Fe^{2+} + 2e^- \Longrightarrow Fe \qquad \varphi^\ominus = -0.44 \text{ V}$$

$$Fe^{3+} + e^- \Longrightarrow Fe^{2+} \qquad \varphi^\ominus = 0.77 \text{ V}$$

可知,若有 Fe 的存在,就不可能产生 $Fe^{3+}$。$FeSO_4$ 是制造颜料和墨水的原料。在制造黑墨水时,$FeSO_4$ 与单宁酸作用,生成单宁酸亚铁。当黑墨水写在纸上后,由于空气的氧化作用,生成不溶性的黑色单宁酸铁。

---

 **小贴士**

在氧化值为 +2 的铁、钴、镍的氯化物中,$CoCl_2 \cdot 6H_2O$ 最常见,它在受热脱水过程中,伴随着颜色的变化:

$$CoCl_2 \cdot 6H_2O \overset{49\ ℃}{\Longrightarrow} CoCl_2 \cdot 4H_2O \overset{58\ ℃}{\Longrightarrow} CoCl_2 \cdot 2H_2O \overset{140\ ℃}{\Longrightarrow} CoCl_2$$

　　粉红色　　　　　　粉红色　　　　　　紫红色　　　　　　蓝色

根据这一性质,可用来显示某体系的含水情况。作干燥剂用的硅胶常浸有二氯化钴的水溶液,可利用二氯化钴因吸水和脱水而发生的颜色变化,来显示硅胶吸湿情况,硅胶失去水则由粉红色变为蓝紫色或蓝色;当硅胶吸水后则变为粉红色。

---

### 3. +3 价盐类

以铁(Ⅲ)盐较多,而钴(Ⅲ)和镍(Ⅲ)的盐都很不稳定,因而很少。例如,$Fe_2(SO_4)_3 \cdot 9H_2O$ 是很稳定的铁盐,而 $Co_2(SO_4)_3 \cdot 9H_2O$ 不仅在水溶液中不稳定,在固体状态时也很不稳定,分解成钴(Ⅱ)的硫酸盐。

$Fe^{3+}$ 的强酸盐易溶于水,由电极电势可知,$Fe^{3+}$ 具有氧化性,一些较强的还原剂如 $H_2S$,Ni,Cu 等可把它还原成 $Fe^{2+}$:

$$2Fe^{3+} + Cu \Longrightarrow Cu^{2+} + 2Fe^{2+}$$

该反应在印刷制版中,用于铜板的腐蚀。

$Fe^{3+}$ 的强酸盐溶液因 $Fe^{3+}$ 的水解而呈现较强的酸性,$Fe^{3+}$ 只存在于强酸性溶液中,当溶液 pH=2.3 时,它的水解反应已很明显,且开始有沉淀生成;当溶液 pH=4.1 时,就会完全变成沉淀。利用 $Fe^{3+}$ 的这一性质,可除去试剂中的铁杂质。例如,在 $MnSO_4$ 溶液中含有少量杂质 $Fe^{3+}$ 和 $Fe^{2+}$,如何除去?查表可得:

| 化合物 | 开始沉淀时的 pH | 完全沉淀时的 pH |
|--------|------------------|------------------|
| $Fe(OH)_3$ | 2.3 | 4.1 |
| $Fe(OH)_2$ | 7.5 | 9.7 |
| $Mn(OH)_2$ | 8.8 | 10.4 |

显然,用控制溶液 pH 的方法可使 $Mn^{2+}$ 与 $Fe^{3+}$ 分离,但无法使 $Mn^{2+}$ 与 $Fe^{2+}$ 分离完全。因为 $Fe^{2+}$ 完全沉淀的 pH＝9.7,而 $Mn^{2+}$ 在 pH＝8.8 时就开始沉淀了。因此应该先用氧化剂把 $Fe^{2+}$ 氧化为 $Fe^{3+}$,然后加碱把溶液的 pH 调至 6 左右,即可达到将铁分离出去的目的。必须指出,应该精心选择加入的氧化剂和碱,使 $MnSO_4$ 溶液不因它们的加入而带来新的杂质。如以 $H_2O_2$ 作氧化剂,以 $MnCO_3$ 为碱,由于 $H_2O_2$ 还原产物为水,而且过量的 $H_2O_2$ 在加热时自行分解;$MnCO_3$ 与 $H^+$ 发生中和反应,而过量的 $MnCO_3$ 以沉淀的形式随 $Fe(OH)_3$ 一起过滤而除去。

### 4. 配合物

黄色晶体 $K_4[Fe(CN)_6] \cdot 3H_2O$,工业名称叫**黄血盐**。它主要用于制造颜料、油漆、油墨。

$K_3[Fe(CN)_6]$ 是褐红色晶体,工业名称叫**赤血盐**。它主要用于印刷制版、照相洗印及显影,也用于制晒蓝图纸等。$Fe^{3+}$ 不能与 KCN 直接生成 $K_3[Fe(CN)_6]$。$K_3[Fe(CN)_6]$ 是由氯气氧化 $K_4[Fe(CN)_6]$ 的溶液而制得:

$$2K_4[Fe(CN)_6] + Cl_2 \longrightarrow 2KCl + 2K_3[Fe(CN)_6]$$
褐红色

$[Fe(CN)_6]^{3-}$ 的氧化性不如 $Fe^{3+}$ 强,其电极电势如下:

$$[Fe(CN)_6]^{3-} + e^- \rightleftharpoons [Fe(CN)_6]^{4-} \qquad \varphi^{\ominus} = 0.36 \text{ V}$$
$$Fe^{3+} + e^- \rightleftharpoons Fe^{2+} \qquad \varphi^{\ominus} = 0.77 \text{ V}$$

$[Fe(CN)_6]^{3-}$ 和 $[Fe(CN)_6]^{4-}$ 在溶液中十分稳定,因此在含有 $[Fe(CN)_6]^{3-}$ 和 $[Fe(CN)_6]^{4-}$ 的溶液中几乎检查不出解离的 $Fe^{2+}$ 和 $Fe^{3+}$。但在含有 $Fe^{2+}$ 的溶液中加入赤血盐溶液,或在含有 $Fe^{3+}$ 的溶液中加入黄血盐溶液,均能生成蓝色沉淀:

$$K^+ + Fe^{2+} + [Fe(CN)_6]^{3-} \rightleftharpoons KFe[Fe(CN)_6] \downarrow (\text{滕氏蓝})$$
$$K^+ + Fe^{3+} + [Fe(CN)_6]^{4-} \rightleftharpoons KFe[Fe(CN)_6] \downarrow (\text{普鲁士蓝})$$

以上两个反应可分别用来鉴定 $Fe^{2+}$ 和 $Fe^{3+}$ 的存在。生成的蓝色物质广泛用于油漆和油墨工业。

 **想一想**

铁系元素离子的配合物有哪些用途?

# 5.4 非金属元素

## 一、卤族元素

周期系ⅦA族元素称为卤族元素,其中包括氟、氯、溴、碘和砹五种元素。卤素一词的希腊原文的意思是"成盐元素",它们都能直接和金属化合成盐类。砹是放射性元素。

### 1. 通性

卤素的价电子构型均为$ns^2np^5$,仅缺少1个电子就达到8电子的稳定结构,因此它们容易获得1个电子成为一价阴离子,卤素和同周期元素相比较,非金属性是最强的,是非常活泼的典型的非金属,所以能和活泼的金属生成离子化合物。几乎能和所有的非金属起作用,生成共价化合物。由于卤素与电子结合能力强,所以它们大多数是强氧化剂,在本族内从氟到碘非金属性依次减弱。

卤素较难溶于水,但它们在乙醇、乙醚、氯仿等有机溶剂中溶解度要大得多。

卤素单质典型的化学性质是氧化性,$F_2$是最强的氧化剂。随着原子序数的增加,氧化性逐渐减弱。卤素离子的还原性大小是$I^->Br^->Cl^->F^-$,每种卤素都可以把电负性比它小的卤素从后者的卤化物中置换出来。

卤素和水可以发生两类化学反应,一类是对水的氧化作用:

$$2X_2+2H_2O \rightleftharpoons 4HX+O_2\uparrow$$

另一类反应是卤素的歧化反应:

$$X_2+H_2O \rightleftharpoons H^++X^-+HXO$$

$F_2$在水中只能进行置换反应,而$Cl_2$,$Br_2$,$I_2$可以进行歧化反应,但从氯到碘反应进行的程度越来越小。氯、溴、碘元素的歧化反应是主要的。

 **想一想**

卤素的物理性质和化学性质有哪些递变规律?

### 2. 卤素的用途

氟主要用来制有机氟化物,如杀虫剂$CCl_3F$、制冷剂$CCl_2F_2$(氟利昂-12)。氟在高科技领域也得到日益广泛的应用。例如,氟在原子能工业中用以制造六氟化铀($UF_6$),液态氟也是航天工业中所用的高能燃料的氧化剂;含C—F键的全氟烃,被广泛用于砂锅、铲雪车铲的防粘涂层和人造血液;由$ZrF_4$、$BaF_2$和$NaF$组成的氟化物光导纤维,对光的透明度显著提高,从而有望大大改善光纤通信的品质。

氯是重要的化工产品和原料,除用于合成盐酸外,还广泛用于生产农药、医药、燃料、炸药,以及纺织品和纸张的漂白、饮水消毒等。

溴主要用于药物、燃料、感光材料、汽车抗震添加剂和催化剂生产。

动画:

碘的升华

碘在医药上用作消毒剂,如碘酒、碘仿($CH_3I$)等。碘化物有预防和治疗甲状腺肥大的功能。

### 3. 卤素的化合物

(1) 卤化氢　卤化氢都是具有刺激性气味的无色气体。

卤化氢的水溶液称为氢卤酸,除氢氟酸是弱酸外,其他皆为强酸。但是氢氟酸却表现出一些独特的性质,如它可与 $SiO_2$ 反应:

$$SiO_2 + 4HF \Longrightarrow SiF_4 \uparrow + 2H_2O$$

可利用这一性质来刻蚀玻璃或溶解各种硅酸盐。氢氟酸也可用来溶解普通强酸不能溶解的 Ti,Zr,Hf 等金属。

浓的氢氟酸会将皮肤灼伤,且难以痊愈,使用时应特别小心。

(2) 卤化物　卤化物可分为金属卤化物和非金属卤化物两大类。金属卤化物一般易溶于水,其中难溶的只有 $AgX,PbX_2,Hg_2X_2$ 和 $CuX_2$(X=Cl,Br,I)等。氟化物的溶解性常与其他卤化物不同。例如,$AgF$ 是易溶的,而 $LiF,MF_2$(M 为碱土金属,Mn,Fe,Cu,Zn,Pb)和 $AlF_3$ 等都是难溶盐。

(3) 次氯酸及次氯酸盐　氯气与水作用,发生下列可逆反应:

$$Cl_2 + H_2O \Longrightarrow HClO + H^+ + Cl^-$$

氯气在水中的溶解度不大,反应中又有强酸生成,所以上述反应进行不完全。次氯酸是很弱的酸,$K_a^{\ominus} = 3.17 \times 10^{-8}$,只能存在于溶液中,次氯酸性质不稳定,见光易分解:

$$2HClO \xrightarrow{\text{光}} 2HCl + O_2 \uparrow$$

次氯酸具有杀菌和漂白能力就是基于这个反应。而氯气之所以有漂白作用,就是它和水作用生成次氯酸的缘故,干燥的氯气是没有漂白功能的。

---

 **小贴士**

　　把氯气通入冷碱溶液中,可生成次氯酸盐,反应如下:

$$Cl_2 + 2NaOH \Longrightarrow NaClO + NaCl + H_2O$$
$$2Cl_2 + 2Ca(OH)_2 \Longrightarrow Ca(ClO)_2 + CaCl_2 + 2H_2O$$

　　漂白粉中含有 $Ca(ClO)_2,CaCl_2,Ca(OH)_2,H_2O$,其有效成分是 $Ca(ClO)_2$。次氯酸盐(或漂白粉)的漂白作用主要基于次氯酸的氧化性。

---

(4) 氯酸及氯酸盐　氯酸是强酸,也是强氧化剂,它能将浓盐酸氧化为氯气。$HClO_3$ 仅存在于溶液中,若将其浓缩到 40% 以上,即爆炸分解。

把次氯酸盐溶液加热,发生歧化反应,得到氯酸盐:

$$3ClO^- \Longrightarrow ClO_3^- + 2Cl^-$$

因此将氯气通入碱溶液中,就可制得氯酸盐:

$$3Cl_2 + 6KOH \xlongequal{\quad} 5KCl + KClO_3 + 3H_2O$$

这也是一个歧化反应。由于氯酸钾在冷水中溶解度不大，当溶液冷却时，就有白色晶体析出。

固体氯酸盐是强氧化剂，和各种易燃物(硫、碳、磷)混合时，在撞击时剧烈爆炸，因此氯酸盐被用来制造炸药、火柴、烟火等。氯酸盐在中性(或碱性)溶液中不具有氧化性，只有在酸性溶液中才具有氧化性，而且是强氧化剂。例如，可将 $I^-$ 氧化成单质 $I_2$：

$$ClO_3^- + 6I^- + 6H^+ \xlongequal{\quad} 3I_2 + Cl^- + 3H_2O$$

(5) 高氯酸及高氯酸盐　用高氯酸钾同浓硫酸反应，然后进行减压蒸馏，即可得到高氯酸。高氯酸是已知酸中最强的酸，无水高氯酸是无色液体，浓的高氯酸不稳定，受热分解：

$$4HClO_4 \xrightleftharpoons{\quad} 2Cl_2 \uparrow + 7O_2 \uparrow + 2H_2O$$

89

高氯酸在储藏时必须远离有机物质，否则会发生爆炸。但高氯酸的水溶液在氯的含氧酸中最稳定，氧化性也比 $HClO_3$ 弱。

高氯酸盐是氯的含氧酸盐中最稳定的，固体高氯酸盐受热时都能分解为氯化物和氧气：

$$KClO_4 \xrightarrow{525\,℃} KCl + 2O_2 \uparrow$$

因此，固体高氯酸盐在高温下是一种强氧化剂，但氧化能力比氯酸盐弱，所以高氯酸盐常用于制造较为安全的炸药。高氯酸镁和高氯酸钡是很好的吸水剂和干燥剂。

以上讨论了氯的含氧酸及其盐，现将其热稳定性、氧化性及酸性变化一般规律总结如图5-2所示。

热稳定性增强　|　$HClO$(弱酸)　　　$MClO$

氧化性减弱　　|　$HClO_2$(中强酸)　　$MClO_2$　　　热稳定性增强

酸性增强　　　|　$HClO_3$(强酸)　　　$MClO_3$　　　氧化性减弱

　　　　　　　|　$HClO_4$(最强酸)　　$MClO_4$

氧化性减弱
稳定性增强

图 5-2　氯的含氧酸及其盐热稳定性、氧化性及酸性变化一般规律

 **想一想**

实验室为什么不可以用玻璃瓶盛装 HF 而使用塑料瓶？

## 二、氧族元素

元素周期系 ⅥA 族包括氧、硫、硒、碲、钋、镃六种元素，统称为氧族元素。其中氧是地壳中含量最多的元素。在自然界中氧和硫能以单质形式存在。硒、碲是稀有元素。氧和硫是典型的非金属元素，硒和碲是准金属元素，而钋和镃是金属元素。

5.4　非金属元素

## 1. 通性

氧族元素原子的最外电子层都有 6 个电子,价电子构型均为 $ns^2np^4$,有获得 2 个电子达到稀有气体稳定结构的趋势。当氧族元素原子和其他元素原子化合时,如果电负性相差很大,则可以有电子的转移。例如,氧可以和大多数金属元素形成离子化合物,硫、硒、碲只能和低价态的金属形成离子化合物。当氧族元素和高价态的金属或非金属化合时,所生成的化合物主要为共价化合物。

氧族元素与电负性比它们强的元素化合时,可呈现 +2,+4,+6 氧化值。而且由于氧的电负性很强,仅次于氟,因此,氧除了与氟化合时显正氧化值外,氧在绝大多数化合物中表现 −2 氧化值(氧在过氧化物中的氧化值为 −1)。氧族元素都有同素异形体。例如,氧有普通氧和臭氧两种单质,硫有斜方硫、单斜硫和弹性硫等。

氧和硫的性质相似,都比较活泼。硫也能与氢、卤素及几乎所有的金属起作用,生成的化合物的性质也与氧的相应化合物有很多相似之处。

### 想一想

为什么氧除了与氟化合时显正氧化值外,氧在其他所有化合物中均表现 −2 氧化值?

### 2. 氧族元素的重要化合物

(1) 过氧化氢　过氧化氢的分子式为 $H_2O_2$,俗称双氧水。纯品是无色黏稠液体,能和水以任意比例混合。市售品有 30% 和 3% 两种规格。

$H_2O_2$ 的结构是 H—O—O—H,中间部分的 —O—O— 称为过氧键。2 个 H 原子和 O 原子并非在同一平面上,分子具立体结构,如图 5-3 所示。$H_2O_2$ 分子间由于存在氢键而有缔合作用,其缔合程度大于水分子,密度约是水的 1.5 倍。

纯的 $H_2O_2$ 溶液较稳定些,但光照、加热和增大碱度都能促使其分解,故常用棕色瓶储存,放在阴凉处。

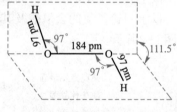

图 5-3　过氧化氢的分子结构

### 小贴士

$H_2O_2$ 是一种二元弱酸。在 $H_2O_2$ 分子中氧的氧化值为 −1,处于中间价态,所以它既有氧化性又有还原性。$H_2O_2$ 的还原性较弱,尤其是在酸性介质中。$H_2O_2$ 的氧化性比还原性要显著,因此,它的主要用途是基于它的氧化性。3% $H_2O_2$ 用作消毒剂,稀的 $H_2O_2$ 和 30% $H_2O_2$ 是实验室常用试剂。$H_2O_2$ 能将有色物质氧化为无色,所以可用作漂白剂。$H_2O_2$ 无论作为氧化剂还是作为还原剂都很"洁净",因为它不会给反应体系引入新的杂质,而且过量部分很容易在加热时分解为 $H_2O$ 和 $O_2$,$O_2$ 从体系中逸出而不增加新的物种。

$H_2O_2$ 的浓溶液和蒸气会对人体产生危害。30% $H_2O_2$ 会灼伤皮肤,$H_2O_2$ 蒸气对眼睛黏膜有强烈的刺激作用。因此使用时要格外小心。

(2) 硫化氢和氢硫酸　硫化氢($H_2S$)是一种有毒气体,为大气污染物,空气中含0.1%会引起头晕,大量吸入会造成死亡。经常接触 $H_2S$ 则会引起慢性中毒。所以在制取和使用 $H_2S$ 时要注意通风。

$H_2S$ 微溶于水,水溶液称为氢硫酸。20 ℃时,1 体积水约可溶解 2.6 体积的 $H_2S$,所得溶液的浓度约为 0.1 mol·$L^{-1}$。

$H_2S$ 中 S 的氧化值为 -2,因此它具有还原性,例如:

$$H_2S + 4Cl_2 + 4H_2O \Longrightarrow 8HCl + H_2SO_4$$

在空气中放置,就会被氧化而析出硫:

$$2H_2S + O_2 \Longrightarrow 2S\downarrow + 2H_2O$$

弱酸性、还原性及与许多金属离子反应形成沉淀是 $H_2S$ 最主要的化学性质。硫化物与盐酸作用,放出 $H_2S$ 气体,该气体可使醋酸铅试纸变黑,这也是鉴别 $S^{2-}$ 的方法之一。

(3) 金属硫化物　金属硫化物的特性是难溶于水,除碱金属和碱土金属硫化物外(BeS 难溶),其他金属硫化物几乎都不溶于水。金属硫化物按溶解的方法不同,可分为五类,见表 5-2。随着硫化物溶度积的减小,若要使其溶解就要设法把溶液中 $S^{2-}$ 和金属离子浓度降得越来越低,故溶解的手段要求也越来越苛刻。常利用硫化物的难溶解性来除去金属离子杂质,利用硫化物溶解方法的多样性及硫化物的特征颜色,来分离和鉴别金属离子。

表 5-2　金属硫化物的颜色及溶解性

| 硫化物 | 颜色 | $K_{sp}^{\ominus}$ | 溶解性 |
|---|---|---|---|
| $Na_2S$ | 无色 | — | |
| $K_2S$ | 黄棕色 | — | 溶于水或微溶于水 |
| BaS | 无色 | — | |
| MnS(晶状) | 肉色 | $2.5 \times 10^{-13}$ | |
| NiS($\alpha$) | 黑色 | $3.2 \times 10^{-19}$ | |
| FeS | 黑色 | $6.3 \times 10^{-18}$ | 溶于 0.3 mol·$L^{-1}$ 的 $H^+$ 溶液 |
| CoS($\alpha$) | 黑色 | $4.0 \times 10^{-21}$ | |
| ZnS($\alpha$) | 白色 | $1.6 \times 10^{-24}$ | |
| CdS | 黄色 | $8.0 \times 10^{-27}$ | 溶于 HCl |
| PbS | 黑色 | $1.3 \times 10^{-28}$ | |
| $Ag_2S$ | 黑色 | $8.0 \times 10^{-51}$ | 溶于 $HNO_3$ |
| CuS | 黑色 | $6.3 \times 10^{-36}$ | |
| HgS | 黑色 | $1.6 \times 10^{-52}$ | 溶于王水 |

(4) 硫酸及其盐　硫酸是主要的化工产品之一。大约有上千种化工产品需要以硫酸为原料,硫酸主要用于化肥生产,此外还大量用于农药、燃料、医药、国防和轻工业等领域。

纯硫酸是无色油状液体。浓硫酸吸收 $SO_3$ 就得发烟硫酸:

$$H_2SO_4 + xSO_3 \Longrightarrow H_2SO_4 \cdot xSO_3$$

用水稀释发烟硫酸,就可得任意浓度的硫酸。

---

小贴士

浓硫酸具有强的吸水性。它与水混合时,由于形成水合物而放出大量的热,可使水局部沸腾而飞溅,所以稀释浓硫酸时,要在搅拌下将浓硫酸沿器壁慢慢倒入水中,切不可将水倒入浓硫酸中。利用浓硫酸的吸水能力,常将其用作干燥剂。

浓硫酸还具有强烈的脱水性,能将有机物分子中的氢和氧按水的比例脱去,使有机物炭化。例如,蔗糖与浓 $H_2SO_4$ 作用:

$$C_{12}H_{22}O_{11} \xrightarrow{\text{浓 } H_2SO_4} 12C + 11H_2O$$

因此,浓硫酸能严重地破坏动植物组织,如损坏衣物和烧伤皮肤,使用时应注意安全。

---

浓硫酸是很强的氧化剂,特别在加热时,能氧化很多金属和非金属。它将金属和非金属氧化为相应的氧化物,金属氧化物则与硫酸作用生成硫酸盐。浓硫酸作氧化剂时本身可被还原为 $SO_2$,S 或 $H_2S$。浓硫酸和非金属作用时,一般被还原为 $SO_2$。浓硫酸和金属作用时,其被还原程度和金属的活泼性有关,不活泼金属的还原性弱,只能将浓硫酸还原为 $SO_2$;活泼金属的还原性强,可以将浓硫酸还原为单质 S,甚至 $H_2S$。

硫酸是二元酸,能生成正盐和酸式盐。除碱金属和氨得到其酸式盐外,其他金属只能得到其正盐。酸式硫酸盐和大多数硫酸盐都易溶于水,但 $PbSO_4$,$CaSO_4$ 等难溶于水,而 $BaSO_4$ 几乎不溶于水也不溶于酸。因此,常用可溶性的钡盐溶液鉴定溶液中是否存在 $SO_4^{2-}$:

$$SO_4^{2-} + Ba^{2+} =\!=\!= BaSO_4 \downarrow$$

多数硫酸盐还具有生成复盐的倾向,如莫尔盐($(NH_4)_2SO_4 \cdot FeSO_4 \cdot 12H_2O$)、铝钾矾($K_2SO_4 \cdot Al_2(SO_4)_3 \cdot 24H_2O$)等。

大多数硫酸盐晶体都含有结晶水。如 $CuSO_4 \cdot 5H_2O$,$Na_2SO_4 \cdot 10H_2O$ 等,含有结晶水的硫酸盐受热时会逐步失去结晶水,成为无水盐。

许多硫酸盐具有很重要的用途,如明矾($Al_2(SO_4)_3 \cdot 7H_2O$)是常用的净水剂;胆矾($CuSO_4 \cdot 5H_2O$)是消毒杀菌剂和农药;绿矾($FeSO_4 \cdot 7H_2O$)是农药、药物等的原料;芒硝($Na_2SO_4 \cdot 10H_2O$)是主要的化工原料。

(5)硫代硫酸及其盐 亚硫酸盐与硫作用生成硫代硫酸盐。例如,将硫粉溶于沸腾的亚硫酸钠碱性溶液中可制得 $Na_2S_2O_3$:

$$Na_2SO_3 + S =\!=\!= Na_2S_2O_3$$

硫代硫酸钠俗称**大苏打**,商品名为**海波**,是无色透明的晶体,易溶于水,水溶液呈弱碱性。硫代硫酸钠在中性或碱性溶液中很稳定,在酸性溶液中由于生成不稳定的硫代硫酸而分解:

$$S_2O_3^{2-} + 2H^+ =\!=\!= S\downarrow + SO_2\uparrow + H_2O$$

也常用这个反应来鉴定 $S_2O_3^{2-}$。

硫代硫酸钠可以看成是中等强度的还原剂,与强氧化剂如氯、溴等作用被氧化成硫酸盐,与较弱的氧化剂作用则被氧化成连四硫酸盐。

$$S_2O_3^{2-}+4Cl_2+5H_2O \Longrightarrow 2SO_4^{2-}+8Cl^-+10H^+$$
$$2S_2O_3^{2-}+I_2 \Longrightarrow S_4O_6^{2-}+2I^-$$

上述两个反应,前一个反应可用来除氯,在纺织和造纸工业中用作脱氯剂,后一个反应可在定量分析中定量测定碘。

硫代硫酸钠的另一个性质是具有很强的配位能力,$S_2O_3^{2-}$ 可与一些金属离子如 $Ag^+$,$Cd^{2+}$ 等形成稳定的配离子。因此,在照相技术中 $Na_2S_2O_3$ 用作定影剂,以除去胶片上未起作用的 AgBr。例如:

$$2S_2O_3^{2-}+AgX \Longrightarrow [Ag(S_2O_3)_2]^{3-}+X^- \quad (\text{X 代表 Cl,Br})$$

重金属的硫代硫酸盐难溶并且不稳定。例如,$Ag^+$ 与 $S_2O_3^{2-}$ 生成白色沉淀 $Ag_2S_2O_3$,在溶液中 $Ag_2S_2O_3$ 迅速分解,颜色由白色经过黄色、棕色,最后变成黑色($Ag_2S$)。用此反应可鉴定 $S_2O_3^{2-}$:

$$S_2O_3^{2-}+2Ag^+ \Longrightarrow Ag_2S_2O_3 \downarrow$$
$$Ag_2S_2O_3+H_2O \Longrightarrow Ag_2S \downarrow + H_2SO_4$$

硫代硫酸钠除以上用途外,在化工生产中常被用作还原剂,在纺织、造纸工业中用作漂白物的脱氯剂,还用于电镀、鞣革等行业。

 **想一想**
　　为什么亚硫酸盐溶液中往往含有硫酸根离子?如何检测?

### 三、氮族元素

元素周期系ⅤA族元素包括氮、磷、砷、锑、铋、镆六种元素,统称为氮族元素。氮以游离状态大量存在于空气中,磷是以化合物状态存在的。砷、锑、铋是亲硫元素,它们在自然界中主要以硫化物矿形式存在。在我国锑的蕴藏量占世界第一位。

**1. 通性**

随着元素原子序数的增大,氮族元素的非金属性递减,金属性递增。氮和磷是典型的非金属元素,而砷和锑为准金属元素,铋为金属元素。

氮族元素最外层有 5 个电子,价电子层结构为 $ns^2np^3$,与卤素和氧族元素相比,形成正氧化值化合物的趋势较明显。它们和电负性较大的元素结合时,氧化值主要为 +3 和 +5。

**2. 氮的重要化合物**

(1) 氨　氨是氮的重要化合物,几乎所有的含氮化合物都可以由它来制取。工业上在高温、高压和催化剂存在下,由 $H_2$ 和 $N_2$ 合成。在实验室中,用铵盐和碱的反应来制备少量氨气。

$$2NH_4Cl+Ca(OH)_2 \Longrightarrow CaCl_2+2NH_3\uparrow+2H_2O$$

$NH_3$ 是有特殊刺激性气味的无色气体。分子呈三角锥形,有极性。分子间能生成氢键而缔合。氨在水中的溶解度极大。

氨的化学性质活泼,能与许多物质发生反应。它的结构和组成决定了氨还具有以下三方面的性质。

① 加成反应。氨与水通过氢键形成氨的水合物 $NH_3 \cdot H_2O$,即氨水。可以与 $Ag^+$,$Cu^{2+}$ 等离子加合形成 $[Ag(NH_3)_2]^+$,$[Cu(NH_3)_4]^{2+}$ 等配离子。氨不但在溶液中发生加成反应,它与某些盐的晶体,也有类似的反应。如 $NH_3$ 与无水 $CaCl_2$ 生成 $CaCl_2 \cdot 8NH_3$。

② 氧化还原反应。

在铂催化剂作用下,$NH_3$ 还可氧化为一氧化氮:

$$4NH_3 + 5O_2 \xrightarrow{Pt,800\ ℃} 4NO\uparrow + 6H_2O$$

此反应是工业上制造硝酸的基础反应。

常温下氨能与许多强氧化剂(如 $Cl_2$,$H_2O_2$,$KMnO_4$ 等)直接作用。

③ 取代反应。在一定条件下,氨分子中的氢原子可依次被取代,生成一系列的衍生物。例如,金属钠可与氨反应如下:

$$2NH_3 + 2Na \xrightarrow{350\ ℃} 2NaNH_2 + H_2\uparrow$$

生成氨基化钠。还可以生成亚氨基($>NH$)的衍生物,如 $Ag_2NH$,及生成氮化物($N\!\!\!<$),如 $Li_3N$。

(2) 铵盐　铵盐一般是无色晶体,易溶于水。

当铵盐与强碱作用时,不论是溶液还是固体,都能产生 $NH_3$,根据 $NH_3$ 的特殊气味和它对石蕊试剂的反应,即可验证氨。

固体铵盐加热极易分解,其分解产物因酸根性质不同而不同,如由挥发性酸组成的铵盐,加热时氨与酸一起挥发:

$$NH_4Cl \Longleftrightarrow NH_3\uparrow + HCl\uparrow$$

由难挥发性酸组成的铵盐,加热时只有氨挥发,酸则残留于容器中:

$$(NH_4)_2SO_4 \Longleftrightarrow NH_3\uparrow + NH_4HSO_4$$

由氧化性酸组成的铵盐,则加热分解产生的氨被氧化成氮或氮的化合物:

$$NH_4NO_3 \Longleftrightarrow N_2O\uparrow + 2H_2O\uparrow$$

温度更高时,则以另一种方式分解,并放出大量的热:

$$2NH_4NO_3 \xrightarrow{300\ ℃} 2N_2\uparrow + O_2\uparrow + 4H_2O\uparrow$$

由于反应产生大量气体和热量,若反应在密闭容器中进行,则会引起爆炸,因此硝酸铵可用于制造炸药。另外,铵盐都可用作化学肥料。

(3) 亚硝酸及其盐　在亚硝酸盐的溶液中加入定量的稀硝酸,即可得亚硝酸溶液:

$$Ba(NO_2)_2 + 2HNO_3 \Longrightarrow Ba(NO_3)_2 \downarrow + 2HNO_2$$

亚硝酸很不稳定,仅存在于冷的稀溶液中,浓溶液或微热时,会分解为 NO 和 $NO_2$。

亚硝酸虽然不稳定,但亚硝酸盐却是相当稳定的。亚硝酸盐大多是无色的,除淡黄色的 $AgNO_2$ 难溶外,一般都易溶于水。

在亚硝酸及亚硝酸盐中 N 的氧化值为 +3,处于中间氧化态,所以它们既有氧化性又有还原性:

$$HNO_2 + H^+ + e^- \Longrightarrow NO + H_2O \quad \varphi^{\ominus} = 1.00 \ V$$

$$NO_3^- + 3H^+ + 2e^- \Longrightarrow HNO_2 + H_2O \quad \varphi^{\ominus} = 0.94 \ V$$

可见,在酸性介质中,它们主要表现为氧化性,例如:

$$2NaNO_2 + 2KI + 2H_2SO_4 \Longrightarrow 2NO + I_2 + Na_2SO_4 + K_2SO_4 + 2H_2O$$

以上反应在定量分析化学中用于定量测定 $NO_2^-$。

亚硝酸及其盐只有遇到强氧化剂时才被氧化,表现出还原性。

 小贴士

　　在亚硝酸盐中,$NaNO_2$ 和 $KNO_2$ 是两种常用的盐。工业中它们大量用于染料和有机化合物的制备,还可用于漂白剂、电镀缓蚀剂等,亚硝酸盐有毒且是致癌物质,人若误食会引起中毒甚至死亡。食品工业以亚硝酸盐作鱼、肉加工的防腐剂或发色剂,但要注意控制添加量,以防止产生致癌物质亚硝酸铵。蔬菜中含有较多的硝酸盐,如果在较高温度下过久存放,在细菌和酶的作用下,其中的硝酸盐会被还原为亚硝酸。

　　(4) 硝酸及其盐　　硝酸是工业上重要的三大强酸(盐酸、硫酸、硝酸)之一,在国民经济和国防工业中占有重要地位。它是制造炸药、塑料、硝酸盐和许多其他化工产品的重要化工原料。

　　纯硝酸为无色液体,它遇光和热即部分分解:

$$4HNO_3 \Longrightarrow 2H_2O + 4NO_2 \uparrow + O_2 \uparrow$$

分解出来的 $NO_2$ 又溶于 $HNO_3$,使 $HNO_3$ 带黄色或红棕色。因此实验室中常把硝酸贮存于棕色瓶中。

　　硝酸是强酸,在水中全部解离。

　　硝酸的特性是强氧化性。很多非金属都能被硝酸氧化成相应的氧化物或含氧酸。

　　硝酸作为氧化剂,主要还原产物如下:

$$\overset{+5}{H}NO_3 \rightarrow \overset{+4}{N}O_2 \rightarrow \overset{+3}{H}NO_2 \rightarrow \overset{+2}{N}O \rightarrow \overset{+1}{N_2}O \rightarrow \overset{0}{N_2} \rightarrow \overset{-3}{N}H_4^+$$

因此,$HNO_3$ 在氧化还原反应中,其还原产物常是混合物,混合物中以哪种物质为主,往往取决于硝酸的浓度、还原剂的强度和用量及反应的温度。通常,浓硝酸作氧化剂时,还原产物主要是 $NO_2$;稀硝酸作氧化剂时,还原产物主要是 NO;极稀的硝酸作氧化剂时,只要还原剂足够活泼,还原产物主要是 $NH_4^+$。

视频:

浓硝酸的氧化性

5.4 非金属元素

1 体积浓硝酸与 3 体积浓盐酸组成的混合酸称为王水。不溶于硝酸的金和铂能溶于王水：

$$Au + HNO_3 + 4HCl == H[AuCl_4] + NO\uparrow + 2H_2O$$

$$3Pt + 4HNO_3 + 18HCl == 3H_2[PtCl_6] + 4NO\uparrow + 8H_2O$$

硝酸盐在常温下比较稳定，但在高温时固体硝酸盐都会分解而显氧化性。分解产物因金属离子的不同而有差别。除硝酸铵外，硝酸盐受热分解有三种情况。

最活泼的金属(主要为比 Mg 活泼的碱金属和碱土金属)的硝酸盐分解产生亚硝酸盐和氧气：

$$2NaNO_3 \xrightarrow{\triangle} 2NaNO_2 + O_2\uparrow$$

活泼性较小的金属(活泼性在 Mg 与 Cu 之间)的硝酸盐分解得到相应的金属氧化物：

$$2Pb(NO_3)_2 \xrightarrow{\triangle} 2PbO + 4NO_2\uparrow + O_2\uparrow$$

活泼性更小的金属(活泼性比 Cu 差)的硝酸盐，则分解而生成金属单质：

$$2AgNO_3 \xrightarrow{\triangle} 2Ag + 2NO_2\uparrow + O_2\uparrow$$

 **想一想**

试分别试验硝酸的浓度、还原剂的强度和用量及反应的温度对还原产物的影响。

**3. 磷及其重要化合物**

(1) 单质磷　常见的磷的同素异形体有白磷和红磷。白磷的化学性质较活泼，易溶于有机溶剂。白磷经轻微的摩擦就会引起燃烧，必须保存在水中。白磷是剧毒物质，致死量约 0.1 g。红磷无毒，它的化学性质也比白磷稳定得多，红磷用于安全火柴的制造，在农业上用于制备杀虫剂。

磷的活泼性远高于氮，易与氧、卤素、硫等许多非金属直接化合。

(2) 磷的氧化物　磷在空气中燃烧可得到五氧化二磷，如果氧气不足，则生成三氧化二磷。根据蒸气密度的测定，五氧化二磷的分子式为 $P_4O_{10}$，三氧化二磷的分子式 $P_4O_6$。

五氧化二磷为白色雪花状固体，吸水性很强，吸水后迅速潮解，它的干燥性能优于其他常用干燥剂。它不但能有效地吸收气体或液体中的水，而且能从许多化合物中夺取与水分子组成相当的氢和氧。例如，可使 $H_2SO_4$ 和 $HNO_3$ 脱水后分别变为硫酐和硝酐：

$$P_2O_5 + 3H_2SO_4 == 3SO_3 + 2H_3PO_4$$

$$P_2O_5 + 6HNO_3 == 3N_2O_5 + 2H_3PO_4$$

(3) 磷酸盐　磷酸是三元酸，能形成三种系列的盐，即磷酸正盐(如 $Na_3PO_4$)和两种酸式盐(如 $Na_2HPO_4$ 和 $NaH_2PO_4$)。钠和钾的酸式盐常用于制备缓冲溶液。所有磷酸二氢盐都能溶于水，而在磷酸氢盐和正磷酸盐中，只有铵盐和碱金属盐(除锂盐外)可溶于水。

磷酸盐在工农业生产和日常生活中有着很多用途。磷酸盐不仅可用作化肥,还可用作洗涤剂及动物饲料的添加剂、锅垢除垢剂、金属防腐剂,在电镀和有机合成上也有用途。磷酸盐在食品中应用甚广。磷是构成核酸、磷脂和某些酶的主要成分。因此,对一切生物来说,磷酸盐在所有能量传递过程中,如新陈代谢、光合作用、神经功能和肌肉活动中都起着作用。

 **练一练**

　　根据缓冲溶液有关知识和磷酸的解离常数说明磷酸盐各适宜配制哪些 pH 范围内的缓冲溶液。

**4. 砷、锑、铋的重要化合物**

　　氮族元素中的砷、锑、铋又称为砷分族,由于它们次外层电子构型为 18 电子,而与氮、磷次外层 8 电子稳定构型不同。因此,砷、锑、铋在性质上有更多的相似之处。

　　(1) 砷、锑、铋的氧化物　砷、锑、铋的氧化物有 +3 氧化值的 $As_2O_3$,$Sb_2O_3$,$Bi_2O_3$ 和 +5 氧化值的 $As_2O_5$,$Sb_2O_5$。其中以 $As_2O_3$(俗称砒霜)最为重要,它是白色粉状固体,剧毒,致死量为 0.1 g。

　　$Sb_2O_3$ 是两性氧化物,不溶于水,能溶于强碱或强酸溶液中,生成相应的盐:

$$Sb_2O_3 + 6HCl \Longrightarrow 2SbCl_3 + 3H_2O$$
$$Sb_2O_3 + 2NaOH \Longrightarrow 2NaSbO_2 + H_2O$$
偏亚锑酸钠

　　$Bi_2O_3$ 是弱碱性氧化物,不溶于水和碱溶液,能溶于酸:

$$Bi_2O_3 + 6HNO_3 \longrightarrow 2Bi(NO_3)_3 + 3H_2O$$

　　(2) 砷、锑、铋含氧酸及其盐　它们的含氧酸由 As—Sb—Bi 酸性依次减弱,碱性依次增强。但 +3 氧化值的 $H_3AsO_3$,$Sb(OH)_3$,$Bi(OH)_3$ 基本上都是两性的,所以 $As^{3+}$,$Sb^{3+}$,$Bi^{3+}$ 的盐都易水解。因此,在配制这些盐的溶液时,都应先加入相应的强酸以抑制水解。

　　砷分族元素按 As—Sb—Bi 的顺序 +3 氧化值化合物的还原性依次减弱;+5 氧化值化合物的氧化性依次增强。因此,亚砷酸盐是较强的还原剂,在近中性溶液中能被中等强度的氧化剂 $I_2$ 所氧化:

$$H_3AsO_3 + I_2 + H_2O \Longrightarrow H_3AsO_4 + 2I^- + 2H^+$$

此反应的进行方向取决于溶液的酸碱性,当溶液的酸性增强时,反应将向左进行,即向 $AsO_4^{3-}$ 氧化 $I^-$ 为单质 $I_2$ 的方向进行。

　　偏铋酸盐不论在酸性或碱性溶液中都有很强的氧化性,在酸性溶液中它能将 $Mn^{2+}$ 氧化成 $MnO_4^-$,此反应常用于鉴定 $Mn^{2+}$:

$$5BiO_3^- + 2Mn^{2+} + 14H^+ \Longrightarrow 2MnO_4^- + 5Bi^{3+} + 7H_2O$$

## 四、碳族元素

碳族元素是元素周期系 Ⅳ A 族元素,包括碳、硅、锗、锡、铅、铁六种元素。碳元素在地壳中约占 0.03%,但它是地球上分布最广、化合物最多的元素。大气中的 $CO_2$,矿物界中的碳酸盐、碳单质、石油和天然气,动植物界的脂肪、淀粉、蛋白质、纤维素等都是含碳的化合物,碳存在三种同素异形体,即金刚石、石墨和无定形碳,由于它们的晶型结构不同,所以性质上有差别,其中以无定形碳的活泼性为最大。近些年的另一类同素异形体——富勒烯($C_{60}$,$C_{70}$等)也被发现,科学家预言,$C_{60}$ 等分子的发现将开创碳化学的新领域。

硅元素约占地壳的四分之一,硅在自然界中主要以石英砂和硅酸盐的形式存在。岩石、砂砾和土壤均以硅酸盐为主,因此,硅是分布广泛而含量又十分巨大的一种元素。

锗是稀有元素。单质锗是主要的半导体材料,锗的化合物应用还不多。锡和铅是常见元素。

### 1. 通性

碳族元素价电子构型为 $ns^2np^2$,因此它们主要的氧化值为 +2 和 +4。碳有时也可生成共价的 -4 氧化值化合物。碳、硅主要表现为 +4 氧化值,锗和锡的 +2 氧化值的化合物具有强还原性,铅的 +4 氧化值的化合物具有强氧化性,易被还原为铅的 +2 氧化值的化合物,所以铅的化合物以 +2 氧化值为主。

### 2. 碳的重要化合物

(1) 碳的氧化物　碳有多种氧化物,最常见的为 CO 和 $CO_2$。

CO 是无色、无臭的气体,CO 气体有毒,主要是因为它能和血液中携 $O_2$ 的血红蛋白结合成稳定的配合物,使血红蛋白失去输送 $O_2$ 的能力,致使人缺氧而死亡。空气中的 CO 的体积分数达 0.1% 时,就会引起中毒。CO 具有还原性,是冶金工业中常用的还原剂,还是良好的气体燃料。

$CO_2$ 在空气中的体积分数为 0.03%。由于工农业的高度发展,近年来大气中 $CO_2$ 的含量在增长,产生温室效应,使全球变暖,因此大气中 $CO_2$ 的平衡成为生态平衡研究的课题之一。

$CO_2$ 不能自燃,又不助燃,相对密度比空气大,常用作灭火剂。在生产和科研中 $CO_2$ 也常用作惰性介质。

$CO_2$ 可溶于水。溶于水中的 $CO_2$ 部分与水作用生成碳酸。

(2) 碳酸　碳酸是二元弱酸,$H_2CO_3$ 不稳定,仅存在于稀溶液中,当浓度增大或加热溶液时即分解出 $CO_2$。

碳酸能生成两类盐:碳酸盐和碳酸氢盐。铵和碱金属(除 Li 外)的碳酸盐都溶于水,一般说来,难溶碳酸盐对应的碳酸氢盐的溶解度较大。如 $Ca(HCO_3)_2$ 的溶解度比 $CaCO_3$ 大,因而 $CaCO_3$ 能溶于 $H_2CO_3$ 中,但是对易溶的碳酸盐来说,它对应的碳酸氢盐的溶解度反而小,如 $NaHCO_3$ 溶解度就比 $Na_2CO_3$ 小。

碳酸盐、碳酸氢盐在溶液中都会解离。碳酸氢盐的水溶液呈弱碱性。重金属的碳酸盐,在水溶液中会部分解离生成碱式碳酸盐。例如,将碳酸钠溶液和锌盐、铜盐、铅盐等溶液混合时,得到的不是碳酸盐而是碱式碳酸盐沉淀:

$$2Cu^{2+} + 2CO_3^{2-} + H_2O \Longrightarrow Cu_2(OH)_2CO_3\downarrow + CO_2\uparrow$$

而用碳酸盐处理可溶性的三价铁、铝、铬盐时,得到的不是碳酸盐而是氢氧化物沉淀:

$$2Fe^{3+} + 3CO_3^{2-} + 3H_2O \Longrightarrow 2Fe(OH)_3\downarrow + 3CO_2\uparrow$$

碳酸盐和碳酸氢盐另一个重要性质是热稳定性较差,它们在高温下均会分解。

对比碳酸、碳酸盐和碳酸氢盐的热稳定性,发现它们的稳定顺序为

$$H_2CO_3 < MHCO_3 < M_2CO_3$$

不同碳酸盐热分解温度也可以相差很大。例如,ⅡA族的碳酸盐的稳定性次序为

$$MgCO_3 < CaCO_3 < SrCO_3 < BaCO_3$$

不同金属离子的碳酸盐,由于其阳离子的电荷、半径及电子构型不同,它们的热稳定性差别甚大,表现为

铵盐<过渡金属盐<碱土金属盐<碱金属盐

在碳酸盐中,以钠、钾、钙的碳酸盐最为重要。钠的碳酸盐俗称纯碱。碳酸氢盐中以 $NaHCO_3$(小苏打)最为重要,在食品工业中,它与碳酸氢铵、碳酸铵等作为膨松剂。

### 3. 硅的含氧化合物

(1) 二氧化硅、硅酸和硅胶　二氧化硅是硅的主要氧化物,有晶形和无定形两种。石英是天然的 $SiO_2$ 晶体,无色透明的纯净石英称为水晶。硅藻土为天然无定形 $SiO_2$,为多孔性物质,工业上常用作吸附剂及催化剂的载体。

二氧化硅为大分子的原子晶体,在石英晶体中不存在单分子 $SiO_2$。若将无色透明的纯净石英在1 600 ℃时熔化成黏稠液体,然后急速冷却,因黏度大不易结晶而变成无定形的石英玻璃,它有许多特殊的性能:如加热至 1 400 ℃ 也不软化;热膨胀系数很小,能经受高温的剧变;可透过可见光和紫外光。因此,石英可用于制造高温仪器和医学、光学仪器。

二氧化硅化学性质很不活泼,不溶于强酸,在室温下仅 HF 可与它反应:

$$SiO_2 + 4HF \Longrightarrow SiF_4 + 2H_2O$$

高温时,二氧化硅和氢氧化钠或纯碱共熔即得硅酸钠:

$$SiO_2 + 2NaOH \Longrightarrow Na_2SiO_3 + H_2O$$
$$SiO_2 + Na_2CO_3 \Longrightarrow Na_2SiO_3 + CO_2\uparrow$$

用酸同上述得到的硅酸盐作用可制得硅酸:

$$Na_2SiO_3 + 2HCl \Longrightarrow H_2SiO_3 + 2NaCl$$

从 $SiO_2$ 可以制得多种硅酸,其组成随形成时的条件而变,常以 $xSiO_2 \cdot yH_2O$ 表示。现已知有正硅酸($H_4SiO_4$)、偏硅酸($H_2SiO_3$)、二偏硅酸($H_2SiO_5$)等。实际上见到的硅酸常常是各种硅酸的混合物。由于各种硅酸中以偏硅酸组成最为简单,因此习惯用 $H_2SiO_3$ 作为硅酸的代表。

硅酸的一个重要特征是它的聚合作用,在水溶液中,随条件的不同有时形成硅溶胶,

99

5.4 非金属元素

有时形成硅凝胶。硅溶胶又称硅酸水溶胶,是水化的二氧化硅的微粒分散于水中的胶体溶液。它广泛地用于催化剂、黏合剂、纺织、造纸等工业。硅凝胶如经过干燥脱水后则形成白色透明多孔性的固体物质,常称为硅胶,有良好的吸水性,而且吸水后能烘干重复使用,所以在实验室中常把硅胶作为干燥剂。如在硅胶烘干前,先用 $CoCl_2$ 溶液浸泡,这样在干燥时呈蓝色,吸潮后为淡红色。这种变色硅胶可指示硅胶的吸湿状态,使用方便。

(2) 硅酸盐　硅酸或多硅酸的盐称为硅酸盐。其中只有碱金属盐可溶于水,其他的硅酸盐均不溶于水。不溶于水的硅酸盐分布十分广泛,地壳主要就是由各种硅酸盐组成的,许多矿物如长石、云母、石棉、滑石,许多岩石如花岗岩等都是硅酸盐。硅酸钠是常见的可溶性硅酸盐,其透明的浆状溶液称为"水玻璃",俗称"泡花碱",它实际上是多种硅酸盐的混合物,化学组成可表示为 $Na_2O \cdot nSiO_2$。水玻璃是纺织、造纸、制皂、铸造等工业的重要原料。

(3) 分子筛　分子筛是一类多孔性的硅铝酸盐,有天然的和人工合成的两大类。泡沸石就是一种天然的分子筛,其组成为 $Na_2O \cdot Al_2O_3 \cdot SiO_2 \cdot nH_2O$。人们模拟天然的分子筛,以氢氧化钠、铝酸钠和水玻璃为原料制成合成分子筛。分子筛有很强的吸附性,可把它当干燥剂。经过分子筛干燥后的气体和液体,含水量一般低于 $10\ \mu g \cdot g^{-1}$。分子筛可活化再生连续使用,它的热稳定性也较好。

### 4. 锡、铅的重要化合物

(1) 锡、铅的氧化物和氢氧化物　锡和铅可生成 MO 和 $MO_2$ 两类氧化物及其相应的氢氧化物 $M(OH)_2$ 和 $M(OH)_4$。它们都是两性的,但 $+4$ 氧化态的以酸性为主。它们的酸碱性变化规律如图 5-4 所示。

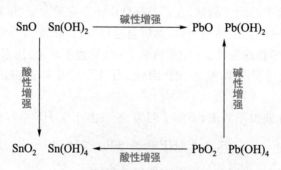

图 5-4　锡、铅的氧化物和氢氧化物酸碱性变化规律

氧化物中 SnO 是还原剂,$PbO_2$ 是氧化剂。由于锡和铅的氧化物都不溶于水。因此,要制得相应的氢氧化物,必须用它们的盐溶液与碱溶液相互作用而制得。

$PbO_2$ 是强氧化剂,它与浓盐酸或浓硫酸反应可放出 $Cl_2$ 或 $O_2$,但它不溶于 $HNO_3$。铅的氧化物除 PbO(黄色)和 $PbO_2$(褐色)以外,还存在鲜红色的 $Pb_3O_4$(铅丹),它表现出 $PbO_2$ 和 PbO 的性质。

(2) 锡和铅的盐　由于锡和铅的氢氧化物具有两性,因此它们能形成两种类型的盐,即 $M^{2+}$ 盐、$M^{4+}$ 盐和 $MO_2^{2-}$ 盐、$MO_3^{2-}$ 盐两类。

在锡和铅的盐中最常见的是卤化物。$SnCl_2$ 是实验室中常用的还原剂。例如,向 $HgCl_2$ 溶液中逐渐加入 $SnCl_2$ 溶液时,可生成 $Hg_2Cl_2$ 白色沉淀:

$$2HgCl_2 + SnCl_2 \longrightarrow SnCl_4 + Hg_2Cl_2 \downarrow (白)$$

当 $SnCl_2$ 过量时,亚汞盐将进一步被还原为单质汞:

$$Hg_2Cl_2 + SnCl_2 \longrightarrow SnCl_4 + 2Hg \downarrow (灰黑)$$

视频:

$Sn(II)$的还原性

这一反应很灵敏,常用于鉴定 $Hg^{2+}$ 或 $Sn^{2+}$。

$SnCl_2$ 易水解,$Sn^{2+}$ 在溶液中易被空气中的氧所氧化。因此,在配制 $SnCl_2$ 溶液时,除应先加入少量浓 HCl 抑制水解外,还要在刚刚配制好的溶液中加入少量金属 Sn。

$PbCl_2$ 为白色固体,冷水中微溶,能溶于热水,也能溶于盐酸或过量 NaOH 溶液。

$Pb^{2+}$ 和 $CrO_4^{2-}$ 反应生成黄色的 $PbCrO_4$ 沉淀(俗称铬黄)。这一反应常用来鉴定 $Pb^{2+}$ 或 $CrO_4^{2-}$。$PbCrO_4$ 能溶于碱,故可用来区别其他黄色的难溶铬酸盐(如 $BaCrO_4$)。

铅的许多化合物难溶于水。铅和可溶性铅盐都对人体有毒。$Pb^{2+}$ 在人体内能与蛋白质中的半胱氨酸反应生成难溶物,使蛋白毒化。

$PbS$ 可与 $H_2O_2$ 反应:

$$PbS + 4H_2O_2 \Longrightarrow PbSO_4 \downarrow + 4H_2O$$

此反应可用来洗涤油画上黑色的 $PbS$,使其转化为白色的 $PbSO_4$。

视频:

$Pb(IV)$的氧化性

## 五、硼族元素

硼族元素是元素周期系 IIIA 族元素,包括硼、铝、镓、铟、铊、鉨六种元素。硼和铝有富集矿藏,而镓、铟、铊是分散的稀有元素,常与其他矿共生。硼族元素中,硼是唯一的非金属元素,从铝到鉨均为活泼金属。本节主要讨论硼和铝。

### 1. 通性

硼族元素原子的价层电子构型为 $ns^2np^1$。它们的最高氧化值为 $+3$。硼、铝一般只形成氧化值为 $+3$ 的化合物。硼原子半径小、电负性较大,因此硼只能形成共价化合物。其他元素均可形成离子化合物,但氧化值为 $+3$ 的离子化合物具有一定程度的共价性。

硼族元素价电子层有 4 个轨道(1 个 s 轨道和 3 个 p 轨道),但价电子只有 3 个,这种价电子数少于轨道数的原子称为缺电子原子。当它与其他原子形成共价键时,价电子层中留下空轨道,这种化合物称为缺电子化合物。由于空轨道的存在,有很强的接受电子对的能力,故它们易形成聚合型分子(如 $B_2H_6$,$Al_2Cl_6$ 等)和配合物(如 $HBF_4$)。这是本族元素特别是硼的成键特点。

### 2. 硼的重要化合物

(1) 三氧化二硼和硼酸　三氧化二硼($B_2O_3$)也称硼酸酐或硼酐,是白色固体。在高温下硼和氧反应,生成三氧化二硼。三氧化二硼溶于水后,能与水结合成硼酸:

$$4B + 3O_2 \xrightarrow{\triangle} 2B_2O_3$$

$$B_2O_3 + 3H_2O \xrightarrow{\triangle} 2H_3BO_3$$

工业上,硼酸是用强酸处理硼砂而制得的:

$$Na_2B_4O_7 \cdot 10H_2O + H_2SO_4 \Longrightarrow 4H_3BO_3 + Na_2SO_4 + 5H_2O$$

$H_3BO_3$ 晶体呈鳞片状,具有层状的晶体结构。层与层之间又通过分子间力联系在一起组成大晶体。晶体内各片层之间容易滑动,所以硼酸可作润滑剂。

常温下,硼酸是白色晶体,微溶于冷水。热水中的溶解度增大。当 $H_3BO_3$ 加热失去水得 $HBO_2$(偏硼酸),再进一步加热成三氧化二硼。溶于水,它们又能生成硼酸。

硼酸大量用于搪瓷和玻璃工业,它还可用作防腐剂及医用消毒剂。

(2)硼酸盐　最主要的硼酸盐是四硼酸的钠盐 $Na_2B_4O_7 \cdot 10H_2O$,俗称硼砂,它是无色透明晶体,在空气中易失去部分水分子而风化。受热时失去结晶水而成为蓬松状物质,体积膨胀。熔化的硼砂能溶解许多金属氧化物,生成具有特征颜色的偏硼酸 $HBO_2$ 的复盐,可用来鉴定某些金属离子,称为硼砂珠试验,例如:

$$Na_2B_4O_7 + CoO == 2NaBO_2 \cdot Co(BO_2)_2 (宝蓝色)$$
$$Na_2B_4O_7 + NiO == 2NaBO_2 \cdot Ni(BO_2)_2 (淡红色)$$

$Na_2B_4O_7$ 可看成 $B_2O_3 \cdot 2NaBO_2$,因此上述反应可看成酸性氧化物 $B_2O_3$ 与碱性的金属氧化物结合成盐的反应。

硼酸盐在分析化学中可作基准物,可以用作消毒剂、防腐剂及洗涤剂的填充料,并利用其稳定性可用作耐热材料、绝缘材料等。硼砂也用于陶瓷工业,还用于制造耐温度骤变的特种玻璃和光学玻璃。

**3. 铝及其重要化合物**

(1)铝　金属铝广泛存在于地壳中,其丰度仅次于氧和硅,名列第三,是蕴藏最丰富的金属元素。铝主要以铝矾土($Al_2O_3 \cdot xH_2O$)矿物存在,它是冶炼金属铝的重要原料。纯铝是银白色的轻金属,无毒,富有延展性,具有很高的导电性、传热性和抗腐蚀性,不发生火花放电。由于铝的性能优良、价格便宜,使它在国民经济中的地位与日俱增,在宇航工业、电力工业、房屋工业和运输、包装等方面被广泛应用。

 **小贴士**

铝与空气接触很快失去光泽,表面生成氧化铝薄膜(约 $10^{-6}$ cm 厚),此膜可阻止铝继续被氧化。铝遇发烟硝酸,被氧化成"钝态",因此工业上常用铝罐储运发烟硝酸。这层膜遇稀酸则遭破坏,会导致罐体泄漏。铝是两性元素,既能溶于酸也能溶于碱。

(2)氧化铝和氢氧化铝　铝的氧化物 $Al_2O_3$ 有多种变体,其中 $\alpha-Al_2O_3$ 称为刚玉,有很高的熔点和硬度,化学性质稳定,常用作耐火、耐腐蚀和高硬度材料。$\gamma-Al_2O_3$ 硬度小,不溶于水,但能溶于酸和碱,具有很强的吸附性能,可用作吸附剂及催化剂。

溶液中形成的 $Al(OH)_3$ 为白色凝胶状沉淀,是两性氢氧化物,其碱性略强于酸性。$Al(OH)_3$ 通常用来制药中和胃酸,也广泛用于玻璃和陶瓷工业。

(3)铝盐　常见的盐是 $AlCl_3$ 和明矾($KAl(SO_4)_2 \cdot 12H_2O$),它们最主要的化学性质是 $Al^{3+}$ 的水解性。$AlCl_3$ 和 $KAl(SO_4)_2 \cdot 12H_2O$ 溶于水时,$Al^{3+}$ 水解生成一系列碱式盐直至生成 $Al(OH)_3$ 胶状沉淀,这些水解产物能吸附水中的泥沙、重金属离子及有机污染物等,因此可用于净化水。明矾是人们早已广泛应用的净水剂。$AlCl_3$ 是有机合成中常用的催化剂。

一些弱酸的铝盐在水中几乎完全或大部分水解。例如:

$$2Al^{3+} + 3S^{2-} + 6H_2O \Longrightarrow 2Al(OH)_3 \downarrow + 3H_2S \uparrow$$

$$2Al^{3+} + 3CO_3^{2-} + 3H_2O \Longrightarrow 2Al(OH)_3 \downarrow + 3CO_2 \uparrow$$

所以弱酸的铝盐如 $Al_2S_3$,$Al_2(CO_3)_3$ 不能用湿法制得。

视频:

硫酸铝的
水解

# 习　题

## 一、选择题

1. 下列关于碱土金属氢氧化物的叙述,正确的是(　　)。

A. 碱土金属的氢氧化物均难溶于水

B. 碱土金属的氢氧化物均为强碱

C. 碱土金属的氢氧化物的碱性由铍到钡依次递增

D. 碱土金属的氢氧化物的碱性强于碱金属

2. 下列物质中溶解度最小的是(　　)。

A. $Ba(OH)_2$　　　　　B. $Be(OH)_2$　　　　　C. $Sr(OH)_2$　　　　　D. $Ca(OH)_2$

3. 下列离子中能与 $I^-$ 发生氧化还原反应的有(　　)。

A. $Zn^{2+}$　　　　　B. $Hg^{2+}$　　　　　C. $Cu^{2+}$　　　　　D. $Ag^+$

4. 难溶于水的白色硫化物是(　　)。

A. $CaS$　　　　　B. $ZnS$　　　　　C. $CdS$　　　　　D. $HgS$

第五章习题
解答

5. 下列离子中,能与氨水作用形成配合物的是(　　)。

A. $Pb^{2+}$　　　　　B. $Fe^{3+}$　　　　　C. $Ag^+$　　　　　D. $Sn^{2+}$

6. 下列氢氧化物中,呈明显两性的是(　　)。

A. $Fe(OH)_2$　　　　　B. $Ni(OH)_2$　　　　　C. $Fe(OH)_3$　　　　　D. $Cr(OH)_3$

7. 下列氢氧化物中,既溶于 $NaOH$ 溶液,又能溶于氨水的是(　　)。

A. $Fe(OH)_3$　　　　　B. $Al(OH)_3$　　　　　C. $Ni(OH)_2$　　　　　D. $Zn(OH)_2$

8. 在照相业中,$Na_2S_2O_3$ 常用作定影液,此处 $Na_2S_2O_3$ 的作用是(　　)。

A. 氧化剂　　　　　B. 还原剂　　　　　C. 配位剂　　　　　D. 漂白剂

9. 要使氨气干燥,可使用的干燥剂是(　　)。

A. 浓 $H_2SO_4$　　　　　B. $CaCl_2$　　　　　C. $P_2O_5$　　　　　D. $NaOH(s)$

10. 下列气体中能用浓硫酸干燥的是(　　)。

A. $H_2S$　　　　　B. $NH_3$　　　　　C. $H_2$　　　　　D. $Cl_2$

## 二、问答题

1. 解释下列现象:

(1) $AgNO_3$ 存放在棕色瓶中。

(2) 银器在含有 $H_2S$ 的空气中会慢慢变黑。

(3) 埋在湿土中的铜钱变绿。

(4) 通入 $H_2S$ 于 $Fe^{3+}$ 的盐溶液中得不到 $Fe_2S_3$ 沉淀。

2. 蒸发 $CoCl_2$ 溶液时,在蒸发容器的壁边有蓝色物质出现,用当用水冲洗时,又变成粉红色,试解释原因。

3. 商品 $NaOH$ 中为什么常含有杂质 $Na_2CO_3$? 试用最简单的方法检查其是否存在,并设法除去。

4. 漂白粉的主要成分是什么？它为什么有漂白作用？氯水为什么也有漂白作用？

5. 实验室如何配制和保存 SnCl$_2$ 溶液？为什么？

6. 润湿的 KI–淀粉试纸遇到 Cl$_2$ 显蓝紫色，但该试纸继续与 Cl$_2$ 接触，蓝紫色又会褪去，用相关的反应式解释上述现象。

# 第六章　定量分析基础

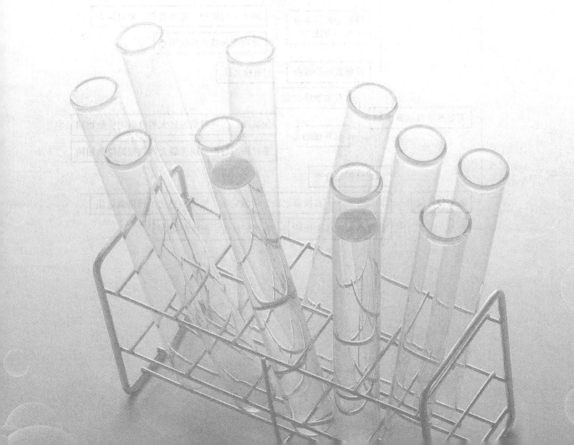

**学习目标**

● 了解分析化学的任务和作用；

● 了解定量分析方法的分类和定量分析的一般程序；

● 了解定量分析中误差产生的原因、表示方法及提高准确度的方法；

● 理解分析结果的数据处理方法；

● 掌握有效数字的意义和运算规则。

分析化学是测定物质的化学组成或结构、研究测定方法及其相关理论的一门学科。根据分析方法的原理，一般可分为化学分析和仪器分析两大类。

# 知识结构框图

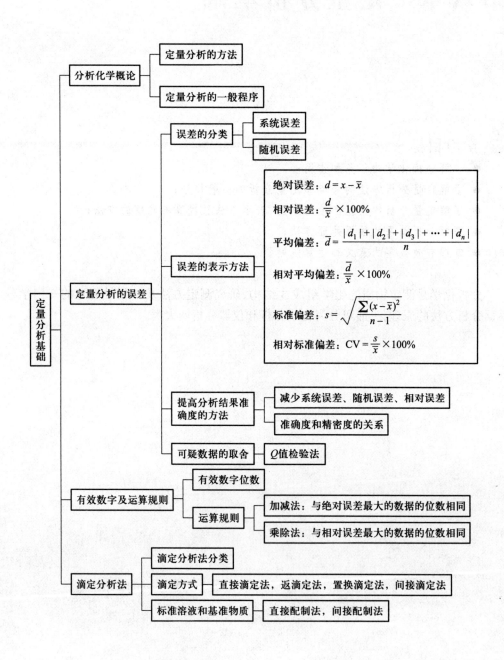

# 6.1 分析化学概论

## 一、分析化学的任务和作用

分析化学是化学学科的一个重要分支,分析化学的任务是鉴定试样的可能组成和测定有关组分的含量及结构,相应地可分为定性分析、定量分析及结构分析。

分析化学在国民经济建设中有重要意义,如工业生产中原料、材料、半成品、成品的检验,新产品的开发,废水、废气、废渣等环境污染物的处理和监测都要用到分析化学。医学上临床分析、药物理化检验、商品的检验和检疫等工作都离不开分析化学。

鉴于在一般的科研和生产中,分析试样的来源、主要组成和分析对象的性质往往是已知的,故本章重点讨论分析化学中最主要的定量分析理论和方法。

## 二、定量分析的方法

### 1. 化学分析法

以物质的化学反应为基础的分析方法称为化学分析法。化学分析法又可分为重量分析法和滴定分析法。

(1) 重量分析法　重量分析法是指通过称量反应产物(固体)的质量以确定被测组分在试样中含量的方法。如测定试样中的氯离子含量,可以称取一份试样,将其溶解,加入硝酸银溶液使之生成氯化银沉淀,将沉淀过滤、洗涤、烘干,再称量,从而计算出试样中的氯离子含量。重量分析法一般适用于含量大于1%的常量组分分析,这种方法操作费时、手续烦琐,但准确度较高,目前常用于仲裁分析及标准物测定。

(2) 滴定分析法　滴定分析法是指将已知浓度的试剂溶液,加入待测物的溶液中,使两者恰好完全反应,根据加入的溶液的体积和浓度计算出试样中被测组分的含量。滴定分析法一般适用于含量大于1%的常量组分分析,这种方法操作简便、快速,应用较为广泛。

### 2. 仪器分析法

以物质的物理或化学性质为基础,在分析过程中需要特殊仪器的分析方法称为仪器分析法。该方法特别适用于微量($0.01\% \sim 1\%$)和痕量($<0.01\%$)组分的分析,操作简便、快速。

## 三、定量分析的一般程序

定量分析的任务是确定试样中有关组分的含量。完成一项定量分析任务,一般要经过以下步骤:

### 1. 取样

所谓样品或试样是指在分析工作中被用来进行分析的物质体系,它可以是固体、液体或气体。分析化学对试样的基本要求是其在组成和含量上具有客观性和代表性。合理的取样是分析结果准确可靠的基础。采取有代表性的试样必须采取特定的方法或程序。一般来说要多点(指不同部位、深度)取样,然后将各点取得的试样粉碎之后混合均匀,再从混合均匀的试样中取少量进行分析。

**2. 试样的预处理**

定量分析一般以湿法分析为最常用,所谓湿法分析是将试样分解后转入溶液中,然后进行测定。常用的方法有溶解和熔融两种,后者主要有酸熔法和碱熔法。具体操作时可根据试样的性质和分析的要求选用适当的分解方法。

**3. 测定**

根据分析要求及试样的性质选择合适的方法进行测定。

**4. 数据处理与结果评价**

根据测定的有关数据计算出组分的含量,并对分析结果的可靠性进行分析评价,最后得出结论。

# 6.2　定量分析的误差

定量分析的目的是准确测定试样中组分的含量,只有准确、可靠的分析结果才能在生产和科研上起作用,因此,必须使分析结果具有一定的准确度。

## 一、误差的产生及表示方法

### 1. 误差的产生

误差是分析结果与真实值之间的数值差。在定量分析中,由于受分析方法、测量仪器、所用试剂和分析者的主观条件等多种因素的限制,分析结果与真实值不完全一致。即使采用最可靠的分析方法,使用最精密的仪器,由技术很熟练的分析人员进行测定,也不可能得到绝对准确的结果。同一个人在不同条件下对同一种试样进行多次测定,所得出的结果也不会完全相同。误差是客观存在的、不可避免的。应该分析误差的性质、特点,找出误差产生的原因,研究减小误差的方法,以提高分析结果的准确度。

### 2. 误差的分类

(1) **系统误差**　系统误差是指在分析过程中由于某些经常性的、固定的原因所造成的误差。系统误差的大小、正负是可测的,因此又称可测误差。系统误差的特点是具有单向性和重现性,即平行测定结果系统地偏高或偏低。在同一条件下重复测量时会重复出现。根据系统误差的性质及产生的原因,系统误差又可分为方法误差、仪器误差、试剂误差及操作误差。

操作过程中由于操作人员的粗心大意,或不遵守操作规程造成的差错,应属于错误,不属于操作误差范围,这些错误的结果,应予以剔除。

(2) **随机误差**　随机误差是指分析过程中某些随机的偶然原因造成的误差,也称为偶然误差或不可测误差。如测量时环境温度、湿度及气压的微小变动而引起的测量数据的变动。它的特点是有时大、有时小、有时正、有时负,具有可变性。

**小贴士**

表面上看随机误差似乎没有什么规律,但在多次测量中便可找出其规律性。用统计方法研究发现它服从正态分布,即绝对值相等的正误差和负误差出现的概率相同;小误差出现的概率较高,而大误差出现的概率较低。

在实际工作中,如果消除了系统误差,平行测定的次数越多,则测定值的算术平均值越接近真实值。因此,适当增加测定次数,可以减小随机误差对分析结果的影响。

**3. 误差的表示方法**

(1) 准确度和误差　分析结果的准确度是指分析结果与真实值的接近程度,准确度的高低用误差来衡量。误差越小,测定结果与真实值就越接近,准确度就越高。误差有正、负之分,正误差表示测定结果偏高,负误差表示测定结果偏低。误差又可分为绝对误差和相对误差,绝对误差表示测定结果与真实值之间的差值,相对误差表示绝对误差在真实值中所占的百分比。

**例 6-1**　测定硫酸铵中 N 的质量分数为 $20.84\%$,已知真实值为 $20.82\%$,求绝对误差和相对误差。

**解:**　　　　　绝对误差 $=20.84\%-20.82\%=+0.02\%$

$$相对误差 = \frac{+0.02\%}{20.82\%} \times 100\% = +0.10\%$$

**例 6-2**　甲和乙两学生分别称取某试样 $1.836\,4\,g$ 和 $0.183\,6\,g$,已知这两份试样的真实值分别为 $1.836\,3\,g$ 和 $0.183\,5\,g$。试分别求其绝对误差和相对误差,并比较准确度的高低。

**解:**甲的绝对误差和相对误差分别为

$$绝对误差 = 1.836\,4\,g - 1.836\,3\,g = +0.000\,1\,g$$

$$相对误差 = \frac{0.000\,1\,g}{1.836\,3\,g} \times 100\% = +0.005\%$$

乙的绝对误差和相对误差分别为

$$绝对误差 = 0.183\,6\,g - 0.183\,5\,g = +0.000\,1\,g$$

$$相对误差 = \frac{0.000\,1\,g}{0.183\,5\,g} \times 100\% = +0.05\%$$

两者的绝对误差相同,但由于两者称量的质量不同,则相对误差不同,称量的量越大,相对误差越小,准确度就越高。

(2) 精密度和偏差　所谓精密度就是多次平行测定结果相互接近的程度,精密度的高低用偏差来衡量。偏差是指个别测定值与平均值之间的差值,几个平行测定结果的偏差如果都很小,则说明分析结果的精密度较高。

偏差有绝对偏差和相对偏差之分。绝对偏差($d$)是指个别测定值 $x$ 与算术平均值 $\bar{x}$ 的差值,相对偏差是指绝对偏差在算术平均值中所占的百分比。

在实际工作中,经常采用平均偏差和相对平均偏差来衡量精密度的高低。

$$平均偏差\ \overline{d} = \frac{|d_1| + |d_2| + |d_3| + \cdots + |d_n|}{n}$$

$$相对平均偏差 = \frac{\overline{d}}{\overline{x}} \times 100\%$$

**例 6-3** 甲和乙两人同时做相同的实验,甲的绝对偏差如下:+0.3,-0.2,-0.4,+0.2,+0.1,+0.4,+0.0,-0.3,+0.2,-0.3。乙的绝对偏差如下:+0.0,+0.1,-0.7,+0.2,-0.1,-0.2,+0.5,-0.2,+0.3,+0.1。试比较两组的数据精密度高低。

**解:**甲和乙两组数据的平均偏差($\overline{d}$)均为 0.24,但明显看出乙组数据较为分散,其中有两个较大的偏差-0.7和+0.5,所以平均偏差反映不出两组数据精密度的高低。

用平均偏差和相对平均偏差表示精密度比较简单,但由于一系列的测定结果中,小偏差占多数,大偏差占少数,如果按总的测定次数求算术平均值,所得结果会偏小,大偏差得不到应有的反映。用数理统计方法处理数据时,常用标准偏差来衡量精密度。标准偏差也称为均方根偏差。在一般分析工作中,只做有限次数的平行测定,这时标准偏差用 $s$ 表示:

$$s = \sqrt{\frac{\sum(x - \overline{x})^2}{n-1}} = \sqrt{\frac{d_1^2 + d_2^2 + d_3^2 + \cdots + d_n^2}{n-1}} \quad (测量次数 \leqslant 20)$$

可计算出上述甲组数据的标准偏差为 0.28,而乙组数据的标准偏差为 0.33,可见甲组数据的精密度较高。标准偏差比平均偏差能更灵敏地反映出偏差的存在,因而能较好地反映测定结果的精密度。

标准偏差在平均值中所占的百分数,称为相对标准偏差,也称为变异系数(CV):

$$CV = \frac{s}{\overline{x}} \times 100\%$$

(3) 准确度与精密度的关系　　在分析工作中评价一项分析结果的优劣,应该从分析结果的准确度和精密度两个方面入手。精密度高,不一定准确度高;而准确度高必须以精密度高为前提。精密度低,所得结果不可靠,也就谈不上准确度高;但是精密度高不一定准确度高,因为可能存在系统误差。图 6-1 表示甲、乙、丙、丁四人测定硫酸铵中 N 的质量分数所得出的结果。如图 6-1 所示,甲所得的结果准确度和精密度均较高,结果可靠;乙的

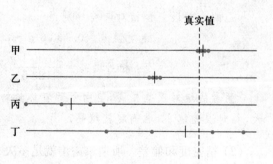

图 6-1　不同分析人员测定同一试样的结果
(● 表示个别测定值,| 表示平均值)

分析结果的精密度虽然很高,但准确度较低;丙的精密度和准确度都很低;丁的精密度很低,平均值虽然和真实值接近,但这是由于正负误差相互抵消凑巧的结果,结果可靠性差。

> ✏️ **小贴士**
>
> 　　精密度是保证准确度的先决条件,精密度低,说明分析结果不可靠,就失去了衡量准确度的前提。高的精密度不一定保证高的准确度,真正的准确度高必然精密度也高。

动画:

准确度与精密度的关系

### 二、提高分析结果准确度的方法

为了提高分析结果的准确度,必须减免分析过程中的误差。

**1. 减免系统误差的方法**

(1) 对照试验　在相同条件下,对标准试样(已知结果的准确值)与被测试样同时进行测定,通过对标准试样的分析结果与其标准值的比较,可以判断测定是否存在系统误差。也可以对同一试样用其他可靠的分析方法进行测定,或由不同的个人进行试验,对照其结果,以达到检验是否存在系统误差的目的。

(2) 空白试验　由试剂或蒸馏水和器皿带进杂质所造成的系统误差,通常可用空白试验来消除。空白试验就是不加试样,按照与试样分析相同的操作步骤和条件进行试验,测定结果称为空白值。若空白值较低,则从测定结果中减去空白值,就可得到较可靠的测定结果。若空白值较高,则应更换或提纯所用试剂。

(3) 仪器校准　对所用的仪器,如滴定管、移液管、容量瓶、砝码等进行校准,可减免仪器不准确引起的系统误差。

(4) 方法校正　分析方法所造成的系统误差,如重量分析中沉淀的部分溶解等可用其他方法直接校正,选用公认的标准方法与所采用的方法进行比较,从而找出校正数据,消除方法误差。

**2. 减少随机误差的方法**

在消除系统误差的前提下,增加平行测定的次数,平均值就会更接近真实值。但是测定次数增加到一定程度(10 次),再继续增加测定次数,则效果不显著。在实际工作中,测定 4～6 次就已经足够了。在一般的化学分析中,对同一试样,通常要求平行测定 3～4次,以获得较为准确的分析结果。

**3. 减少相对误差的方法**

任何方法都离不开测量,只有减少了测量误差,才能保证分析结果的准确度。在滴定分析中,需要称量和滴定,这时就应该设法减少称量和滴定两步骤的误差。用一般的分析天平,以差减法进行称量,可能引起的最大绝对误差为±0.000 2 g,为了使测量的相对误差小于±0.1%,则试样质量必须在 0.2 g 以上。

在滴定分析中,滴定管读数有±0.01 mL 的绝对误差。在一次滴定中,需读数 2 次,可造成最大的绝对误差为±0.02 mL,为了使测量体积的相对误差小于±0.1%,则消耗滴定剂的体积应在 20 mL 以上。在实际工作中,一般控制消耗滴定剂的体积为 20～

30 mL,这样既减少了相对误差,又节省了时间和试剂。

### 三、可疑数据的取舍

在一系列的平行测定时,测得的数据总是有一定的离散性,这是由于随机误差所引起的,是正常的。特别大或特别小的数据,称为离群值(或可疑值)。可疑值的取舍会影响测定结果的平均值,必须慎重。如果是由实验操作或计算错误和疏忽造成的,保留此数值,则会影响平均值的可靠性。相反,如果是随机误差造成的数据偏差较大,舍去此数值,则未反映客观实际情况,再次测定,仍有可能出现。

对可疑值是弃去还是保留,实质上是区分随机误差和过失的问题,可用统计检验法来判断。下面介绍 $Q$ 值检验法。

$Q$ 值检验法的步骤如下:

(1) 将测定数据按由小到大顺序排列:$x_1, x_2, x_3, \cdots, x_{n-1}, x_n$。$x_1$ 和 $x_n$ 为可疑数据。

(2) 求出可疑值与其相邻的一个数据之差,然后除以最大值与最小值之差,所得商称为 $Q$ 值,即

$$Q = \frac{x_2 - x_1}{x_n - x_1} \quad (检验 x_1)$$

或

$$Q = \frac{x_n - x_{n-1}}{x_n - x_1} \quad (检验 x_n)$$

(3) 如计算所得的 $Q$ 值等于或大于表 6-1 中的 $Q_{0.90}$ 或 $Q_{0.95}$ 值,则该可疑值可以弃去。

表 6-1  $Q$ 值 表

| $n$ | 3 | 4 | 5 | 6 | 7 | 8 | 9 | 10 |
|---|---|---|---|---|---|---|---|---|
| $Q_{0.90}$ | 0.94 | 0.76 | 0.64 | 0.56 | 0.51 | 0.47 | 0.44 | 0.41 |
| $Q_{0.95}$ | 0.97 | 0.84 | 0.73 | 0.64 | 0.59 | 0.54 | 0.51 | 0.49 |

**例 6-4**  测定某试样中的钙的质量分数如下:40.02%,40.12%,40.16%,40.18%,40.18%,40.20%。试用 $Q$ 值检验法检验并说明 40.02% 是否应该舍弃。

**解:**
$$Q = \frac{40.12 - 40.02}{40.20 - 40.02} = 0.56$$

查表 6-1,$n=6$ 时,$Q_{0.95}=0.64$,$Q_{0.95}>Q$,故 40.02% 这个数据应保留。

 **想一想**

(1) 在实际分析工作中,系统误差可以完全消除吗?

(2) 实际分析中平行测定次数越多越好吗?

## 6.3 有效数字和运算规则

为了得到准确的分析结果,不仅要准确地测定各种数据,而且还要正确地记录和计算。分析结果数据大小不仅表示试样中被测成分的含量,而且还反映测定的准确程度。因此,学习和掌握有效数字及其运算规则至关重要。

### 一、有效数字

有效数字是指实际能测量得到的数字。一个数据中的有效数字包括所有确定的数字和最后一位不确定的数字。

数据不仅表示测量对象的数量大小,同时也反映测量的准确程度和数据的可靠程度。如采用电子分析天平称量某试样,应记录为 5.123 4 g,有 5 位有效数字,其中 5.123 是确定的数字,4 是不确定的数字,可能有一定的误差。而用台秤进行称量,应记录为 5.1 g,有效数字为 2 位。前者的相对误差为

$$\pm \frac{0.000\ 2}{5.123\ 4} \times 100\% = \pm 0.004\%$$

后者的相对误差为

$$\pm \frac{0.2}{5.1} \times 100\% = \pm 4\%$$

前者的准确度比后者要高 1 000 倍。如果将台秤的称量结果写成 5.100 0 g,就夸大了测量的准确性;同理,如将电子分析天平的测量结果写成 5.1 g,就缩小了测量的准确性,都是不正确的。

又如,溶液在滴定管中的读数为 25.00 mL,这里前面 3 位数字在滴定管上有刻度标出,是准确的,第 4 位数字因为没有刻度,是近似值,共有 4 位有效数字。如果记为 25 mL,则这一数值没有反映出滴定管的准确程度,会使人误以为是用量筒量得的。因此,有效数字的位数与测量的方法、所用仪器的准确度有关。

在有效数字中,数字"0"是否作为有效数字,应具体分析而定。在数字中间和数字的最后作为普通数字用,就是有效数字;若作为定位用,数字是纯小数,则不是有效数字。例如,0.020 0 g,就是 3 位有效数字;10.21,就是 4 位有效数字;0.258 4 mol·L$^{-1}$,就是 4 位有效数字。当需要在数的末尾加"0"作定位用时,须采用科学计数法表示,例如,质量为 25.0 g,若以 mg 为单位时,则应表示为 $2.50 \times 10^4$ mg,若表示为 25 000 mg,就会被误解为 5 位有效数字。

在分析化学中,有一些惯例,如浓度和质量一般保留小数点后 4 位,即有效数字一般为 4 位或 5 位;滴定溶液的体积必须是小数点后 2 位;质量分数一般是小数点后 2 位,即 3 位或 4 位有效数字;pH 一般为 2 位有效数字,小数点前的数字是用于定位的,只表示数量级的大小,不能算作有效数字,如 pH=2.85,是 2 位有效数字。

在计算中表示倍数、分数的数字并非测量值,认为其有无限多位,即它是准确值,无估计的不确定的值。

## 二、运算规则

在获得有效数字后,处理这些有效数字时要根据误差传递的规律,对参加运算的有效数字和运算结果进行合理的取舍。数据必须经过修约后,才能进行计算,一般采用"四舍六入五留双"的规则:若尾数小于等于 4,则舍弃。若尾数大于等于 6,则进入。假如尾数为 5,若 5 后面的数字为"0",则 5 前面为偶数者舍弃,为奇数者进入;若 5 后面的数字是不为"0"的任何数,则不论 5 前面的数为偶数或奇数均进入。例如,按照这一规则,将下列测量值修约为 4 位有效数字,其结果为

| 修约前 | 修约后 |
| --- | --- |
| 0.556 73 | 0.556 7 |
| 0.462 58 | 0.462 6 |
| 11.135 0 | 11.14 |
| 250.650 | 250.6 |
| 16.085 2 | 16.09 |

### 1. 加减法

几个有效数字相加或相减时,它们的和或差的小数点后的位数应与绝对误差最大(也就是小数点后位数最少)的数据的位数相同。例如,求 0.256 8,20.32,2.564,10.268 71 的和,则以小数点后位数最少的 20.32 为根据,将其余 3 个数按"四舍六入五留双"规则修约后再相加。

| 原数 | 小数点后位数 | 绝对误差 | 修约为 |
| --- | --- | --- | --- |
| 0.256 8 | 4 | ±0.000 1 | 0.26 |
| 20.32 | 2 | ±0.01 | 20.32 |
| 2.564 | 3 | ±0.001 | 2.56 |
| 10.268 71 | 5 | ±0.000 01 | 10.27 |
| | | | 33.41 |

### 2. 乘除法

在几个数据的乘除运算中,所得结果的有效数字的位数取决于相对误差最大(即有效数字位数最少)的那个数。例如,下式运算:

$$\frac{0.021\ 2 \times 22.62}{0.292\ 15}$$

各数的相对误差分别为

$$0.021\ 2 \qquad \frac{\pm 0.000\ 1}{0.021\ 2} \times 100\% = \pm 0.5\%$$

$$22.62 \qquad \frac{\pm 0.01}{22.62} \times 100\% = \pm 0.04\%$$

$$0.292\ 15 \qquad \frac{\pm 0.000\ 01}{0.292\ 15} \times 100\% = \pm 0.003\%$$

可见 3 个数据中相对误差最大即准确度最差的是 0.021 2,它是 3 位有效数字,因此运算结果也应取 3 位有效数字,即结果为 1.64。

一个计算结果如果下一步计算要用,可暂时多保留一位,最后再应用上述规则进行运算。如果第一位数值大于等于 8,则有效数字的位数可多算一位,如 8.64,虽然只有 3 位,但可看作 4 位有效数字。在计算过程中,应先修约,后计算。

定量分析的结果,高含量组分($>10\%$)一般保留 4 位有效数字;中等含量组分($1\%\sim10\%$)一般保留 3 位有效数字;对于微量组分($<1\%$),一般保留 2 位有效数字。

在对数运算中,所取对数位数应与真数有效数字位数相等。对数的整数(首数)部分只相当于真数的小数点位置,与有效数字无关。例如,pH$=2.50$(2 位有效数字),$[H^+]=3.2\times10^{-3}$ mol·L$^{-1}$。若 $[H^+]=2\times10^{-6}$ mol·L$^{-1}$,则 pH$=5.7$(1 位有效数字)。

 **练一练**

下列数值各有几位有效数字?

(1) 1.060　　　　(2) 0.006 3　　　　(3) $8.7\times10^6$

(4) 10.040　　　　(5) pH$=1.20$　　　　(6) 0.341 2

# 6.4　滴定分析法

## 一、滴定分析过程和分类

滴定分析法是将一种已知准确浓度的试剂溶液滴加到被测溶液中,直到所加试剂与被测物质按化学计量关系恰好反应完全为止,根据所加试剂的浓度和消耗的体积,计算出被测物质含量的分析方法。滴加到被测物质溶液中的已知准确浓度的试剂溶液称为标准溶液,又称滴定剂。往被测溶液中滴加标准溶液的过程称为滴定。当滴加的滴定剂与被测物质按化学计量关系恰好反应完全时的这一点,称为化学计量点。一般通过指示剂颜色的变化来判断化学计量点的到达,指示剂颜色变化而停止滴定的这一点称为滴定终点。在实际滴定分析操作中,指示剂颜色变化的变色点不一定恰好是化学计量点,由滴定终点和化学计量点之间的差别引起的误差,称为滴定误差或终点误差。

滴定分析法是以化学反应为基础的。根据滴定反应的类型,滴定分析法可分为如下几种:

(1) **酸碱滴定法**　以酸碱反应为基础的滴定分析法,又称中和滴定法。

(2) **配位滴定法**　以配位反应为基础的滴定分析法。

(3) **沉淀滴定法**　以沉淀反应为基础的滴定分析法。

(4) **氧化还原滴定法**　以氧化还原反应为基础的滴定分析法。

滴定分析法通常用于测定常量组分,即含量大于 1% 的组分。滴定分析法准确度较高,相对误差为 $\pm0.2\%$,测定快速、简便,因此应用广泛。

## 二、滴定分析对化学反应的要求和滴定方式

用于滴定分析的化学反应必须具备以下条件：

（1）反应按确定的反应方程式进行，无副反应发生，反应定量而且进行的完全程度大于 99.9%，这是滴定分析法定量计算的基础。

（2）反应能够迅速进行，对于不能瞬间完成的反应，需采取加热或添加催化剂等措施来提高反应速率。

（3）有简便合适的、可靠的确定终点的方法，如有合适的指示剂可供选择。

常用的滴定方式有如下几种：

（1）**直接滴定法**　若反应满足上述要求，则可用标准溶液直接滴定被测物质的溶液，称为直接滴定法。此方法简便，准确度高，计算简单。若反应不符合要求，则采取其他方式进行滴定。

（2）**返滴定法**　如反应速率较慢时，可在被测物质溶液中先加入一定量的过量的滴定剂，待反应完全后，再加入另一种标准溶液滴定剩余的滴定剂。该过程称为回滴，这种滴定方式称为返滴定法或回滴定法。例如，$Al^{3+}$ 与 EDTA 的反应速率很慢，$Al^{3+}$ 不能用 EDTA 溶液直接滴定，可在 $Al^{3+}$ 溶液中先加入过量的 EDTA 溶液，并将溶液加热煮沸，待 $Al^{3+}$ 与 EDTA 完全反应后，再用 $Zn^{2+}$ 标准溶液返滴剩余的 EDTA。

（3）**置换滴定法**　若被测物质和滴定剂之间的反应不能按化学计量关系进行，或有副反应发生，则可用置换反应来进行测定。向被测物质的溶液中加一种化学试剂溶液，被测物质可以定量地置换出该试剂中的有关物质，再用标准溶液滴定这一物质，继而求出被测物质的含量，这种方法称为置换滴定法。如 $K_2Cr_2O_7$ 和 $Na_2S_2O_3$ 反应，会同时有 $S_4O_6^{2-}$ 和 $SO_4^{2-}$ 产生，可先在 $K_2Cr_2O_7$ 溶液中加入 KI 溶液，定量地置换出 $I_2$，再用 $Na_2S_2O_3$ 标准溶液滴定置换出的 $I_2$，从而间接求出 $K_2Cr_2O_7$ 的量。

（4）**间接滴定法**　有些物质不能直接与滴定剂起反应。可以用间接反应使其转化为可被滴定的物质，再用滴定剂滴定所生成的物质，这种方法称为间接滴定法。例如，$KMnO_4$ 不能直接与 $Ca^{2+}$ 反应，可用 $(NH_4)_2C_2O_4$ 先将 $Ca^{2+}$ 沉淀为 $CaC_2O_4$，将 $CaC_2O_4$ 沉淀过滤洗涤后用盐酸溶解，再用 $KMnO_4$ 标准溶液滴定溶解出的 $C_2O_4^{2-}$，从而间接求出 $Ca^{2+}$ 的量。

返滴定法、置换滴定法、间接滴定法等方法，大大扩展了滴定分析法的应用范围。

## 三、标准溶液和基准物质

### 1. 标准溶液

所谓标准溶液，就是指一种已知准确浓度的溶液。并非任何试剂都可用来直接配制标准溶液，能用于直接配制或标定标准溶液的纯物质，称为**基准物质**。

基准物质必须符合下列条件：

（1）纯度高，一般要求试剂纯度在 99.9% 以上。

（2）物质的实际组成和化学式完全相符，若含有结晶水，其含量也应与化学式相符。

（3）性质稳定，干燥时不分解，称量时不吸收水分和二氧化碳，不失去结晶水，不被空气中的氧气所氧化等。

(4) 在符合上述条件的基础上,要求试剂最好具有较大的摩尔质量,这样称量的量较多,从而减少称量的相对误差。例如,邻苯二甲酸氢钾和草酸作为标定碱溶液的基准物质,都符合上述三个要求,但前者的摩尔质量大于后者,因此邻苯二甲酸氢钾更适合作为标定碱的浓度的基准物质。

**2. 标准溶液的配制**

在定量分析中,标准溶液的浓度常为 $0.05\sim0.2\ mol\cdot L^{-1}$,标准溶液的配制可分为直接配制法和间接配制法。

(1) 直接配制法　准确称取一定量的基准物质,用蒸馏水溶解后定量转入容量瓶中定容,根据所称物质的质量和定容的体积计算出该标准溶液的准确浓度。若要配制 1 L 浓度为 $0.100\ 0\ mol\cdot L^{-1}$ 的 $AgNO_3$ 标准溶液,通过计算得知需称取 16.987 0 g 纯 $AgNO_3$,若在分析天平上称取 $AgNO_3$16.987 0 g,将其溶解并定容至 1.00 L 的容量瓶中,则其准确浓度为

$$\frac{16.987\ 0\ g}{169.87\ g\cdot mol^{-1}\times1.00\ L}=0.10\ mol\cdot L^{-1}$$

只有符合基准物质的前三个条件的化学试剂,才能用其直接配制标准溶液。常用的基准物质有邻苯二甲酸氢钾、草酸、硼砂、无水碳酸钠、重铬酸钾、三氧化二砷、碘酸钾、溴酸钾及纯金属等。

(2) 间接配制法　不符合基准物质的试剂,如 $HCl$,$H_2SO_4$,$NaOH$,$KOH$,$KMnO_4$,$Na_2S_2O_3$ 等,不能直接配制成标准溶液。一般先将它们配制成近似所需浓度的溶液,然后再用基准物质或已知准确浓度的另一标准溶液来确定该标准溶液的准确浓度。用基准物质或另一标准溶液来确定所配标准溶液准确浓度的过程称为标定。一般将标准溶液的用量控制在 20～30 mL,先估算出用于标定的基准物质的用量,然后在分析天平上准确称取基准物质的质量,溶解后用待标定的标准溶液滴定,记下消耗的体积,最后算出该标准溶液的浓度。标定一般至少要做 3～4 次平行测定,要求标定的相对偏差为 $0.1\%\sim0.2\%$。

 **想一想**

下列物质中哪些可以用直接配制法配制标准溶液?哪些只能用间接配制法配制?

$H_2SO_4$,$HCl$,$NaOH$,$KMnO_4$,$K_2Cr_2O_7$,$Na_2S_2O_3\cdot5H_2O$,$NaCl$,$Na_2CO_3$

**3. 标准溶液浓度的表示方法**

(1) 物质的量浓度　这是最常用的表示方法,标准物质 A 的物质的量浓度为

$$c_A=\frac{n_A}{V}$$

式中 $n_A$ 为物质 A 的物质的量,$V$ 为标准溶液的体积。

(2) 滴定度　在实际工作中常用滴定度来表示标准溶液的浓度,滴定度($T$)是指每毫升标准溶液可滴定的或相当于可滴定的被测物质的质量,单位为 $g\cdot mL^{-1}$

或 $mg \cdot mL^{-1}$,用 $T_{被测物/滴定剂}$ 表示。如高锰酸钾对铁的滴定度 $T_{Fe/KMnO_4} = 0.004\ 892\ g \cdot mL^{-1}$,表示每毫升$KMnO_4$溶液可把 $0.004\ 892\ g$ 的 $Fe^{2+}$ 滴定为 $Fe^{3+}$,也就是说 $1\ mL\ KMnO_4$ 标准溶液恰好能与 $0.004\ 892\ g$ 的 $Fe^{2+}$ 反应,如果在滴定中消耗 $KMnO_4$ 标准溶液 $20.63\ mL$,则被测溶液中含铁的质量为

$$m(Fe) = 0.004\ 892\ g \cdot mL^{-1} \times 20.63\ mL = 0.100\ 9\ g$$

 **小贴士**

　　标准溶液的物质的量浓度与滴定度不同之处在于前者只表示单位体积中含有多少物质的量,而滴定度则是针对被测物质而言的,将被测物质的质量与滴定剂的体积联系起来。使用滴定度的优点是,只要将滴定时所消耗的标准溶液的体积乘以滴定度,就可以直接得到被测物质的质量。在生产实际中,对大批试样进行某组分的例行分析,用滴定度就很方便。滴定度一般用小数表示。

 **练一练**

　　计算 $0.101\ 5\ mol \cdot L^{-1}\ HCl$ 标准溶液对 $CaCO_3$ 的滴定度。

第六章习题
解答

# 习　题

**一、填空题**

1. 用基准碳酸钠标定盐酸时,某学生未将碳酸钠干燥完全,所得结果的浓度值将要偏_____。

2. 分析结果的准确度高时,其精密度一般_____,而精密度高的数据,其准确度_____高。

3. 在滴定分析中标定盐酸,常用的基准物质有_____和_____;标定 NaOH 常用的基准物质有_____和_____。

4. pH＝5.30,其有效数字的位数为____位;1.057 有____位有效数字;$5.24 \times 10^{-10}$ 有____位有效数字;0.023 0 有____位有效数字。

5. 考虑有效数字,计算下式:$11\ 324 + 4.093 + 0.046\ 7 = $_____。

**二、选择题**

1. 单次测定的标准偏差越大,表明一组测定的(　　)越低。

A. 准确度　　　　　　　B. 精密度　　　　　　　C. 绝对误差　　　　　　D. 平均值

2. 按有效数字规定的结果 lg0.120 应为(　　)。

A. －0.9　　　　　　　B. －0.92　　　　　　　C. －0.921　　　　　　D. －0.920 8

3. 下列物质中可用作基准物质的是(　　)。

A. KOH　　　　　　　B. $H_2SO_4$　　　　　　　C. $KMnO_4$　　　　　　D. 邻苯二甲酸氢钾

4. 某一数字为 $2.004 \times 10^2$,其有效数字位数是(　　)。

A. 2　　　　　　　　　B. 5　　　　　　　　　　C. 6　　　　　　　　　D. 4

**三、是非题**

1. pH＝12.02,其有效数字的位数是 1 位。　　　　　　　　　　　　　　　　　　　　　　　(　　)

2. 若测定值的标准偏差越小,则其准确度就越高。　　　　　　　　　　　　　　　　　　　　(　　)

3. 可采用 NaOH 作基准物质来标定盐酸。 （　　）

4. 无论采用何种滴定方法,都离不开标准溶液,标准溶液也叫滴定剂。 （　　）

5. 在分析测定中一旦发现特别大或特别小的数据,就要马上舍去不用。 （　　）

**四、问答题**

1. 用基准物质 $Na_2CO_3$ 标定 HCl 溶液时,下列情况对测定结果有何影响?

(1) 滴定速度太快,附在滴定管壁上的 HCl 溶液来不及流下来,就读取滴定体积。

(2) 在将 HCl 标准溶液倒入滴定管前,没有用 HCl 溶液润洗滴定管。

(3) 锥形瓶中的 $Na_2CO_3$ 用蒸馏水溶解时,多加了 50 mL 蒸馏水。

(4) 滴定管旋塞漏出 HCl 溶液。

2. 下列情况引起的误差是系统误差还是随机误差?

(1) 称量时试样吸收了空气中的水分。

(2) 读取滴定管读数时,最后一位数字估计不准。

(3) 用含有杂质的基准物质来标定 NaOH 溶液。

3. 对某试样的分析,甲、乙两人的分析结果分别为

甲　40.155%,40.14%,40.16%,40.15%

乙　40.25%,40.01%,40.10%,40.24%

试问哪一个结果比较可靠? 说明理由。

**五、计算题**

1. 计算下列结果:

(1) $45.678\ 2\times0.002\ 3\times4\ 500$

(2) $\dfrac{0.200\ 0\times(32.56-1.34)\times321.12}{3.000\times1\ 000}$

2. 欲配制 $0.10\ mol\cdot L^{-1}$ HCl 溶液和 $0.10\ mol\cdot L^{-1}$ NaOH 溶液各 2 L,问需要浓盐酸(密度 $1.18\ g\cdot L^{-1}$,质量分数为 37%)和固体 NaOH 各多少?

3. 某试样含氯量经 4 次测定,结果分别为:34.30%,34.15%,34.42%,34.38%。试问检验有无可疑值? 应否舍弃?

4. 用邻苯二甲酸氢钾($KHC_8H_4O_4$)标定浓度约为 $0.1\ mol\cdot L^{-1}$ 的 NaOH 溶液时,要求在滴定时消耗 NaOH 溶液 25～30 mL,问应称取 $KHC_8H_4O_4$ 多少克?

5. 用氧化还原滴定法测得纯 $FeSO_4\cdot7H_2O$ 中铁的质量分数为:20.10%,20.03%,20.04%,20.05%。试计算其绝对偏差、相对偏差、平均偏差、相对平均偏差、标准偏差和变异系数。

# 第七章 酸碱平衡和酸碱滴定法

学习目标

- 理解酸碱质子理论的共轭酸碱对的概念和关系；
- 熟悉弱电解质平衡，掌握解离常数、解离度的概念；
- 掌握各种酸碱溶液的 pH 计算；
- 了解缓冲溶液的作用原理、配制和 pH 计算；
- 学会选取合适的指示剂；
- 掌握酸碱滴定的基本原理与实际应用。

　　酸和碱是两类极为重要的化学物质，酸碱反应是一类极为重要的化学反应。本章以酸碱质子理论讨论水溶液中的酸碱平衡及其影响因素，酸碱平衡体系中有关各组分浓度的计算，缓冲溶液的性质、组成和应用，以此为基础讨论酸碱滴定法的原理和应用。

# 知识结构框图

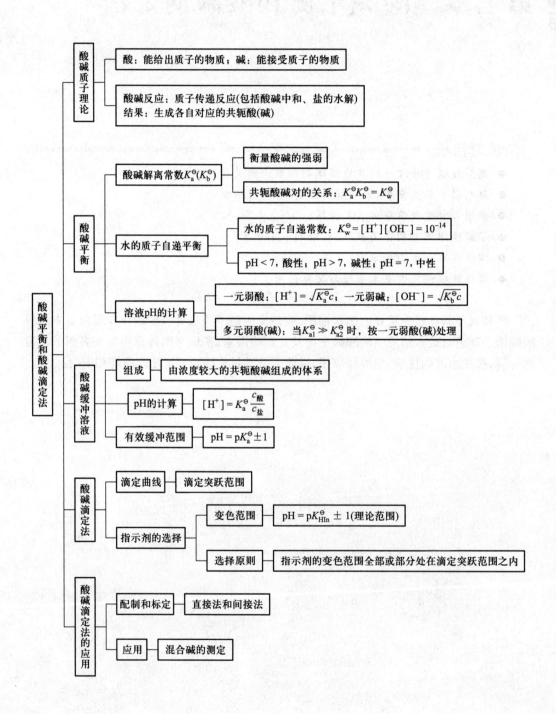

酸碱质子理论
- 酸：能给出质子的物质；碱：能接受质子的物质
- 酸碱反应：质子传递反应(包括酸碱中和、盐的水解)
  结果：生成各自对应的共轭酸(碱)

酸碱平衡
- 酸碱解离常数 $K_a^\ominus(K_b^\ominus)$
  - 衡量酸碱的强弱
  - 共轭酸碱对的关系：$K_a^\ominus K_b^\ominus = K_w^\ominus$
- 水的质子自递平衡
  - 水的质子自递常数：$K_w^\ominus = [H^+][OH^-] = 10^{-14}$
  - pH < 7, 酸性；pH > 7, 碱性；pH = 7, 中性
- 溶液pH的计算
  - 一元弱酸：$[H^+] = \sqrt{K_a^\ominus c}$，一元弱碱：$[OH^-] = \sqrt{K_b^\ominus c}$
  - 多元弱酸(碱)：当 $K_{a1}^\ominus \gg K_{a2}^\ominus$ 时，按一元弱酸(碱)处理

酸碱缓冲溶液
- 组成
  - 由浓度较大的共轭酸碱组成的体系
- pH的计算
  - $[H^+] = K_a^\ominus \dfrac{c_{酸}}{c_{盐}}$
- 有效缓冲范围
  - $pH = pK_a^\ominus \pm 1$

酸碱滴定法
- 滴定曲线
  - 滴定突跃范围
- 指示剂的选择
  - 变色范围
    - $pH = pK_{HIn}^\ominus \pm 1$(理论范围)
  - 选择原则
    - 指示剂的变色范围全部或部分处在滴定突跃范围之内

酸碱滴定法的应用
- 配制和标定
  - 直接法和间接法
- 应用
  - 混合碱的测定

酸碱平衡和酸碱滴定法

## 7.1 酸 碱 理 论

### 一、酸碱电离理论

人们对酸和碱的认识经过了 200 多年,最初认为能使蓝色石蕊溶液变红的物质是酸;有涩味和滑腻感,能使红色石蕊溶液变蓝的物质是碱。1884 年,瑞典科学家阿仑尼乌斯提出了酸碱电离理论:凡是在水溶液中电离产生的阳离子全部是 $H^+$ 的物质叫酸,电离产生的阴离子全部是 $OH^-$ 的物质叫碱。例如:

$$酸 \quad HAc \rightleftharpoons H^+ + Ac^-$$

$$碱 \quad NaOH \rightleftharpoons Na^+ + OH^-$$

酸碱发生中和反应生成盐和水:

$$NaOH + HAc \rightleftharpoons NaAc + H_2O$$

反应的实质是

$$H^+ + OH^- \rightleftharpoons H_2O$$

根据电离学说,酸碱的强度用电离度 $\alpha$ 表示。电离度现称解离度,表示解离的程度,根据解离度的大小把电解质分为强电解质和弱电解质,相应的就有强酸和弱酸、强碱和弱碱之分。强酸和强碱是完全解离了的强电解质;弱酸和弱碱是部分解离的弱电解质。

在实际工作中,对于弱电解质,常用解离度($\alpha$)来表示解离的程度:

$$\alpha = \frac{已解离的分子数}{解离前原电解质的分子总数} \times 100\%$$

随着科学的发展,人们认识到酸碱的电离理论也有一定的局限性。首先酸碱电离理论把酸和碱限制在以水为溶剂的系统中,不适用于非水溶液。而近几十年来,科学实验越来越多地使用非水溶剂(如乙醇、苯、丙酮等),电离理论无法说明物质在非水溶剂中的酸碱性。另外电离理论无法说明一些物质的水溶液呈现的酸碱性。例如,无法说明氨水表现碱性这一事实,人们长期错误地认为氨溶于水生成强电解质 $NH_4OH$,但实验证明,氨水是一种弱碱。这些事实说明了酸碱电离理论尚不完善,为此,又产生了其他的酸碱理论,如酸碱质子理论。

 **想一想**

凡是盐都是强电解质吗?$AgCl$,$BaSO_4$ 都难溶于水,水溶液导电不显著,故它们都是弱电解质吗?

视频:

强弱电解质
的区别

## 二、酸碱质子理论

酸碱质子理论认为，凡是能给出质子($H^+$)的物质为酸(包括分子、阳离子、阴离子)，凡是能接受质子的物质为碱(包括分子、阳离子、阴离子)，它们的相互关系表示如下：

$$酸 \rightleftharpoons H^+ + 碱$$

例如：

$$HAc \rightleftharpoons H^+ + Ac^-$$
$$HCl \rightleftharpoons H^+ + Cl^-$$
$$NH_4^+ \rightleftharpoons H^+ + NH_3$$

酸和碱之间的这种对应关系称为酸碱的共轭关系。上面式子中左边的酸是右边碱的共轭酸，右边的碱是左边酸的共轭碱。酸和放出 $H^+$ 后产生的碱称为共轭酸碱对，如 HAc 和 $Ac^-$，HCl 和 $Cl^-$，$NH_4^+$ 和 $NH_3$。酸给出质子的倾向越强，则其共轭碱接受质子的倾向就越弱。即酸越强，它的共轭碱就越弱。

在酸碱质子理论中，没有盐的概念。如 $NH_4Cl$ 中的 $NH_4^+$ 是酸，$Cl^-$ 是碱；$Na_2CO_3$ 中的 $CO_3^{2-}$ 为碱，而 $Na^+$ 既不给出质子也不接受质子，为非酸非碱物质。有些物质，如 $HCO_3^-$，$H_2O$ 等，在某个共轭酸碱对中是碱，但在另一个共轭酸碱对中却是酸，此类物质为两性物质。

以上各个共轭酸碱对的质子得失反应，称为酸碱半反应。由于质子的半径极小，电荷密度极高，它不可能在水溶液中独立存在(或者说只能瞬间存在)，因此上述的各种酸碱半反应在溶液中也不能单独进行，而是当一种酸给出质子时，溶液中必定有一种碱来接受质子。例如，HAc 在水溶液中解离时，溶剂水就是接受质子的碱，它们的反应可以表示如下：

$$HAc \rightleftharpoons H^+ + Ac^-$$
$$\text{酸}_1 \qquad\qquad \text{碱}_1$$
$$H_2O + H^+ \rightleftharpoons H_3O$$
$$\text{碱}_2 \qquad\qquad \text{酸}_2$$

$$\overline{\qquad\qquad\qquad\qquad\qquad}$$

$$HAc + H_2O \rightleftharpoons H_3O^+ + Ac^-$$
$$\text{酸}_1 \quad \text{碱}_2 \qquad \text{酸}_2 \quad \text{碱}_1$$

两个共轭酸碱对相互作用而达平衡。

同样，碱在水溶液中接受质子的过程，也必须有溶剂水分子的参与。例如：

$$NH_3 + H^+ \rightleftharpoons NH_4^+$$
$$H_2O \rightleftharpoons H^+ + OH^-$$

$$\overline{\qquad\qquad\qquad\qquad\qquad}$$

$$NH_3 + H_2O \rightleftharpoons NH_4^+ + OH^-$$

同样也是两个共轭酸碱对相互作用而达到平衡。只是在这个平衡中水起了酸的作用。因此水是一种两性物质。

根据酸碱质子理论,酸和碱的中和反应也是一种质子的传递反应,例如:

$$HCl \rightleftharpoons H^+ + Cl^-$$

$$NH_4^+ \rightleftharpoons H^+ + NH_3$$

$$HCl + NH_3 \rightleftharpoons NH_4^+ + Cl^-$$

$$酸_1 \quad 碱_2 \qquad 酸_2 \quad 碱_1$$

根据酸碱质子理论,盐的水解反应也是一种质子的传递反应,例如:

$$NaAc \longrightarrow Na^+ + Ac^-$$

$$Ac^- + H^+ \rightleftharpoons HAc$$

$$H_2O \rightleftharpoons OH^- + H^+$$

$$\overline{\qquad\qquad\qquad\qquad\qquad}$$

$$Ac^- + H_2O \rightleftharpoons HAc + OH^-$$

$$碱_2 \quad 酸_1 \qquad 酸_2 \quad 碱_1$$

由此可见,各种酸碱反应实质上都是质子的传递反应,质子传递的最终结果是较强碱夺取较强酸放出的质子而转变为它的共轭酸,较强酸放出质子转变为它的共轭碱。质子的传递,并不要求反应必须在水溶液中进行,也不要求先生成质子再加到碱上去,只要质子能从一种物质传递到另一种物质上就可以了。因此,酸碱反应可以在非水溶剂、无溶剂条件下进行。比如 HCl 和 NH_3 的反应,无论在水溶液中,还是在气相或苯溶液中,其实质都是一样的,都是 $H^+$ 的转移反应。酸碱反应进行的方向总是由较强的酸与较强的碱作用,并向着生成较弱的酸和较弱的碱的方向进行。酸碱反应进行的程度则取决于两对共轭酸碱给出和接受质子的能力。参加反应的酸和碱越强,反应进行得就越完全。

酸碱质子理论扩大了酸碱的概念和应用范围,解释了一些非水溶剂或气体间的酸碱反应,并把水溶液中进行的各种离子反应都归为质子传递的酸碱反应。既阐明了物质的特征,又表现出一定的相对性。另外,酸碱质子理论也能应用平衡常数定量地衡量在某溶剂中酸或碱的强度,从而得到广泛的应用。

---

 **练一练**

下列分子或离子中哪些是酸,哪些是碱?

(1) HF        (2) $HPO_4^{2-}$        (3) $ClO^-$

(4) $H_2O$        (5) $H_3PO_4$        (6) $NH_4^+$

## 7.2 弱电解质的解离平衡

### 一、水的解离

水是一种极弱的电解质,能解离出极少量的 $H^+$ 和 $OH^-$,绝大部分仍以水分子形式存在。

由于水分子的两性作用,一个水分子可以从另一个水分子中夺取质子而形成 $H_3O^+$ 和 $OH^-$,即

$$H_2O + H_2O \rightleftharpoons H_3O^+ + OH^-$$

这种水分子之间的质子传递作用称为质子自递作用。这个作用的平衡常数称为水的质子自递常数,即

$$K_w^\ominus = [H_3O^+][OH^-]$$

水合质子 $H_3O^+$ 也常常简写作 $H^+$,因此水的质子自递常数常简写作:

$$K_w^\ominus = [H^+][OH^-]$$

这个常数就是水的离子积,用 $K_w^\ominus$ 表示。$K_w^\ominus$ 可从实验中得到,也可由热力学计算求得。25 ℃时,由实验测得 1 L 纯水有 $10^{-7}$ mol·L$^{-1}$ 的水分子解离,$[H^+] = [OH^-] = 10^{-7}$ mol·L$^{-1}$。因此 $K_w^\ominus = 10^{-14}$,$pK_w^\ominus = -lgK_w^\ominus = 14$。

水的解离是一个吸热反应,随着温度升高,$K_w^\ominus$ 升高(表 7-1)。但在室温下进行一般计算时,可不考虑温度的影响。

表 7-1  不同温度时的 $K_w^\ominus$

| 温度/℃ | $K_w^\ominus$ | $pK_w^\ominus$ |
|---|---|---|
| 0 | $1.139 \times 10^{-15}$ | 14.943 5 |
| 5 | $1.846 \times 10^{-15}$ | 14.733 8 |
| 10 | $2.920 \times 10^{-15}$ | 14.534 6 |
| 15 | $4.505 \times 10^{-15}$ | 14.346 3 |
| 20 | $6.809 \times 10^{-15}$ | 14.166 9 |
| 24 | $1.000 \times 10^{-14}$ | 14.000 0 |
| 25 | $1.008 \times 10^{-14}$ | 13.996 5 |
| 30 | $1.469 \times 10^{-14}$ | 13.833 0 |
| 35 | $2.089 \times 10^{-14}$ | 13.680 1 |
| 40 | $2.919 \times 10^{-14}$ | 13.534 8 |
| 45 | $4.018 \times 10^{-14}$ | 13.396 0 |
| 50 | $5.474 \times 10^{-14}$ | 13.261 7 |
| 55 | $7.296 \times 10^{-14}$ | 13.136 9 |
| 60 | $9.614 \times 10^{-14}$ | 13.017 1 |

> ✏️ **小贴士**
>
> 　　水的离子积不仅适用于纯水,对于电解质的稀溶液也同样适用。如在水中加入少量盐酸,H$^+$浓度增加,水的解离平衡向左移动,OH$^-$浓度则随之减少。达到新的平衡时,溶液中[H$^+$]＞[OH$^-$]。但此时,[H$^+$][OH$^-$]=$K_w^\ominus$这一关系仍然存在。并且[H$^+$]越大,[OH$^-$]就越小,但[OH$^-$]不会等于零。反之,如在水中加入少量氢氧化钠,OH$^-$浓度增加,平衡向左移动,此时[OH$^-$]＞[H$^+$],仍满足[H$^+$][OH$^-$]=$K_w^\ominus$。同样,[OH$^-$]越大,[H$^+$]就越小,但[H$^+$]也不会等于零。水的离子积常数是计算水溶液中[H$^+$]和[OH$^-$]的重要依据。

### 二、弱酸弱碱的解离平衡

对于一元弱酸(HA)、弱碱(BOH),其在水溶液中的解离如下:

$$HA \rightleftharpoons H^+ + A^- \qquad BOH \rightleftharpoons B^+ + OH^-$$

当体系中未解离的分子浓度和解离出的离子浓度都维持一定的数值时,体系所处的状态称为解离平衡,解离平衡是一种动态平衡。解离常数表达式如下:

$$K_a^\ominus = \frac{[H^+][A^-]}{[HA]} \quad , \quad K_b^\ominus = \frac{[B^+][OH^-]}{[BOH]}$$

酸的解离常数用$K_a^\ominus$表示,称为酸的解离常数,也叫酸常数。碱的解离常数用$K_b^\ominus$表示,称为碱的解离常数,也叫碱常数。解离平衡常数也和其他平衡常数一样,可以用来衡量弱电解质解离趋向的大小。$K_a^\ominus$和$K_b^\ominus$值越大,表示弱酸或弱碱的解离程度越大。反之,$K_a^\ominus$和$K_b^\ominus$值越小,表示弱酸或弱碱的解离程度越小。因此,可以由解离常数的大小,判断同类型的弱酸或弱碱的相对强弱程度,例如:

$$K_{HAc}^\ominus = 1.76 \times 10^{-5} \quad , \quad K_{HClO}^\ominus = 3.17 \times 10^{-8}$$

虽然 HAc 和 HClO 都是弱酸,但后者的解离常数小于前者,故 HAc 是比 HClO 更强的酸。一些常见的弱电解质的解离常数见附录 3。

多元弱酸的解离常数:$K_{a1}^\ominus > K_{a2}^\ominus > K_{a3}^\ominus > \cdots\cdots$

多元弱碱的解离常数:$K_{b1}^\ominus > K_{b2}^\ominus > K_{b3}^\ominus > \cdots\cdots$

和所有平衡常数一样,解离常数与温度有关,不同温度下的解离常数不同。温度对解离常数虽有影响,但由于弱电解质解离时的热效应不大,故温度变化对解离常数的影响也不很大,一般不影响其数量级。在室温范围内,一般不考虑温度对$K^\ominus$值的影响。

同一温度下,不论弱电解质的浓度如何变化,解离常数是不会改变的,$K^\ominus$值与浓度无关。

$$HB \rightleftharpoons H^+ + B^- \qquad K_a^\ominus = \frac{[H^+][B^-]}{[HB]}$$

其共轭碱 B$^-$ 的解离平衡如下:

$$B^- + H_2O \rightleftharpoons HB + OH^- \qquad K_b^\ominus = \frac{[HB][OH^-]}{[B^-]}$$

$$K_a^\ominus \cdot K_b^\ominus = [\mathrm{H^+}][\mathrm{OH^-}] = K_w^\ominus = 1.0 \times 10^{-14}$$

可见,弱酸及其共轭碱的解离常数的乘积等于水的离子积,同理,弱碱及其共轭酸的解离常数的乘积也等于水的离子积。

对于二元弱酸,其两种酸及其共轭碱之间的关系可推导如下:

$$\mathrm{H_2A} \rightleftharpoons \mathrm{H^+} + \mathrm{HA^-} \quad K_{a1}^\ominus \qquad\qquad \mathrm{HA^-} \rightleftharpoons \mathrm{H^+} + \mathrm{A^{2-}} \quad K_{a2}^\ominus$$

$$\underline{\mathrm{HA^-} + \mathrm{H_2O} \rightleftharpoons \mathrm{H_2A} + \mathrm{OH^-} \quad K_{b2}^\ominus} \qquad \underline{\mathrm{A^{2-}} + \mathrm{H_2O} \rightleftharpoons \mathrm{HA^-} + \mathrm{OH^-} \quad K_{b1}^\ominus}$$

$$\mathrm{H_2O} \rightleftharpoons \mathrm{H^+} + \mathrm{OH^-} \quad K_w^\ominus \qquad\qquad \mathrm{H_2O} \rightleftharpoons \mathrm{H^+} + \mathrm{OH^-} \quad K_w^\ominus$$

因此,可得出结果如下:

$$K_{a1}^\ominus \cdot K_{b2}^\ominus = K_w^\ominus$$
$$K_{a2}^\ominus \cdot K_{b1}^\ominus = K_w^\ominus$$

同理,可得出三元弱酸及其共轭碱之间的关系:

$$K_{a1}^\ominus \cdot K_{b3}^\ominus = K_w^\ominus$$
$$K_{a2}^\ominus \cdot K_{b2}^\ominus = K_w^\ominus$$
$$K_{a3}^\ominus \cdot K_{b1}^\ominus = K_w^\ominus$$

解离度 $\alpha$ 和解离常数 $K^\ominus$ 都能反映弱酸弱碱解离能力的大小。$K^\ominus$ 是化学平衡常数的一种形式,解离度 $\alpha$ 是转化率的一种表示形式,解离度不仅与温度有关,还与溶液的浓度有关。因此,弱酸、弱碱的解离常数 $K_a^\ominus$,$K_b^\ominus$ 比解离度 $\alpha$ 能更好地表明弱酸、弱碱的相对强弱。在用解离度表示弱电解质的相对强弱时,必须指出弱酸或弱碱的浓度。$\alpha$ 和 $K^\ominus$ 的关系可探讨如下:

$$\mathrm{HA} \rightleftharpoons \mathrm{H^+} + \mathrm{A^-}$$

起始浓度         $c$     0    0

平衡浓度      $c(1-\alpha)$   $c\alpha$   $c\alpha$

$$K_a^\ominus = \frac{[\mathrm{H^+}][\mathrm{A^-}]}{[\mathrm{HA}]} = \frac{c\alpha \cdot c\alpha}{c(1-\alpha)} = \frac{c\alpha^2}{1-\alpha}$$

当 $\dfrac{c}{K_a^\ominus} \geqslant 500$ 时,即 $\alpha < 5\%$ 时,$1-\alpha \approx 1$,可用以下近似关系式表示:

$$K_a^\ominus = c\alpha^2 \quad , \quad \alpha = \sqrt{\frac{K_a^\ominus}{c}}$$

$$[\mathrm{H^+}] = c\alpha \quad , \quad [\mathrm{H^+}] = \sqrt{cK_a^\ominus}$$

对于弱碱,$\alpha = \sqrt{\dfrac{K_b^\ominus}{c}}$。

如对同一弱电解质进行稀释,其解离度会增大。此现象称为**稀释定律**,但不能认为 $[\mathrm{H^+}]$ 也增大,因为 $[\mathrm{H^+}] = c\alpha$。

**例 7-1**  298 K 时，HAc 的解离常数 $K_a^\ominus = 1.76 \times 10^{-5}$，试计算 0.10 mol·L$^{-1}$ HAc 溶液中的[H$^+$]和 $\alpha$。

**解：**

$$\frac{c}{K_a^\ominus} = \frac{0.10}{1.76 \times 10^{-5}} = 5\,682 > 500$$

$$[H^+] = \sqrt{cK_a^\ominus} = \sqrt{0.10 \times 1.76 \times 10^{-5}} \text{ mol·L}^{-1} = 1.3 \times 10^{-3} \text{ mol·L}^{-1}$$

$$\alpha = \frac{[H^+]}{c} \times 100\% = \frac{1.3 \times 10^{-3}}{0.10} \times 100\% = 1.3\%$$

 **想一想**

在氨水中加入下列物质时，氨水的解离度有何变化？

(1) HCl      (2) H$_2$O      (3) NaOH      (4) NH$_4$Cl

129

## 7.3 溶液的酸碱性

### 一、溶液的酸碱性和 pH

可以把溶液的酸碱性和 H$^+$，OH$^-$ 浓度的关系归纳如下：

$$[H^+] = [OH^-] \quad , \quad [H^+] = 10^{-7} \text{ mol·L}^{-1} \qquad \text{溶液为中性}$$

$$[H^+] > [OH^-] \quad , \quad [H^+] > 10^{-7} \text{ mol·L}^{-1} \qquad \text{溶液为酸性}$$

$$[H^+] < [OH^-] \quad , \quad [H^+] < 10^{-7} \text{ mol·L}^{-1} \qquad \text{溶液为碱性}$$

溶液中的[H$^+$]和[OH$^-$]可以表示溶液的酸碱性，但因为[H$^+$]和[OH$^-$]很小，直接使用很不方便，故提出采用 pH 来表示溶液的酸碱性，将 pH 定义为

$$pH = -\lg[H^+]$$

"p"用来作为负对数"$-\lg$"的符号，也可以用 pOH 来表示溶液的酸碱性：

$$pOH = -\lg[OH^-]$$

25 ℃时，水溶液 $K_w = [H^+][OH^-] = 10^{-14}$，即 pH + pOH = 14。

因此，知道溶液的[H$^+$]即可求出[OH$^-$]。溶液的酸碱性与 pH 的关系如下：

$$pH = 7 \qquad [H^+] = 10^{-7} \text{ mol·L}^{-1} \qquad \text{中性溶液}$$

$$pH < 7 \qquad [H^+] > 10^{-7} \text{ mol·L}^{-1} \qquad \text{酸性溶液}$$

$$pH > 7 \qquad [H^+] < 10^{-7} \text{ mol·L}^{-1} \qquad \text{碱性溶液}$$

可见，pH 越小，溶液的酸性就越强；反之，pH 越大，溶液的碱性就越强。表 7-2 列举了一些常见溶液的 pH。

表 7-2 一些常见溶液的 pH

| 名称 | pH | 名称 | pH | 名称 | pH |
|------|-----|------|-----|------|-----|
| 柠檬汁 | 2.2~2.4 | 番茄汁 | 3.5 | 人的血液 | 7.3~7.5 |
| 葡萄酒 | 2.8~3.8 | 牛奶 | 6.3~6.6 | 人的唾液 | 6.5~7.5 |
| 食醋 | 3.0 | 乳酪 | 4.8~6.4 | 人尿 | 4.8~8.4 |
| 啤酒 | 4~5 | 海水 | 8.3 | 胃酸 | 2.8 |
| 咖啡 | 5 | 饮用水 | 6.5~8.0 | 小肠液 | 7.6 |

✏️ **小贴士**

pH 和 pOH 一般用于溶液中的 $[H^+] \leqslant 1\ mol \cdot L^{-1}$ 或 $[OH^-] \leqslant 1\ mol \cdot L^{-1}$ 的情况,即 pH 为 0~14。若溶液中的 $[H^+]$ 或 $[OH^-]$ 很大($>1\ mol \cdot L^{-1}$),则仍用物质的量浓度来表示更为方便。

### 二、酸碱溶液 pH 的计算

#### 1. 一元弱酸(碱)溶液

利用 $K_a^\ominus$ 或 $K_b^\ominus$ 值可计算一定浓度的弱酸(或弱碱)溶液的 pH。以一元弱酸 HA 为例:

$$HA \rightleftharpoons H^+ + A^-$$

假定 $c_{HA}$ 为 HA 的总浓度,则平衡时:

$$[H^+] = [A^-]$$

根据化学平衡定律:

$$K_a^\ominus = \frac{[H^+]^2}{c_{HA} - [H^+]}$$

实验证明,当 $\dfrac{c}{K_a^\ominus} \geqslant 500$ 时,即解离度 $\alpha < 5\%$,此时可近似地认为

$$c_{HA} - [H^+] \approx c_{HA}$$

$$K_a^\ominus \approx \frac{[H^+]^2}{c_{HA}}$$

则

$$[H^+] = \sqrt{K_a^\ominus c_{HA}}$$

这是计算一元弱酸水溶液酸度(或 pH)的最简式。这样所得结果的相对误差约为 2%,其准确度已满足通常计算的要求。

以此类推,对于一元弱碱水溶液的碱度计算,则有下列类似的计算公式:

$$[OH^-] = \sqrt{K_b^\ominus c}$$

$$[OH^-] = -\frac{K_b^\ominus}{2} + \sqrt{\frac{(K_b^\ominus)^2}{4} + K_b^\ominus c}$$

$$[OH^-] = \sqrt{K_b^\ominus c + K_w^\ominus}$$

**练一练**

白醋是质量分数为 5% 的醋酸溶液,假定白醋的密度为 $1.007\ \mathrm{g \cdot cm^{-3}}$,pH 为多少?

### 2. 多元弱酸(碱)溶液

多元弱酸(或弱碱)在水溶液中是分步解离的,每步解离出一个 $H^+$(或 $OH^-$),具有相应的解离常数。如 $H_2S$ 是分两步解离,$H_3PO_4$ 是分三步解离。现以 $H_2S$ 为例讨论如下:

$$H_2S \rightleftharpoons H^+ + HS^- \qquad K_{a1}^{\ominus} = \frac{[H^+][HS^-]}{[H_2S]} = 9.1 \times 10^{-8}$$

$$HS^- \rightleftharpoons H^+ + S^{2-} \qquad K_{a2}^{\ominus} = \frac{[H^+][S^{2-}]}{[HS^-]} = 1.1 \times 10^{-12}$$

比较 $K_{a1}^{\ominus}$ 和 $K_{a2}^{\ominus}$ 的数值,$K_{a2}^{\ominus}$ 比 $K_{a1}^{\ominus}$ 小得多,即 $K_{a1}^{\ominus} \gg K_{a2}^{\ominus}$,说明第二步解离比第一步解离困难得多。这是因为带两个负电荷的 $S^{2-}$ 对 $H^+$ 的吸引,比带一个负电荷的 $HS^-$ 对 $H^+$ 的吸引要强;另外,第一步解离出来的 $H^+$,抑制了第二步解离的进行。所以多元弱酸中的 $H^+$ 主要来自第一步解离,计算 $H^+$ 浓度时,常可忽略第二步解离而无多大的误差。所以比较多元酸的强弱,一般只比较其一级解离常数的大小即可。

根据多重平衡规则:

$$K^{\ominus} = K_1^{\ominus} K_2^{\ominus} = \frac{[H^+]^2[S^{2-}]}{[H_2S]} \qquad (7-1)$$

式(7-1)表明:

(1) 总的解离常数仅表示平衡时 $[H^+]$,$[H_2S]$,$[S^{2-}]$ 三种浓度之间关系,不表示解离过程按 $H_2S \rightleftharpoons 2H^+ + S^{2-}$ 方式进行。不能错误地理解为每有一个 $H_2S$ 分子解离就产生两个 $H^+$ 和一个 $S^{2-}$,事实上,下面的计算已说明溶液中 $[H^+]$ 不是 $[S^{2-}]$ 的两倍。

(2) 多元弱酸溶液中,同时存在几个平衡,但溶液中的 $[H^+]$ 只有一个,它必须同时满足上述两个平衡关系的要求。

**例 7-2** 室温下,饱和 $H_2S$ 溶液中,$c_{H_2S} = 0.10\ \mathrm{mol \cdot L^{-1}}$,求该溶液中的 $[H^+]$,$[HS^-]$,$[S^{2-}]$,$[OH^-]$。

**解:**(1) 求 $H^+$。当 $\dfrac{K_{a1}^{\ominus}}{K_{a2}^{\ominus}} = \dfrac{9.1 \times 10^{-8}}{1.1 \times 10^{-12}} \geqslant 10^2$ 时,可忽略第二步解离而减少的 $HS^-$ 以及增多的 $H^+$,当作一元酸处理。因此,$[HS^-] \approx [H^+] = x$,则

$$H_2S \rightleftharpoons H^+ + HS^-$$

$$\text{平衡浓度}/(\mathrm{mol \cdot L^{-1}}) \qquad 0.10-x \quad x \quad x$$

$\dfrac{c_{H_2S}}{K_{a1}^{\ominus}} = \dfrac{0.10}{9.1 \times 10^{-8}} \gg 500$,$[H_2S] = c_{H_2S}$,即 $0.10-x \approx 0.10$,则

$$[H^+] = \sqrt{cK_{a1}^{\ominus}} = \sqrt{0.10 \times 9.1 \times 10^{-8}}\ \mathrm{mol \cdot L^{-1}} = 9.5 \times 10^{-5}\ \mathrm{mol \cdot L^{-1}}$$

$$[H^+] = [HS^-] = 9.5 \times 10^{-5}\ \mathrm{mol \cdot L^{-1}}$$

(2) $[S^{2-}]$ 是二级解离产物,计算要用第二步解离常数表达式:

$$HS^- \rightleftharpoons H^+ + S^{2-} \qquad K_{a2}^\ominus = \frac{[H^+][S^{2-}]}{[HS^-]} = 1.1 \times 10^{-12}$$

第二步解离非常少,$[H^+] \approx [HS^-]$($H^+$ 没增加多少,$HS^-$ 也没减少多少),则

$$[S^{2-}] = K_{a2}^\ominus = 1.1 \times 10^{-12}$$

(3) $[OH^-] = \dfrac{K_w^\ominus}{[H^+]} = \dfrac{1.0 \times 10^{-14}}{9.5 \times 10^{-5}}$ mol·L$^{-1}$ = $1.1 \times 10^{-10}$ mol·L$^{-1}$

通过上述计算可以得出以下结论:

(1) 当多元弱酸 $K_{a1}^\ominus \gg K_{a2}^\ominus$,而且 $\dfrac{c}{K_a^\ominus} > 500$ 时,溶液中的 $[H^+]$ 可近似地当作一元酸来计算,采用 $[H^+] = \sqrt{cK_a^\ominus}$ 近似公式。

(2) 当 $K_{a2}^\ominus \ll K_{a1}^\ominus$ 时,第二步解离中的酸根离子的浓度近似等于 $K_{a2}^\ominus$,与酸的原始浓度无关。在实际工作中,如果需要较大浓度的多元酸酸根离子时,不能用多元弱酸来配制,应该使用酸根离子所组成的可溶性盐类。

同样,多元弱碱也可忽略其他各级解离,按一元弱碱处理。

**例 7-3** 计算 $0.10$ mol·L$^{-1}$ Na$_2$CO$_3$ 溶液的 pH。

**解**:Na$_2$CO$_3$ 溶液是二元弱碱,CO$_3^{2-}$ 的 $K_{b1}^\ominus = K_w^\ominus/K_{a2}^\ominus = \dfrac{10^{-14}}{5.61 \times 10^{-11}} = 1.78 \times 10^{-4}$,$K_{b2}^\ominus = K_w^\ominus/K_{a1}^\ominus = \dfrac{10^{-14}}{4.17 \times 10^{-7}} = 2.40 \times 10^{-8}$,由于 $cK_{b1}^\ominus > 20K_w^\ominus$,且 $c/K_{b1}^\ominus > 500$,故可采用最简式计算:

$$c_{OH^-} = \sqrt{cK_{b1}^\ominus} = \sqrt{0.10 \times 1.78 \times 10^{-4}}\ \text{mol·L}^{-1} = 4.22 \times 10^{-3}\ \text{mol·L}^{-1}$$
$$pOH = 2.37$$
$$pH = 14.00 - 2.37 = 11.63$$

 想一想

下列说法是否正确?若有错误请加以纠正,并说明理由。

(1) 将 NaOH 和 NH$_3$·H$_2$O 的溶液各稀释一倍,两者的 OH$^-$ 浓度均减少到原来的 1/2。

(2) 设盐酸的浓度为草酸的 2 倍,则前者的 H$^+$ 浓度也是后者的 2 倍。

(3) 将 $1 \times 10^{-6}$ mol·L$^{-1}$ HCl 稀释 1 000 倍后,溶液的 $[H^+] = 1 \times 10^{-9}$ mol·L$^{-1}$。

**3. 两性物质的溶液**

两性物质在溶液中,既能给出质子,又能接受质子。酸式盐、弱酸弱碱盐和氨基酸等都是两性物质。前两类中较重要的两性物质有多元酸的酸式盐:NaHCO$_3$,NaH$_2$PO$_4$,

$Na_2HPO_4$;弱酸弱碱盐:$NH_4Ac$,$NH_4CN$。

下面以 $NaHCO_3$ 为例,讨论酸式盐溶液中 pH 的计算。在 $NaHCO_3$ 溶液中,能够给出质子的组分有 $HCO_3^-$ 和 $H_2O$,$HCO_3^-$ 给出质子的能力比 $H_2O$ 强得多;溶液中能够接受质子的组分还是 $HCO_3^-$ 和 $H_2O$,$HCO_3^-$ 接受质子的能力比 $H_2O$ 强得多。因此,溶液中最主要的酸碱平衡为 $HCO_3^-$ 和 $HCO_3^-$ 之间的质子传递,即

$$HCO_3^- + HCO_3^- \rightleftharpoons H_2CO_3 + CO_3^{2-}$$

当达到平衡时:

$$[H_2CO_3] = [CO_3^{2-}] \qquad (7-2)$$

$HCO_3^-$ 具有两性,既能给出质子,又能接受质子。$NaHCO_3$ 在水溶液中存在如下平衡:

$$HCO_3^- + H_2O \rightleftharpoons H_2CO_3 + OH^- \qquad K_{b2}^\ominus = \frac{[OH^-][H_2CO_3]}{[HCO_3^-]} \qquad (7-3)$$

$$H_2CO_3 \rightleftharpoons HCO_3^- + H^+ \qquad K_{a1}^\ominus = \frac{[H^+][HCO_3^-]}{[H_2CO_3]} \qquad (7-4)$$

$$HCO_3^- \rightleftharpoons CO_3^{2-} + H^+ \qquad K_{a2}^\ominus = \frac{[H^+][CO_3^{2-}]}{[HCO_3^-]} \qquad (7-5)$$

$$K_{a1}^\ominus K_{b2}^\ominus = [H^+][OH^-] = K_w^\ominus \quad , \quad K_{a1}^\ominus = \frac{K_w^\ominus}{K_{b2}^\ominus} \qquad (7-6)$$

由式(7-4)可得

$$[H_2CO_3] = \frac{[H^+][HCO_3^-]}{K_{a1}^\ominus}$$

由式(7-5)可得

$$[CO_3^{2-}] = \frac{K_{a2}^\ominus[HCO_3^-]}{[H^+]}$$

结合式(7-2)可得

$$[H^+] = \sqrt{K_{a1}^\ominus K_{a2}^\ominus} \quad , \quad pH = \frac{1}{2}(pK_{a1}^\ominus + pK_{a2}^\ominus) \qquad (7-7)$$

式(7-7)为计算两性物质溶液 pH 的简化式,当 $\frac{c}{K_a^\ominus} > 20$ 时,可用最简式计算。

**例 7-4** 计算 $0.10$ mol·L$^{-1}$ $NaHCO_3$ 溶液的 pH。

**解**:查表得 $K_{a1}^\ominus = 4.30 \times 10^{-7}$,$K_{a2}^\ominus = 5.61 \times 10^{-11}$,因 $\frac{c}{K_a^\ominus} > 20$,故可用最简式计算,即

$$[H^+] = \sqrt{K_{a1}^\ominus K_{a2}^\ominus} = \sqrt{4.30 \times 10^{-7} \times 5.61 \times 10^{-11}} \text{ mol·L}^{-1} = 4.91 \times 10^{-9} \text{ mol·L}^{-1}$$
$$pH = 8.31$$

弱酸弱碱盐也是一种两性物质,也可用同样的公式计算。

例 7-5  计算 $0.10\ mol\cdot L^{-1}\ NH_4Ac$ 溶液的 pH。

解:$Ac^-$ 的共轭酸 HAc 的 $K_{a1}^\ominus=1.76\times10^{-5}$,$NH_4^+$ 的共轭碱 $NH_3\cdot H_2O$ 的 $K_b^\ominus=1.8\times10^{-5}$,$NH_4^+$ 的 $K_{a2}^\ominus=\dfrac{K_w^\ominus}{K_b^\ominus}=\dfrac{1.0\times10^{-14}}{1.8\times10^{-5}}=5.6\times10^{-10}$,则

$$[H^+]=\sqrt{K_{a1}^\ominus K_{a2}^\ominus}=\sqrt{1.76\times10^{-5}\times5.6\times10^{-10}}\ mol\cdot L^{-1}=0.99\times10^{-7}\ mol\cdot L^{-1}$$

$$pH=7.00$$

### 三、同离子效应和盐效应

**1. 同离子效应**

一定温度下弱酸如 HAc 在溶液中存在以下解离平衡:

$$HAc \Longleftrightarrow H^+ + Ac^-$$

若在平衡系统中加 NaAc,由于它是强电解质,在溶液中全部解离,因此,溶液中的 $Ac^-$ 浓度增大,使 HAc 的解离平衡向左移动。结果使 $H^+$ 浓度减小,HAc 的解离度降低。如果在 HAc 溶液中加入强酸 HCl,则 $H^+$ 浓度增加,平衡向左移动。此时,$Ac^-$ 浓度减小,HAc 的解离度也降低。同样,在弱碱溶液中加入含有相同离子的强电解质(盐类或强碱)时,也会使弱碱的解离平衡移动,降低弱碱的解离度。这种在弱电解质的溶液中,加入含有相同离子的强电解质,使弱电解质的解离度降低的现象叫**同离子效应**。

例 7-6  向 1.0 L 浓度为 $0.10\ mol\cdot L^{-1}$ 的 HAc 溶液中加入 NaAc 晶体 0.10 mol。试计算说明:溶液中的 $H^+$ 浓度是否发生变化? HAc 的解离度是否发生变化?

解:(1) 在原 HAc 溶液中,有

$$[H^+]=\sqrt{cK_a^\ominus}=\sqrt{0.1\times1.76\times10^{-5}}\ mol\cdot L^{-1}=1.3\times10^{-3}\ mol\cdot L^{-1}$$

$$\alpha=\frac{[H^+]}{c}\times100\%=\frac{1.3\times10^{-3}}{0.10}\times100\%=1.3\%$$

(2) 加入 NaAc 晶体后,溶液的体积近似不变,由 NaAc 提供的 $[Ac^-]$ 为 $0.10\ mol\cdot L^{-1}$。

$$HAc \Longleftrightarrow H^+ + Ac^-$$

平衡浓度/$(mol\cdot L^{-1})$  $0.10-x$    $x$    $x+0.10$

$$\approx0.10\qquad x\qquad\approx0.10$$

$$K_{a1}^\ominus=\frac{0.10x}{0.10}=1.8\times10^{-5}$$

$$x=[H^+]=1.8\times10^{-5}\ mol\cdot L^{-1},\qquad \alpha=\frac{[H^+]}{c}\times100\%=0.018\%$$

加入 NaAc 后,$[H^+]$ 和解离度 $\alpha$ 都减小了。

动画:

同离子效应

**2. 盐效应**

在 HAc 溶液中加入不含相同离子的强电解质(如 NaCl),由于离子间相互牵制作用增强,$Ac^-$ 和 $H^+$ 结合成分子的机会减小,从而使 HAc 的解离度略有升高。这种现象称为**盐效应**。例如,在 1.0 L 0.1 mol·$L^{-1}$ HAc 溶液中加入 0.1 mol NaCl 时,HAc 的解离度从原来的 1.3% 增加到 1.7%,$[H^+]$ 从 $1.3×10^{-3}$ mol·$L^{-1}$ 增加到 $1.7×10^{-3}$ mol·$L^{-1}$。

和同离子效应相比,盐效应的影响很小。在同离子效应的同时,伴有盐效应发生,但在一般情况下,通常只考虑同离子效应,而不考虑盐效应。

动画:

盐效应

# 7.4　酸碱缓冲溶液

许多化学反应,尤其是生化反应,需要在一定的 pH 范围内进行。然而某些反应有 $H^+$ 或 $OH^-$ 生成,溶液的 pH 会随反应的进行而发生变化,从而影响反应的正常进行。在这种情况下,就要借助于缓冲溶液来稳定溶液的 pH。这种能对抗外来少量强酸、强碱或稍加稀释而 pH 改变很小的作用称为**缓冲作用**,具有缓冲作用的溶液称为**缓冲溶液**。

动画:

缓冲作用原理

## 一、缓冲溶液的组成和作用原理

缓冲溶液通常是由弱酸及其盐($HAc–NaAc$,$H_2CO_3–NaHCO_3$)、多元弱酸的酸式盐及次级盐($NaH_2PO_4–Na_2HPO_4$,$Na_2CO_3–NaHCO_3$),以及弱碱及其盐(如 $NH_3·H_2O–NH_4Cl$)组成。

现以 HAc–NaAc 混合溶液为例说明缓冲作用的原理:

$$HAc \rightleftharpoons H^+ + Ac^-$$

$$NaAc \rightleftharpoons Na^+ + Ac^-$$

由于 NaAc 完全解离,所以溶液中存在着大量的 $Ac^-$,由于同离子效应,降低了 HAc 的解离度 $\alpha$,同时溶液中还存在着大量的 HAc 分子,这种在溶液中存在大量弱酸分子及其共轭碱,就是缓冲溶液组成上的特点。

当向溶液中加少量强酸(如 HCl),$H^+$ 和溶液中大量 $Ac^-$ 结合成 HAc,解离平衡向左移动,使 $[H^+]$ 几乎没有升高,pH 几乎没变,也就是说 $Ac^-$ 是起到了抗酸作用。

当向溶液中加少量强碱(如 NaOH),溶液中 $H^+$ 与加入的 $OH^-$ 结合成 $H_2O$,使 HAc 的解离平衡向右移动,补充减少的 $H^+$,使溶液的 $[H^+]$ 几乎没有降低。pH 几乎没有升高,因而 HAc 是起到了抗碱作用。

当把溶液稍加稀释,使 $[H^+]$ 降低,$[Ac^-]$ 同时也降低,解离平衡向右移动,同离子效应减弱,使 HAc 的解离度 $\alpha$ 升高,所产生的 $[H^+]$ 抵消了稀释造成的 $H^+$ 浓度的减少,结果溶液的 pH 基本不变。

## 二、缓冲溶液 pH 的计算

由于缓冲溶液的浓度都很大,所以求算其 pH 时,一般不要求十分准确,故可以用近似方法处理。假设缓冲溶液由一元弱酸 HA 和相应的盐 MA 组成,由 HA 解离得

$[H^+]=x\ mol\cdot L^{-1}$,则

$$MA \rightleftharpoons M^+ + A^-$$
$$HA \rightleftharpoons H^+ + A^-$$

平衡浓度/$(mol\cdot L^{-1})$    $c_{酸}-x$    $x$    $c_{盐}+x$

$$K_a^\ominus = \frac{[H^+][A^-]}{[HA]} = \frac{x(c_{盐}+x)}{c_{酸}-x}$$

$$x = K_a^\ominus \frac{c_{酸}-x}{c_{盐}+x}$$

如果 $K_a^\ominus$ 值较小,并有同离子效应,此时 $x$ 很小,因而 $c_{酸}-x \approx c_{酸}$,$c_{盐}+x \approx c_{盐}$,则

$$x = [H^+] = K_a^\ominus \frac{c_{酸}}{c_{盐}}$$

$$pH = -\lg[H^+] = -\lg K_a^\ominus - \lg \frac{c_{酸}}{c_{盐}} = pK_a^\ominus - \lg \frac{c_{酸}}{c_{盐}}$$

这就是计算一元弱酸及其共轭碱组成的缓冲溶液的 pH 的简单公式,也是常用的公式。同理,由一元弱碱及其盐组成缓冲溶液,其 pH 的计算公式如下:

$$pH = -\lg[H^+] = 14 - pK_b^\ominus + \lg \frac{c_{碱}}{c_{盐}}$$

实际上这种计算方法与同离子效应的计算方法是相同的。

---

**例 7-7**    在 1.0 L 浓度为 0.10 $mol\cdot L^{-1}$ 的氨水中加入 0.05 mol$(NH_4)_2SO_4$ 固体,问该溶液的 pH 为多少?将该溶液平均分成两份,在每份溶液中各加入 1.0 mL 1.0 $mol\cdot L^{-1}$ HCl 和 NaOH 溶液,问 pH 各为多少?

**解:**这是由弱碱 $NH_3\cdot H_2O$ 及其盐 $(NH_4)_2SO_4$ 组成的混合溶液,其中 $c_{碱}=$ 0.10 $mol\cdot L^{-1}$,$c_{盐}=[NH_4^+]=0.10\ mol\cdot L^{-1}$。查表得 $K_{氨水}^\ominus = 1.8 \times 10^{-5}$。则

$$pH = -\lg[H^+] = 14 - pK_b^\ominus + \lg \frac{c_{碱}}{c_{盐}} = 14 + \lg(1.8 \times 10^{-5}) + \lg(0.10/0.10) = 9.26$$

加入 HCl 后,$H^+$ 与 $NH_3\cdot H_2O$ 作用生成 $NH_4^+$,使氨水浓度降低,而 $NH_4^+$ 浓度增加,则

$$c_{碱} = [(0.50 \times 0.10 - 0.001 \times 1.0)/(0.50 + 0.001)]\ mol\cdot L^{-1} = 0.098\ mol\cdot L^{-1}$$
$$c_{盐} = [(0.50 \times 0.10 + 0.001 \times 1.0)/(0.50 + 0.001)]\ mol\cdot L^{-1} = 0.10\ mol\cdot L^{-1}$$
$$pH = 14 + \lg(1.8 \times 10^{-5}) + \lg(0.098/0.10) = 9.25$$

加入碱后,$OH^-$ 与 $NH_4^+$ 结合生成 $NH_3\cdot H_2O$,使 $NH_4^+$ 浓度降低,$NH_3\cdot H_2O$ 增大,则

$$c_{碱} = [(0.50 \times 0.10 + 0.001 \times 1.0)/(0.50 + 0.001)]\ mol\cdot L^{-1} = 0.10\ mol\cdot L^{-1}$$
$$c_{盐} = [(0.50 \times 0.10 - 0.001 \times 1.0)/(0.50 + 0.001)]\ mol\cdot L^{-1} = 0.098\ mol\cdot L^{-1}$$
$$pH = 14 + \lg(1.8 \times 10^{-5}) + \lg(0.10/0.098) = 9.26$$

由缓冲溶液的 pH 计算可以看出以下几点：

(1) 缓冲溶液本身的 pH 主要取决于弱酸或弱碱的解离常数 $K_a^{\ominus}$（或 $K_b^{\ominus}$）。

(2) 缓冲溶液控制溶液的 pH 主要体现在 $\lg \dfrac{c_{\text{酸}}}{c_{\text{盐}}}$ 或 $\lg \dfrac{c_{\text{碱}}}{c_{\text{盐}}}$ 上，当加入少量酸或碱时，$\dfrac{c_{\text{酸}}}{c_{\text{盐}}}$ 或 $\dfrac{c_{\text{碱}}}{c_{\text{盐}}}$ 的值改变不大，故溶液的 pH 变化不大。

(3) 缓冲溶液的缓冲能力主要与其中弱酸（或弱碱）及盐的浓度有关。弱酸（或弱碱）及盐的浓度越大，加入酸、碱后，$\dfrac{c_{\text{酸}}}{c_{\text{盐}}}$ 或 $\dfrac{c_{\text{碱}}}{c_{\text{盐}}}$ 的值改变就越小，pH 变化也就越小。此外，缓冲能力还与 $\dfrac{c_{\text{酸}}}{c_{\text{盐}}}$ 或 $\dfrac{c_{\text{碱}}}{c_{\text{盐}}}$ 的值有关，在比值接近于 1 时缓冲能力最大。通常缓冲溶液中 $\dfrac{c_{\text{酸}}}{c_{\text{盐}}}$ 或 $\dfrac{c_{\text{碱}}}{c_{\text{盐}}}$ 的值为 $0.1 \sim 10$。

(4) 各种缓冲溶液只能在一定范围内发挥缓冲作用，如 HAc−NaAc 缓冲溶液的缓冲范围一般为 pH＝4.76±1，而 $NH_3$−$NH_3 \cdot H_2O$−$NH_4Cl$ 缓冲溶液的缓冲范围为 pH＝9.26±1，故在选用缓冲溶液时应注意其缓冲范围。

(5) 将缓冲溶液适当稀释时，由于 $\dfrac{c_{\text{酸}}}{c_{\text{盐}}}$ 或 $\dfrac{c_{\text{碱}}}{c_{\text{盐}}}$ 的值不变，故溶液的 pH 不变。

### 三、缓冲溶液的选择和配制

#### 1. 缓冲溶液的选择

不同的缓冲溶液只有在其有效的 pH 范围内才有缓冲作用。通常根据试剂的要求选择不同的缓冲溶液。在选择缓冲溶液时，首先应注意所使用的缓冲溶液不能与在缓冲液中进行反应的反应物或生成物发生作用；其次，缓冲溶液的 pH 应在要求范围之内。为使缓冲溶液有较大的缓冲能力，所选择的弱酸的 $pK_a^{\ominus}$ 应尽可能接近缓冲溶液的 pH，或所选择的弱碱的 $pK_b^{\ominus}$ 应尽可能接近缓冲溶液的 pOH。例如，需要 pH 为 4.8，5.0，5.2 等的缓冲溶液时，可以选择 HAc−NaAc 缓冲溶液，因为 HAc 的 $pK_a^{\ominus}$ 为 4.75，与所需要的 pH 接近。如果需要的 pH 大约等于 7.0 的缓冲溶液时，可选用 $NaH_2PO_4$−$Na_2HPO_4$ 缓冲溶液。这是由两种酸式盐组成的缓冲溶液，在这种缓冲溶液中，$H^+$，$HPO_4^{2-}$，$H_2PO_4^-$ 存在着下列平衡：

$$H_2PO_4^- \rightleftharpoons H^+ + HPO_4^{2-}$$

其中 $H_2PO_4^-$ 相当于酸，而 $HPO_4^{2-}$ 相当于酸根离子，因此该溶液也是一种弱酸及其盐的缓冲溶液。因为 $H_3PO_4$ 的 $K_{a2}^{\ominus}$ 为 $6.23 \times 10^{-8}$，即 $pK_a^{\ominus}$＝7.20，所以这种缓冲溶液的 pH 可控制在 7 左右。

#### 2. 缓冲溶液的配制

缓冲溶液的配制方法一般有以下几种：

(1) 在一定量的弱酸或弱碱溶液中加入固体盐进行配制。

**例 7−8** 欲配制 pH 为 5.00，醋酸浓度为 $0.20 \text{ mol} \cdot L^{-1}$ 的缓冲溶液 1.0 L，求所需三水合醋酸钠（$NaAc \cdot 3H_2O$）的质量及所需 $1.0 \text{ mol} \cdot L^{-1}$ HAc 溶液的体积。

**解：** 已知 pH=5.00，即 $c_{H^+}=1.0\times10^{-5}$ mol·L$^{-1}$，$c_{酸}=0.20$ mol·L$^{-1}$，HAc 的 $K_a^\ominus=1.76\times10^{-5}$，代入 $[H^+]=K_a^\ominus\dfrac{c_{酸}}{c_{盐}}$，得

$$c_{盐}=\frac{1.76\times10^{-5}\times0.20}{1.0\times10^{-5}}\ \text{mol·L}^{-1}=0.35\ \text{mol·L}^{-1}$$

则所需 NaAc·3H$_2$O 的质量为

$$1.0\ \text{L}\times0.35\ \text{mol·L}^{-1}\times136.1\ \text{g·mol}^{-1}=48\ \text{g}$$

所需 1.0 mol·L$^{-1}$ HAc 溶液的体积为

$$\frac{0.20\ \text{mol·L}^{-1}\times1.0\ \text{L}}{1.0\ \text{mol·L}^{-1}}=0.20\ \text{L}$$

计算出所需 HAc 和 NaAc 的量之后，先将 48 g NaAc·3H$_2$O 放入少量水中，使其溶解，再加入 1.0 mol·L$^{-1}$ HAc 溶液 0.20 L，然后用水稀释至 1.0 L，即得 pH 为 5.00 的缓冲溶液。必要时可用 pH 试纸或 pH 计检查 pH 是否符合要求。

(2) 采用相同浓度的弱酸(或弱碱)及其盐的溶液，按不同体积互相混合。这种配制方法方便，缓冲溶液计算公式中的浓度比可用体积比代替。

设弱酸及其盐浓度均为 $c$，弱酸溶液的体积为 $V_a$，盐溶液的体积为 $V_s$(单位均为 mL)，混合后溶液的总体积为 $V$。则

$$c_a=\frac{cV_a}{V}\quad,\quad c_s=\frac{cV_s}{V}$$

代入 pH$=$p$K_a^\ominus-$lg $\dfrac{c_{酸}}{c_{盐}}$，得

$$\text{pH}=\text{p}K_a^\ominus-\lg\frac{c_a}{c_s}=\text{p}K_a^\ominus-\lg\frac{V_a}{V_s}$$

同理，对于弱碱及其盐组成的缓冲体系，可得

$$\text{pOH}=\text{p}K_b^\ominus-\lg\frac{c_b}{c_s}=\text{p}K_b^\ominus-\lg\frac{V_b}{V_s}$$

**例 7-9** 如何配制 100 mL pH 为 4.80 的缓冲溶液？

**解：** 缓冲溶液的 pH 为 4.80，而 HAc 的 p$K_a^\ominus=4.75$，彼此接近，可选用 HAc-NaAc 缓冲对。设 HAc 和 NaAc 溶液浓度相同，NaAc 溶液体积为 $V_s$，HAc 溶液体积为 $V-V_s$，将以上数值代入 pH$=$p$K_a^\ominus-$lg $\dfrac{c_a}{c_s}=$p$K_a^\ominus-$lg$\dfrac{V_a}{V_s}$ 中，得

$$4.80=4.75-\lg\frac{100\ \text{mL}-V_s}{V_s}$$

解得

$$V_s=52.8\ \text{mL}$$

$$V_a=(100-52.8)\ \text{mL}=47.2\ \text{mL}$$

根据所需缓冲范围的大小(一般是 pH=p$K_a^\ominus$±1 或 pOH=p$K_b^\ominus$±1),选择缓冲溶液组分浓度为 0.05~0.5 mol·L$^{-1}$进行配制。然后量取浓度相同的 HAc 溶液 47.2 mL 和 NaAc 溶液 52.8 mL 混合即得。

(3) 在一定量的弱酸(或弱碱)中加入一定量的强碱(或强酸),通过中和反应生成的盐和剩余的弱酸(或弱碱)组成缓冲溶液。

**例 7-10** 欲配制 pH 为 5.00 的缓冲溶液,如果用 0.10 mol·L$^{-1}$ HAc 溶液 0.100 L,应加入多少 0.10 mol·L$^{-1}$ NaOH 溶液?

**解:**设加入 NaOH 的体积为 $V$,根据反应式,加入 NaOH 的物质的量必然与中和掉的 HAc 的物质的量及生成的 NaAc 的物质的量相等,此时 HAc 的剩余量为 0.10 mol·L$^{-1}$×0.100 L−(0.10 mol·L$^{-1}$)$V$,生成的 NaAc 为(0.10 mol·L$^{-1}$)$V$,而加入 NaOH 溶液后缓冲溶液总体积为 0.100 L+$V$。反应后混合体系中缓冲组分的物质的量浓度分别为

$$c_{HAc}=\frac{0.10 \text{ mol·L}^{-1}\times 0.100 \text{ L}-(0.10 \text{ mol·L}^{-1})V}{0.100 \text{ L}+V}$$

$$c_{NaAc}=\frac{(0.10 \text{ mol·L}^{-1})V}{0.100 \text{ L}+V}$$

将以上各值代入 pH=p$K_a^\ominus$−lg$\frac{c_{酸}}{c_{盐}}$,得

$$5.00=4.75-\lg\frac{[0.10 \text{ mol·L}^{-1}\times 0.100 \text{ L}-(0.10 \text{ mol·L}^{-1})V]/(0.100 \text{ L}+V)}{(0.10 \text{ mol·L}^{-1})V/(0.100 \text{ L}+V)}$$

$$V=0.064 \text{ L}$$

即在 0.100 L 0.10 mol·L$^{-1}$ HAc 溶液中,加入 0.064 L 0.10 mol·L$^{-1}$ NaOH 溶液,便可配制成 pH 为 5.00 的缓冲溶液。

应该指出,以上各个实例都是应用近似计算公式并且不考虑离子强度的影响时的计算结果。

 **练一练**

下列各对溶液以等体积混合,指出哪些可作为缓冲溶液,为什么?

(1) 0.1 mol·L$^{-1}$ HCl 与 0.2 mol·L$^{-1}$ NaAc

(2) 0.1 mol·L$^{-1}$ HCl 与 0.05 mol·L$^{-1}$ NaNO$_2$

(3) 0.1 mol·L$^{-1}$ NaOH 与 0.2 mol·L$^{-1}$ HCl

(4) 0.3 mol·L$^{-1}$ HNO$_2$ 与 0.15 mol·L$^{-1}$ NaOH

# 7.5　酸碱指示剂

由于酸碱反应一般无外观变化,通常需加入指示剂来判断滴定的终点,又由于反应完全时不一定都显中性,因此必须了解酸碱滴定中所用指示剂的性质及在滴定过程中溶液 $H^+$ 浓度的变化。

需要指出的是,判断滴定终点并不一定都用指示剂,还可用光学或电学的方法来确定,这些方法也应包括在滴定分析中,但由于它们都要用到光学或电学仪器,故不在此章讨论,通常放在仪器分析中讲述。下面将分别讨论酸碱指示剂的变化原理及选择指示剂的原则。

## 一、酸碱指示剂的作用原理

酸碱滴定法中所应用的指示剂称为酸碱指示剂。这类指示剂大多是结构复杂的有机弱酸或有机弱碱,它们的酸式和碱式结构具有不同的颜色。在滴定过程中,当溶液的 pH 变化时,指示剂获得质子转化为酸式,或失去质子转化为碱式,因而引起颜色的改变。下面以甲基橙和酚酞为例加以说明。

甲基橙是有机弱碱,它是双色指示剂,在水溶液中发生如下解离:

黄色(碱式色,偶氮式)

红色(酸式色,醌式)

增大溶液酸度,甲基橙主要以醌式结构存在,溶液呈红色。反之,则甲基橙主要以偶氮式结构存在,溶液由红色变为黄色。

酚酞是有机弱酸,在水溶液中发生如下解离:

无色(酸式色,内酯式)　　　　红色(碱式色,醌式)

酚酞在酸性溶液中无色,在碱性溶液中平衡向右移动,溶液由无色变为红色。反之,则溶液由红色变为无色。

由此可见,指示剂的变色原理是基于溶液 pH 的变化,导致指示剂的结构发生变化,从而引起溶液颜色的变化。

## 二、变色范围

现以弱酸型指示剂 HIn 为例,说明指示剂变色与溶液 pH 的关系。设 HIn 为酸式型,In$^-$ 为碱式型。HIn 在溶液中的解离平衡如下:

$$HIn \rightleftharpoons H^+ + In^-$$

指示剂的解离常数为

$$K_{HIn}^{\ominus} = \frac{[H^+][In^-]}{[HIn]}$$

[In$^-$]和[HIn]分别是指示剂的碱式色结构和酸式色结构的浓度。

显然,指示剂颜色取决于 $\dfrac{[In^-]}{[HIn]}$,该比值又取决于 $K_{HIn}^{\ominus}$ 和[H$^+$]。在一定条件下,对于某种指示剂,$K_{HIn}^{\ominus}$ 为常数,溶液颜色的变化仅由[H$^+$]决定。即在 pH 不同的介质中,指示剂呈现不同的颜色。

当 $\dfrac{[In^-]}{[HIn]} = 1$,即两种结构的浓度各占 50%,pH $= pK_{HIn}^{\ominus}$,这时溶液是 HIn(酸式色)和 In$^-$(碱式色)的混合色,此时的 pH 称为指示剂的理论变色点。pH 的变化,就会引起某一种结构的浓度超过另一种结构的浓度,从而发生颜色的变化。但并非该比值的微小变化就能使人观察到溶液颜色的变化,因为人眼辨别颜色的能力有一定的限度。一般当一种颜色比另一种颜色深 10 倍时,就能辨别浓度大的存在形式的颜色,而看不出浓度小的存在形式的颜色。

指示剂颜色变化与溶液 pH 的关系如下:

$$\frac{K_{HIn}^{\ominus}}{[H^+]} = \frac{[In^-]}{[HIn]} < \frac{1}{10}, \quad [H^+] > 10K_{HIn}^{\ominus}, \quad pH < pK_{HIn}^{\ominus} - 1, \quad \text{人眼只能看到酸式色}$$

$$\frac{K_{HIn}^{\ominus}}{[H^+]} = \frac{[In^-]}{[HIn]} > 10, \quad [H^+] < \frac{K_{HIn}^{\ominus}}{10}, \quad pH > pK_{HIn}^{\ominus} + 1, \quad \text{人眼只能看到碱式色}$$

$$\frac{1}{10} \leqslant \frac{[In^-]}{[HIn]} \leqslant 10, \quad pH = pK_{HIn}^{\ominus} \pm 1, \quad \text{溶液呈混合色}$$

pH $= pK_{HIn}^{\ominus} \pm 1$ 的范围内能看到指示剂颜色的过渡色,称为指示剂的变色范围。

实际上人眼对各种颜色的敏感度不同,人眼观察到的指示剂变色范围与理论变色范围 pH $= pK_{HIn}^{\ominus} \pm 1$ 有区别。如甲基橙 $pK_{HIn}^{\ominus} = 3.4$,理论变色范围是 2.4~4.4,而实际测定到的却是 3.1~4.4。常用的酸碱指示剂及其变色范围列于表 7-3 中。

表 7-3  常用的酸碱指示剂及其变色范围

| 指示剂 | 变色范围 | 颜色变化 | $pK_{HIn}^{\ominus}$ | 浓度 | 用量/[滴·(10 mL 试液)$^{-1}$] |
|---|---|---|---|---|---|
| 百里酚蓝 | 1.2~2.8 | 红—黄 | 1.7 | 1 g·L$^{-1}$的 20%乙醇溶液 | 1~2 |
| 甲基黄 | 2.9~4.0 | 红—黄 | 3.3 | 1 g·L$^{-1}$的 90%乙醇溶液 | 1 |
| 甲基橙 | 3.1~4.4 | 红—黄 | 3.4 | 0.5 g·L$^{-1}$的水溶液 | 1 |

| 指示剂 | 变色范围 | 颜色变化 | $pK_{HIn}^{\ominus}$ | 浓度 | 用量/ $[滴\cdot(10\ mL\ 试液)^{-1}]$ |
|---|---|---|---|---|---|
| 溴酚蓝 | 3.0~4.6 | 黄—紫 | 4.1 | $1\ g\cdot L^{-1}$ 的 20%乙醇溶液或其钠盐水溶液 | 1 |
| 溴甲酚绿 | 4.0~5.6 | 黄—蓝 | 4.9 | $1\ g\cdot L^{-1}$ 的 20%乙醇溶液或其钠盐水溶液 | 1~3 |
| 甲基红 | 4.4~6.2 | 红—黄 | 5.0 | $1\ g\cdot L^{-1}$ 的 60%乙醇溶液或其钠盐水溶液 | 1 |
| 溴百里酚蓝 | 6.2~7.6 | 黄—蓝 | 7.3 | $1\ g\cdot L^{-1}$ 的 20%乙醇溶液或其钠盐水溶液 | 1 |
| 中性红 | 6.8~8.0 | 红—黄橙 | 7.4 | $1\ g\cdot L^{-1}$ 的 60%乙醇溶液 | 1 |
| 苯酚红 | 6.8~8.4 | 黄—红 | 8.0 | $1\ g\cdot L^{-1}$ 的 60%乙醇溶液或其钠盐水溶液 | 1 |
| 酚酞 | 8.0~10.0 | 无—红 | 9.1 | $1\ g\cdot L^{-1}$ 的 90%乙醇溶液 | 1~3 |
| 百里酚蓝 | 8.0~9.6 | 黄—蓝 | 8.9 | $1\ g\cdot L^{-1}$ 的 20%乙醇溶液 | 1~4 |
| 百里酚酞 | 9.4~10.6 | 无—蓝 | 10.0 | $1\ g\cdot L^{-1}$ 的 90%乙醇溶液 | 1~2 |

从表 7-3 中可以清楚地看出,各种不同的酸碱指示剂,具有不同的变色范围,有的在酸性溶液中变色,如甲基橙、甲基红等;有的在中性附近变色,如中性红、苯酚红等;有的则在碱性溶液中变色,如酚酞、百里酚酞等。

由于各种指示剂的平衡常数不同,因此各种指示剂的变色范围也不同。变色范围是由目视判断得到的,而每个人的眼睛对颜色的敏感度不同,所以不同资料报道的变色范围也略有差异。

各种指示剂的变色范围的幅度各不相同,但一般说来,不大于两个 pH 单位,也不小于一个 pH 单位。由于指示剂具有一定的变色范围,因此只有当溶液中 pH 的改变超过一定数值,也就是说只有在酸碱滴定的化学计量点附近 pH 发生突跃时,指示剂才从一种颜色变为另一种颜色。因此指示剂变色范围越窄越好,在化学计量点时,微小的 pH 改变可使指示剂变色敏锐,所以要选择 $pK_{HIn}^{\ominus}$ 尽可能地接近化学计量点时溶液的 pH 的指示剂。

为缩小指示剂的变色范围,使变色更敏锐,可采用混合指示剂。混合指示剂是利用颜色之间的互补作用,在终点时颜色变化敏锐(见表 7-4)。

**混合指示剂**有两类,一类是由两种或两种以上指示剂混合而成。例如,溴甲酚绿 ($pK_{HIn}^{\ominus}=4.9$)与甲基红($pK_{HIn}^{\ominus}=5.0$),前者当 pH<4.0 时呈黄色(酸式色),pH>5.6 时呈蓝色(碱式色);后者当 pH<4.4 时呈红色(酸式色),pH>6.2 时呈浅黄色(碱式色)。它们按一定比例混合后,两种颜色叠加在一起,酸式色为酒红色(红稍带黄),碱式色为绿色。当 pH=5.1 时,甲基红呈橙色,溴甲酚绿呈绿色,两者互为补色而呈现灰色,这时颜色发生突变,变色十分敏锐。

另一类混合指示剂是在某种指示剂中加入一种惰性染料。例如,中性红与染料亚甲基蓝混合制成的混合指示剂,在 pH＝7.0 时呈现紫蓝色,变色范围只有 0.2 个 pH 单位左右,比单独的中性红的变色范围要窄得多。

表 7-4　几种常用混合指示剂

| 指示剂溶液的组成 | 变色时 pH | 颜色 | | 备注 |
|---|---|---|---|---|
| | | 酸色 | 碱色 | |
| 一份 1 g·L⁻¹ 甲基黄乙醇溶液<br>一份 1 g·L⁻¹ 亚甲基蓝乙醇溶液 | 3.25 | 蓝紫 | 绿 | pH＝3.2,蓝紫色;pH＝3.4,绿色 |
| 一份 1 g·L⁻¹ 甲基橙水溶液<br>一份 2.5 g·L⁻¹ 靛蓝二磺酸水溶液 | 4.1 | 紫 | 黄绿 | — |
| 一份 1 g·L⁻¹ 溴甲酚绿钠盐水溶液<br>一份 2 g·L⁻¹ 甲基橙水溶液 | 4.3 | 橙 | 蓝绿 | pH＝3.5,黄色;pH＝4.05,绿色;<br>pH＝4.3,浅绿色 |
| 三份 1 g·L⁻¹ 溴甲酚绿乙醇溶液<br>一份 2 g·L⁻¹ 甲基红乙醇溶液 | 5.1 | 酒红 | 绿 | — |
| 一份 1 g·L⁻¹ 溴甲酚绿乙醇溶液<br>一份 1 g·L⁻¹ 氯酚红钠盐水溶液 | 6.1 | 黄绿 | 蓝绿 | pH＝5.4,蓝绿色;pH＝5.8,蓝色;<br>pH＝6.0,蓝带紫;pH＝6.2,蓝紫色 |
| 一份 1 g·L⁻¹ 中性红乙醇溶液<br>一份 1 g·L⁻¹ 亚甲基蓝乙醇溶液 | 7.0 | 紫蓝 | 绿 | |
| 一份 1 g·L⁻¹ 甲酚红钠盐水溶液<br>三份 1 g·L⁻¹ 百里酚蓝钠盐水溶液 | 8.3 | 黄 | 紫 | pH＝8.2,玫瑰红;pH＝8.4,清晰<br>的紫色 |
| 一份 1 g·L⁻¹ 百里酚蓝 50% 乙醇溶液<br>三份 1 g·L⁻¹ 酚酞 50% 乙醇溶液 | 9.0 | 黄 | 紫 | — |
| 一份 1 g·L⁻¹ 酚酞乙醇溶液<br>一份 1 g·L⁻¹ 百里酚酞乙醇溶液 | 9.9 | 无 | 紫 | pH＝9.6,玫瑰红;pH＝10,紫色 |
| 两份 1 g·L⁻¹ 百里酚酞乙醇溶液<br>一份 1 g·L⁻¹ 茜素黄 R 乙醇溶液 | 10.2 | 黄 | 紫 | — |

 **想一想**

使甲基橙显黄色的溶液一定是碱性的吗?

# 7.6　酸碱滴定及指示剂选择

酸碱滴定过程中,当酸标准溶液不断地滴加到被测溶液(或碱标准溶液不断地滴加到被测溶液)的过程中,由于发生中和反应,溶液的 pH 不断地发生变化。若以溶液的加入量为横坐标,对应的 pH 为纵坐标,绘制关系曲线,这种曲线称为酸碱滴定曲线。下面讨论各种类型的滴定曲线和选择指示剂的原则。

## 一、强碱滴定强酸(或强酸滴定强碱)

现以 0.100 0 mol·L⁻¹ NaOH 滴定 20.00 mL 0.100 0 mol·L⁻¹ HCl 溶液为例,说明

在滴定过程中溶液 pH 的变化情况。

**1. 滴定开始前溶液的 pH**

滴定开始前溶液的 pH 由 HCl 溶液的初始浓度决定。由于 HCl 是强酸,在水溶液中全部解离。$[H^+] = 0.1000\ mol \cdot L^{-1}$,故 pH = 1.00。

**2. 滴定开始至化学计量点前溶液的 pH**

溶液的组成为 HCl,NaCl,$H_2O$,由剩余 HCl 溶液的浓度决定溶液的 pH。

当加 18.00 mL NaOH 溶液时,溶液中还剩余 2.00 mL HCl 未被中和:

$$[H^+] = \frac{20.00\ mL - 18.00\ mL}{20.00\ mL + 18.00\ mL} \times 0.1000\ mol \cdot L^{-1} = 5.26 \times 10^{-3}\ mol \cdot L^{-1}$$

$$pH = 2.28$$

当加入 19.98 mL NaOH 溶液时(化学计量点前 0.1%,滴定分数为 99.9%),溶液中只剩下 0.02 mL HCl 未被中和:

$$[H^+] = \frac{20.00\ mL - 19.98\ mL}{20.00\ mL + 19.98\ mL} \times 0.1000\ mol \cdot L^{-1} = 5.00 \times 10^{-5}\ mol \cdot L^{-1}$$

$$pH = 4.30$$

**3. 化学计量点时溶液的 pH**

当加入 20.00 mL NaOH 溶液时,溶液中的 HCl 全部被中和,溶液的组成是 NaCl 水溶液,溶液中的 $[H^+]$ 取决于水的解离,即

$$[H^+] = [OH^-] = 10^{-7}\ mol \cdot L^{-1}\quad,\quad pH = 7.00$$

**4. 化学计量点后溶液的 pH**

溶液的组成为 NaCl,NaOH 水溶液,pH 由过量 NaOH 的量决定。当加 20.02 mL NaOH 溶液时(化学计量点后 0.1%,滴定分数为 100.1%),这时溶液中 NaOH 过量 0.02 mL。则

$$[OH^-] = \frac{0.02\ mL \times 0.1000\ mol \cdot L^{-1}}{20.00\ mL + 20.02\ mL} = 5.00 \times 10^{-5}\ mol \cdot L^{-1}$$

$$pH = 9.70$$

根据上述方法计算可以得到不同滴定点的 pH,将结果列于表 7-5 中,并以 NaOH 的加入量为横坐标,pH 为纵坐标,绘制曲线,如图 7-1 所示。

表 7-5　$0.1000\ mol \cdot L^{-1}$ NaOH 溶液滴定 20 mL $0.1000\ mol \cdot L^{-1}$ HCl 溶液的 pH 变化

| 加入 NaOH 溶液的量 | | 剩余 HCl 溶液的体积/mL | 过量 NaOH 溶液的体积/mL | pH |
|---|---|---|---|---|
| 滴定分数/% | 体积/mL | | | |
| 0.00 | 0.00 | 20.00 | | 1.00 |
| 90.00 | 18.00 | 2.00 | | 2.28 |
| 99.00 | 19.80 | 0.20 | | 3.30 |
| 99.80 | 19.96 | 0.04 | | 4.00 |

| 加入 NaOH 溶液的量 | | 剩余 HCl 溶液的体积/mL | 过量 NaOH 溶液的体积/mL | pH |
|---|---|---|---|---|
| 滴定分数/% | 体积/mL | | | |
| 99.90 | 19.98 | 0.02 | | 4.30 |
| 100.0 | 20.00 | 0.00 | | 7.00 |
| 100.1 | 20.02 | | 0.02 | 9.70 |
| 100.2 | 20.04 | | 0.04 | 10.00 |
| 101.0 | 20.20 | | 0.20 | 10.70 |
| 110.0 | 22.00 | | 2.00 | 11.70 |
| 200.0 | 40.00 | | 20.00 | 12.50 |

（表中 pH 4.30、7.00、9.70 处标注"突跃范围"）

从图 7-1 和表 7-5 可以看出,在滴定开始时,溶液中存在着较多的 HCl,因此 pH 升高十分缓慢。随着滴定的不断进行,溶液中 HCl 含量逐渐减少,pH 的升高逐渐增快,尤其是当滴定接近化学计量点时,溶液中剩余的 HCl 已极少,pH 升高极快。从滴定开始到加入 19.80 mL NaOH 溶液时,溶液的 pH 只改变了 2.30 个单位,当加入 19.98 mL NaOH（即又加入了 0.18 mL）溶液时,pH 就改变了 1.00 个单位,变化速度加快了。此时再加入 1 滴（约 0.04 mL）NaOH,即 NaOH 溶液过量 0.02 mL,pH 产生很大变化,由 4.30 到 9.70,增大了 5.40 个 pH 单位,溶液由酸性变为碱性。如再加入 NaOH 溶液,所引起的 pH 变化又会越来越小,曲线平坦。

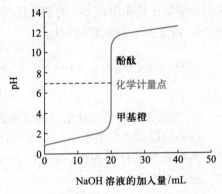

图 7-1　0.100 0 mol·L$^{-1}$ NaOH 溶液滴定 20.00 mL 0.100 0 mol·L$^{-1}$ HCl 溶液的滴定曲线

由此可见,在化学计量点前后从剩余 0.02 mL HCl 到过量 0.02 mL NaOH,即滴定由 NaOH 不足 0.1% 到过量 0.1%,溶液的 pH 从 4.30 增加到 9.70,实现了由量变到质变的过程。这种由 1 滴滴定剂所引起的溶液 pH 的急剧变化,称为滴定突跃,将化学计量点前后各 0.1% 处对应的 pH 范围,即突跃所对应的 pH 范围称滴定突跃范围。

#### 小贴士

滴定分析中,指示剂的选择很重要,滴定突跃范围是选择指示剂的依据。选择指示剂的原则是使指示剂的理论变色点 pK$_{HIn}^{\ominus}$ 处于滴定突跃范围内,或变色范围全部或一部分在滴定突跃范围内,最理想的指示剂是恰好在化学计量点时变色。此时滴定误差小于 ±0.1%。

在上例中,甲基红（pH=4.4~6.2）、酚酞（pH=8.0~10.0）都是适用的指示剂。若以甲基橙（pH=3.1~4.4）作指示剂,由于人眼对于红色变为橙色不易察觉,应滴定至溶液呈黄色才能确保滴定误差不超过 ±0.1%。因此用甲基橙作指示剂时,一般都用酸溶液来滴定碱,终点由黄色变为黄色中略带红色,以便于观察。若以 HCl 溶液滴定 NaOH

溶液,滴定曲线形状与图7-1相似,但pH变化相反,滴定突跃范围为9.70~4.30。此时,甲基红和酚酞都可用作指示剂。若用甲基红时,应从黄色滴定到橙色(pH≈4),如果滴定到红色,将会有+0.2%的误差。

 **小贴士**

由滴定突跃的计算可以看出,滴定突跃范围的大小还与酸碱溶液的浓度有关,浓度越大,突跃范围也就越大,所以指示剂的选择受浓度的限制。如果用 $0.01\ mol \cdot L^{-1}$ NaOH溶液滴定 $0.01\ mol \cdot L^{-1}$ HCl溶液,突跃范围为 $5.30 \sim 8.70$,这时甲基橙就不能用作指示剂了。

### 二、强碱滴定弱酸

现以 $0.100\ 0\ mol \cdot L^{-1}$ NaOH溶液滴定 $20.00\ mL\ 0.100\ 0\ mol \cdot L^{-1}$ HAc溶液为例,说明在滴定过程中溶液pH的变化情况。

**1. 滴定开始前溶液的pH**

$$[H^+] = \sqrt{c_{HAc}K_a^\ominus} = \sqrt{0.100\ 0 \times 1.76 \times 10^{-5}}\ mol \cdot L^{-1} = 1.3 \times 10^{-3}\ mol \cdot L^{-1}$$

$$pH = 2.89$$

**2. 滴定开始至化学计量点前溶液的pH**

这一阶段溶液中未中和的HAc和反应生成的NaAc组成缓冲溶液。

当加入NaOH溶液 $19.98\ mL$,则生成NaAc溶液 $19.98\ mL$,剩余 $0.02\ mL$ HAc溶液。此时溶液中:

$$[HAc] = \frac{0.02\ mL \times 0.100\ 0\ mol \cdot L^{-1}}{39.98\ mL} = 5.0 \times 10^{-5}\ mol \cdot L^{-1}$$

$$[Ac^-] = \frac{19.98\ mL \times 0.100\ 0\ mol \cdot L^{-1}}{39.98\ mL} = 5.0 \times 10^{-2}\ mol \cdot L^{-1}$$

$$[H^+] = \frac{K_a^\ominus [HAc]}{[Ac^-]} = 1.76 \times 10^{-8}\ mol \cdot L^{-1}$$

$$pH = 7.75$$

**3. 化学计量点时溶液的pH**

NaOH与HAc全部中和生成NaAc。溶液的pH可由NaAc一元弱碱公式计算。NaAc的浓度如下:

$$c = \frac{0.100\ 0\ mol \cdot L^{-1} \times 20\ mL}{40\ mL} = 0.05\ mol \cdot L^{-1}$$

$$[OH^-] = \sqrt{cK_b^\ominus} = \sqrt{\frac{cK_w^\ominus}{K_a^\ominus}} = \sqrt{\frac{0.05 \times 10^{-14}}{1.76 \times 10^{-5}}}\ mol \cdot L^{-1} = 5.3 \times 10^{-6}\ mol \cdot L^{-1}$$

$$pH = 8.72$$

#### 4. 化学计量点后溶液的 pH

溶液中除存在 NaAc 外,还存在大量的 NaOH,从而抑制了 $Ac^-$ 的水解,由于 NaAc 的水解程度较小,溶液的 pH 可近似地认为由过量的 NaOH 决定,其计算方法与强碱滴定强酸的情况完全相同。

当加入 20.02 mL NaOH 溶液时,则溶液中过量 NaOH 溶液 0.02 mL,溶液总体积为 40.02 mL。与 NaOH 溶液滴定 HCl 溶液情况相同,pH=9.70。因此滴定突跃范围为 7.75~9.70。

根据上述方法计算滴定过程中各点的 pH,见表 7-6,并绘制滴定曲线,如图 7-2 所示。

表 7-6　0.100 0 mol·$L^{-1}$ NaOH 溶液滴定 0.100 0 mol·$L^{-1}$ HAc 溶液的 pH 变化

| 加入 NaOH 的量 | | 剩余 HAc 溶液的 体积/mL | 过量 NaOH 溶液的 体积/mL | pH |
|---|---|---|---|---|
| 滴定分数/% | 体积/mL | | | |
| 0.00 | 0.00 | 20.00 | | 2.89 |
| 90.00 | 18.00 | 2.00 | | 5.70 |
| 99.00 | 19.80 | 0.20 | | 6.74 |
| 99.80 | 19.96 | 0.04 | | 7.50 |
| 99.90 | 19.98 | 0.02 | | 7.75 |
| 100.0 | 20.00 | 0.00 | | 8.72 |
| 100.1 | 20.02 | | 0.02 | 9.70 |
| 100.2 | 20.04 | | 0.04 | 10.00 |
| 101.0 | 20.20 | | 0.20 | 10.70 |
| 110.0 | 22.00 | | 2.00 | 11.70 |
| 200.0 | 40.00 | | 20.00 | 12.50 |

（突跃范围）

由图 7-2 和表 7-6 可以看出,由于 HAc 是弱酸,滴定开始前溶液中的 $[H^+]$ 就较低,pH 较高。滴定开始后 pH 较快地升高,这是由于和生成的 NaAc 产生了同离子效应,使 HAc 更难解离,$[H^+]$ 较快地降低。但在继续滴入 NaOH 溶液后,由于 NaAc 的不断生成,在溶液中形成弱酸及其共轭碱的缓冲体系,pH 增加较慢,使这一段曲线较为平坦。当滴定接近化学计量点时,由于溶液中剩余的 HAc 已很少,溶液的缓冲能力已逐渐减弱,于是随着 NaOH 溶液的不断加入,溶液 pH 的增加逐渐变快,达到化学计量点时,在其附近出现一个滴定突跃。这个突跃范围的 pH 为 7.75~9.70,处于碱性范围内,而且突跃范围较窄,仅 1.95 个 pH 单位。这是由于化学计量点时溶液中存在着大量的 $Ac^-$,$Ac^-$ 是一元弱碱,在水中呈碱性。

根据化学计量点附近的突跃范围,酚酞、百里酚酞、百里酚蓝是合适的指示剂。在酸性溶液中变色的指示剂如甲基橙和甲基红则完全不适用。

必须注意,强碱滴定弱酸其突跃范围的大小与被滴定的酸的强弱有关。如图 7-3 所示。突跃开始时的 pH 取决于 $pK_a^{\ominus}$。当酸越弱(即 $K_a^{\ominus}$ 越小),$pK_a^{\ominus}$ 越大,突跃开始时的 pH 越高,因此突跃范围也就越小。

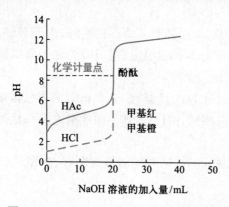

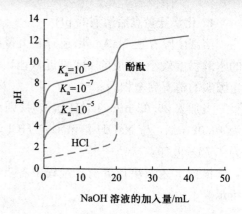

图 7-2  0.100 0 mol·L⁻¹ NaOH 溶液滴定
20.00 mL 0.100 0 mol·L⁻¹ HAc 溶液的
滴定曲线

图 7-3  0.100 0 mol·L⁻¹ NaOH 溶液
滴定 0.100 0 mol·L⁻¹ 不同弱酸
溶液的滴定曲线

由于化学计量点附近滴定突跃范围的大小,不仅和被测酸的 $K_a^\ominus$ 有关,也和浓度有关,用较浓的标准溶液滴定较浓的试液,可使滴定突跃适当增大,滴定终点较易判断。但这也存在着一定的限度,对于 $K_a^\ominus \approx 10^{-9}$ 的酸,即使用 1 mol·L⁻¹ 的标准溶液也难以直接滴定。一般来讲,当弱酸溶液的浓度 $c$ 和弱酸的解离常数 $K_a^\ominus$ 的乘积 $cK_a^\ominus \geqslant 10^{-8}$ 时,滴定突跃范围可大于 0.3 个 pH 单位,此时人眼能够辨别出指示剂颜色的改变,滴定就可直接进行,这时终点误差也在允许的 ±0.1% 以内。因此 $cK_a^\ominus \geqslant 10^{-8}$ 是判断某一元弱酸能否被强碱直接准确滴定的判据。如果 $c$ 和 $K_a^\ominus$ 太小,突跃范围就太小,用指示剂变色来确定终点就比较困难,则不能直接滴定。

### 三、强酸滴定弱碱

以 0.100 0 mol·L⁻¹ HCl 溶液滴定 20.00 mL 0.1 mol·L⁻¹ NH₃·H₂O 溶液为例,滴定过程中溶液的 pH 变化如图 7-4 所示。这类滴定曲线与强碱滴定弱酸相似,但 pH 变化相反。

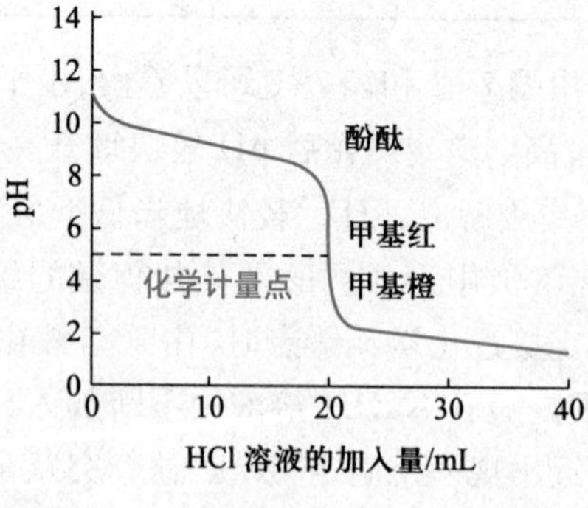

**1. 滴定开始前溶液的 pH**

$$[OH^-] = \sqrt{cK_b^\ominus}$$
$$= \sqrt{0.1 \times 1.8 \times 10^{-5}} \text{ mol·L}^{-1}$$
$$= 1.34 \times 10^{-3} \text{ mol·L}^{-1}$$

pH = 11.13

**2. 滴定开始至化学计量点前溶液的 pH**

当加入 19.98 mL HCl 溶液时,溶液为 NH₃·H₂O—NH₄Cl 组成的缓冲溶液:

$$[OH^-] = \frac{K_b^\ominus c_{NH_3 \cdot H_2O}}{c_{NH_4^+}}$$

$$= \frac{1.8 \times 10^{-5} \times 0.02 \times 0.100\ 0}{19.98 \times 0.100\ 0} \text{ mol·L}^{-1} = 1.8 \times 10^{-8} \text{ mol·L}^{-1}$$

pH = 6.26

图 7-4  0.100 0 mol·L⁻¹ HCl 溶液滴定
20.00 mL 0.100 0 mol·L⁻¹ NH₃·H₂O
溶液的滴定曲线

### 3. 化学计量点时溶液的 pH

$$c_{NH_4Cl} = 0.05 \ mol \cdot L^{-1}$$

$$[H^+] = \sqrt{cK_a^{\ominus}} = \sqrt{\frac{cK_w^{\ominus}}{K_b^{\ominus}}} = \sqrt{\frac{0.05 \times 10^{-14}}{1.8 \times 10^{-5}}} \ mol \cdot L^{-1} = 5.3 \times 10^{-6} \ mol \cdot L^{-1}$$

$$pH = 5.28$$

### 4. 化学计量点后溶液的 pH

与强酸强碱滴定相同，pH = 4.30。

滴定突跃范围的 pH 为 6.26～4.30，在酸性范围内。显然，甲基红(pH = 4.4～6.2)是合适的指示剂。如果用酚酞作指示剂，则会造成很大的错误。所以用标准碱溶液滴定弱酸时，宜用酚酞作指示剂；用标准酸溶液滴定弱碱时，宜用甲基红作指示剂。与强碱滴定弱酸相似，被滴定的碱越弱，则突跃范围就越小。只有当 $cK_b^{\ominus} \geqslant 10^{-8}$ 时，才能用标准酸溶液直接进行滴定。

在标定 HCl 溶液时，常用硼砂($Na_2B_4O_7 \cdot 10H_2O$)或 $Na_2CO_3$ 作基准物，HCl 与它们的反应也属于强酸与弱碱的反应。

硼砂是由 $NaH_2BO_3$ 和 $H_3BO_3$ 按 1 : 1 结合，并脱去水分子而组成的，可以看作是 $H_3BO_3$ 被 NaOH 中和了一半的产物。硼砂溶于水发生下列反应：

$$B_4O_7^{2-} + 5H_2O \Longrightarrow 2H_2BO_3^- + 2H_3BO_3$$

根据酸碱质子理论，所得的产物之一 $H_2BO_3^-$ 是弱酸 $H_3BO_3$ 的共轭碱：

$$H_3BO_3 \Longrightarrow H_2BO_3^- + H^+$$

已知 $H_3BO_3$ 的 $pK_a^{\ominus} = 9.24$，它的共轭碱 $H_2BO_3^-$ 的 $pK_b^{\ominus} = 4.76$，因此 $H_2BO_3^-$ 的碱性已不太弱。显而易见，$H_2BO_3^-$ 可以满足 $cK_b^{\ominus} \geqslant 10^{-8}$ 的要求，能够用酸直接滴定。

从以上各种类型的滴定曲线可以看出，用强碱滴定弱酸时，在酸性范围内无突跃，用强酸滴定弱碱时，在碱性范围内无突跃。因此，用弱酸滴定弱碱时，在酸性范围和碱性范围内均无突跃，这类滴定一般不能用指示剂来确定终点。由于这个原因，在酸碱滴定中，都用强酸和强碱作标准溶液，而不用弱酸或弱碱。

---

 **想一想**

下列酸或碱能否准确进行滴定？

(1) $0.1 \ mol \cdot L^{-1}$ HF　　　(2) $0.1 \ mol \cdot L^{-1}$ $NH_4Cl$

(3) $0.1 \ mol \cdot L^{-1}$ HCN　　(4) $0.100 \ 0 \ mol \cdot L^{-1}$ NaAc

# 7.7 酸碱滴定法的应用

## 一、酸标准溶液的配制和标定

在酸碱滴定中,一般用强酸配制酸标准溶液。通常用的是 HCl 或 $H_2SO_4$,常用的浓度为 $0.1\ mol\cdot L^{-1}$。其中应用较多的是 HCl,HCl 价廉;无氧化还原性,不会破坏指示剂;稀 HCl 稳定性好,其浓度可经久不变;而且酸性比 $H_2SO_4$ 强一些。但浓 HCl 溶液含有杂质,且易挥发,所以一般用间接法配制,即先配成近似浓度的溶液,然后用基准物标定。标定用的基准物,常用无水碳酸钠和硼砂。

### 1. 无水碳酸钠

无水碳酸钠易吸收空气中的水分,因此使用前应在烘箱中于 $180\sim200\ ℃$ 下干燥 $2\sim3\ h$,然后密封于瓶内,保存于干燥器中备用。称量时动作要快,以免吸收空气中的水分而引入误差。无水碳酸钠的优点是容易获得纯品,而且价格便宜。用无水碳酸钠标定 HCl 溶液,其反应如下:

$$Na_2CO_3 + 2HCl \Longrightarrow 2NaCl + H_2CO_3$$
$$\qquad\qquad\qquad\qquad\qquad\downarrow$$
$$\qquad\qquad\qquad\qquad CO_2\uparrow + H_2O$$

化学计量点时 pH$=3.89$,可用甲基橙作指示剂,终点时溶液颜色由黄色变为橙色。

### 2. 硼砂

硼砂($Na_2B_4O_7\cdot10H_2O$)较易得纯品,不易吸水,比较稳定,摩尔质量较大($381.37\ g\cdot mol^{-1}$),故由称量造成的相对误差较小。但当空气中的相对湿度小于 $39\%$ 时,易失去结晶水,因此需保存于 $60\%$ 相对湿度的恒湿器中(干燥器里放食盐和蔗糖的饱和溶液)。

硼砂标定 HCl 溶液的反应如下:

$$B_4O_7^{2-} + 5H_2O + 2HCl \Longrightarrow 4H_3BO_3 + 2Cl^-$$

化学计量点时 pH$=5.27$,可选用甲基红作指示剂。

## 二、碱标准溶液的配制和标定

碱标准溶液一般用强碱配制,常用的强碱有 NaOH,KOH,也可用中强碱 $Ba(OH)_2$,但 KOH 价格较贵,应用不普遍。实际应用中以 NaOH 为主。最常用的浓度为 $0.1\ mol\cdot L^{-1}$。NaOH 易吸潮,也易吸收空气中的 $CO_2$,故常含有 $Na_2CO_3$,而且 NaOH 还可能含有硫酸盐、硅酸盐、氯化物等杂质,因此应采用间接法配制其标准溶液,即先配成近似浓度的碱溶液,然后加以标定。

标定 NaOH 溶液的基准物可用草酸、邻苯二甲酸氢钾和苯甲酸等。但最常用的是邻苯二甲酸氢钾。这种基准物可用重结晶法制得纯品,不含结晶水,不吸潮,容易保存,标定时由于称量而造成的误差也较小,因而是一种良好的基准物。

## 1. 草酸

草酸($H_2C_2O_4 \cdot 2H_2O$)相当稳定,相对湿度在5%～95%时不会因风化而失水,也不吸水。它是二元弱酸,$K_{a1}^{\ominus}=5.90\times10^{-2}$,$K_{a2}^{\ominus}=6.40\times10^{-5}$,$\dfrac{K_{a1}^{\ominus}}{K_{a2}^{\ominus}}<10^5$,因此两级解离的 $H^+$ 同时滴定,只有一个滴定突跃,只能一次滴定到 $C_2O_4^{2-}$。化学计量点溶液 pH=8.36,用酚酞作指示剂。

## 2. 邻苯二甲酸氢钾

邻苯二甲酸氢钾($KHC_8H_4O_4$)是有机弱酸盐,易溶于水,水溶液呈酸性,可用于标定 NaOH 溶液。标定反应如下:

$$\text{（邻苯二甲酸氢钾）}-\begin{matrix}\text{COOH}\\\text{COOK}\end{matrix} \quad + \quad \text{NaOH} === \text{（邻苯二甲酸钾钠）}-\begin{matrix}\text{COONa}\\\text{COOK}\end{matrix} \quad + \quad H_2O$$

由于邻苯二甲酸氢钾的 $K_{a2}^{\ominus}=3.9\times10^{-6}$,化学计量点时 $c=0.1\ \text{mol}\cdot\text{L}^{-1}/2=0.05\ \text{mol}\cdot\text{L}^{-1}$。

$$[OH^-]=\sqrt{cK_{b1}^{\ominus}}=\sqrt{\dfrac{cK_w^{\ominus}}{K_{a2}^{\ominus}}}=\sqrt{\dfrac{0.05\times10^{-14}}{3.9\times10^{-6}}}\ \text{mol}\cdot\text{L}^{-1}=1.1\times10^{-5}\ \text{mol}\cdot\text{L}^{-1}$$

$$pH=9.04$$

可用酚酞作指示剂。

---

**想一想**

以 $H_2C_2O_4 \cdot 2H_2O$ 来标定 NaOH 溶液的浓度时,如草酸已失去部分结晶水,则标定所得 NaOH 的浓度偏高还是偏低?为什么?

---

### 三、酸碱滴定法的应用

酸碱滴定法能测定一般的酸、碱及能与酸碱直接或间接发生定量反应的各种物质,因此它是滴定分析法中应用最广的方法。

各种强酸、强碱,如盐酸、硫酸、烧碱等,都可以用标准碱溶液或标准酸溶液直接进行滴定,以进行含量的测定。由于这类反应在化学计量点附近有较大的 pH 突跃,因此,可供选择的指示剂较多。

无机弱酸或弱碱、能溶于水的有机弱酸或弱碱,只要 $cK_a^{\ominus}\geqslant10^{-8}$ 或 $cK_b^{\ominus}\geqslant10^{-8}$,都可以用酸、碱的标准溶液直接滴定。

滴定弱酸,在化学计量点时溶液呈碱性,pH 突跃处于碱性范围内,应选择在碱性范围内变色的指示剂。例如,食用醋中总酸度的测定。食用醋中醋酸含量为 30～50 $\text{g}\cdot\text{L}^{-1}$,另外还含有乳酸等少量的有机酸。以 NaOH 为标准溶液可测定其总酸量,选用酚酞作指示剂。在食品工业中,测定酸味剂总酸度、啤酒总酸度、蜂蜜或蜂王浆总酸度,以及饼干、面粉、淀粉、奶油、蛋类制品的总酸度等,均可采用酚酞作指示剂,用 NaOH 标准溶液滴定。在药物分析中,有机羧酸类药物,如阿司匹林(乙酰水杨酸)、苯甲酸、乳酸等也可用酚酞作指示剂,以 NaOH 为标准溶液测其含量。

滴定弱碱时,在化学计量点时溶液呈酸性,pH 突跃处于酸性范围内,应选择在酸性范围内变色的指示剂。下面以混合碱的分析为例说明直接酸碱滴定法的应用。

**1. 酸碱滴定法的应用示例**

在制碱工业中经常遇到 NaOH,$Na_2CO_3$ 或 $Na_2CO_3$,$NaHCO_3$ 混合碱的分析问题,现介绍常用的双指示剂法。双指示剂法是利用两种指示剂进行连续滴定。根据两个终点所消耗的酸标准溶液的体积,计算各组分的含量。

(1) 烧碱中 NaOH 和 $Na_2CO_3$ 含量的测定　NaOH 俗称烧碱。在生产和贮藏过程中,常因吸收空气中的 $CO_2$ 而产生部分 $Na_2CO_3$。两者含量的测定方法如下:

准确称取一定量的试样,溶解后以酚酞为指示剂,用 HCl 标准溶液滴定至近于无色,消耗的体积为 $V_1$(**第一化学计量点**)。此时,NaOH 将全部中和成 NaCl,而 $Na_2CO_3$ 将反应生成NaHCO₃:

$$NaOH + HCl = NaCl + H_2O$$

$$Na_2CO_3 + HCl = NaHCO_3 + NaCl$$

然后向溶液中加入甲基橙指示剂,继续用 HCl 溶液滴定至黄色变为橙色,又用去 HCl 溶液的体积为 $V_2$(**第二化学计量点**)。显然,$V_2$ 是 $NaHCO_3$ 所消耗 HCl 溶液的体积。

$$NaHCO_3 + HCl = NaCl + CO_2 \uparrow + H_2O$$

将 $Na_2CO_3$ 中和到 $NaHCO_3$ 和将 $NaHCO_3$ 中和到生成 $CO_2$ 所消耗 HCl 溶液的体积是相同的。因此,中和 NaOH 消耗 HCl 溶液的体积是 $(V_1 - V_2)$。中和 $Na_2CO_3$ 消耗 HCl 溶液的体积是 $2V_2$。所以:

$$w_{Na_2CO_3} = \frac{c_{HCl} \times 2V_2 \times \frac{1}{2} M_{Na_2CO_3}}{m}$$

$$w_{NaOH} = \frac{c_{HCl} \times (V_1 - V_2) \times M_{NaOH}}{m}$$

(2) 纯碱中 $Na_2CO_3$ 和 $NaHCO_3$ 含量的测定　纯碱俗称苏打,是由 $NaHCO_3$ 转化而得,所以 $Na_2CO_3$ 中常含有少量的 $NaHCO_3$。测定方法与测定烧碱的方法相同。

以酚酞作指示剂时,$Na_2CO_3$ 被中和到 $NaHCO_3$,消耗 HCl 溶液的体积为 $V_1$(**第一化学计量点**)。

$$Na_2CO_3 + HCl = NaHCO_3 + NaCl$$

再加入甲基橙指示剂,继续用 HCl 溶液滴定至橙色,此时,混合物中原有的 $NaHCO_3$ 和由 $Na_2CO_3$ 生成的 $NaHCO_3$ 都被中和至 $H_2CO_3$,消耗 HCl 溶液的体积是 $V_2$(**第二化学计量点**)。

$$NaHCO_3 + HCl = NaCl + CO_2 \uparrow + H_2O$$

用于中和 $Na_2CO_3$ 所消耗 HCl 溶液的体积是 $2V_1$,用于中和混合物原有的 $NaHCO_3$ 所消耗的 HCl 溶液体积是 $(V_2 - V_1)$。故得结果如下:

$$w_{Na_2CO_3} = \frac{c_{HCl} \times 2V_1 \times \frac{1}{2}M_{Na_2CO_3}}{m}$$

$$w_{NaHCO_3} = \frac{c_{HCl} \times (V_2 - V_1) \times M_{NaHCO_3}}{m}$$

由以上可得出判断混合碱组分的规则如下：

当 $V_1 > V_2 > 0$ 时,其组分是 NaOH 和 $Na_2CO_3$；

当 $V_1 < V_2, V_1 > 0$ 时,其组分是 $Na_2CO_3$ 和 $NaHCO_3$；

当 $V_1 = V_2 > 0$ 时,其组分是 $Na_2CO_3$；

当 $V_1 = 0, V_2 > 0$ 时,其组分是 $NaHCO_3$；

当 $V_2 = 0, V_1 > 0$ 时,其组分是 NaOH。

**2. 酸碱滴定法结果计算示例**

**例 7-11** 称取含有惰性杂质的混合碱试样 1.200 g,溶于水后,用 0.5000 mol·$L^{-1}$ HCl 标准溶液滴定至酚酞褪色,消耗酸 30.00 mL。然后加入甲基橙指示剂,用 HCl 标准溶液继续滴定至橙色出现,又消耗酸 5.00 mL。问试样由何种成分组成(除惰性物质外)? 各成分的质量分数为多少?

**解:** HCl 标准溶液用量 $V_1 = 30.00$ mL,$V_2 = 5.00$ mL。根据滴定的体积关系 $V_1 > V_2 > 0$,可判断混合碱试样由 NaOH 和 $Na_2CO_3$ 组成。各自的质量分数如下:

$$w_{Na_2CO_3} = \frac{c_{HCl} \times 2V_2 \times \frac{1}{2}M_{Na_2CO_3}}{m}$$

$$= \frac{0.5000 \text{ mol·}L^{-1} \times 2 \times 5.00 \times 10^{-3} \text{ L} \times \frac{1}{2} \times 105.99 \text{ g·mol}^{-1}}{1.200 \text{ g}}$$

$$= 0.2208$$

$$w_{NaOH} = \frac{c_{HCl} \times (V_1 - V_2) \times M_{NaOH}}{m}$$

$$= \frac{0.5000 \text{ mol·}L^{-1} \times (30.00 - 5.00) \times 10^{-3} \text{ L} \times 40.00 \text{ g·mol}^{-1}}{1.200 \text{ g}}$$

$$= 0.4167$$

**例 7-12** 称取 $CaCO_3$ 0.5000 g,溶于 50.00 mL 的 HCl 溶液中,多余的酸用 NaOH 溶液回滴,消耗 6.20 mL NaOH 溶液。1 mL NaOH 溶液相当于 1.010 mL HCl 溶液。试求两种溶液的浓度。

**解:** 6.20 mL NaOH 溶液相当于 $6.20 \times 1.010$ mL $= 6.26$ mL HCl 溶液。因此与 $CaCO_3$ 反应的 HCl 溶液的体积实际为

$$(50.00 - 6.26) \text{ mL} = 43.74 \text{ mL}$$

设 HCl 溶液和 NaOH 溶液的浓度分别为 $c_1$ 和 $c_2$,已知 $M_{CaCO_3} = 100.1$ g·$mol^{-1}$。根据反应式:

$$CaCO_3 + 2H^+ = Ca^{2+} + CO_2 \uparrow + H_2O$$

CaCO₃ 与 HCl 的化学计量关系为

$$n_{HCl} = 2n_{CaCO_3}$$
$$c_1 \times 43.74 \times 10^{-3} \text{ L} = 2 \times 0.500\,0 \text{ g}/100.1 \text{ g} \cdot \text{mol}^{-1}$$
$$c_1 = 0.228\,4 \text{ mol} \cdot \text{L}^{-1}$$
$$c_2 \times 1.00 \times 10^{-3} \text{ L} = 0.228\,4 \text{ mol} \cdot \text{L}^{-1} \times 1.010 \times 10^{-3} \text{ L}$$
$$c_2 = 0.230\,7 \text{ mol} \cdot \text{L}^{-1}$$

因此，HCl 溶液的浓度为 $0.228\,4$ mol·L⁻¹，NaOH 溶液的浓度为 $0.230\,7$ mol·L⁻¹。

# 习　题

## 一、填空题

1. 写出下列物质的共轭酸或共轭碱：

$HPO_4^{2-}$ _____，$NH_4^+$ _____，$HCO_3^-$ _____，$H_2O$ _____，$H_2PO_4^-$ _____，
$HC_2O_4^-$ _____，$Ac^-$ _____，$C_2O_4^{2-}$ _____。

2. 已知 HAc 的 $pK_a^{\ominus} = 4.75$，$NH_3 \cdot H_2O$ 的 $pK_b^{\ominus} = 4.74$，则 $0.10$ mol·L⁻¹ HAc 溶液的 pH = _____。
$0.10$ mol·L⁻¹ $NH_3 \cdot H_2O$ 溶液的 pH = _____。$0.15$ mol·L⁻¹ $NH_4Cl$ 溶液的 pH = _____。
$0.15$ mol·L⁻¹ NaAc 溶液的 pH = _____。

3. 标定 NaOH 溶液常用的基准试剂有 _____ 和 _____。

4. 标定盐酸常用的基准试剂有 _____ 和 _____。

5. 酸碱滴定曲线是以被滴定溶液的 _____ 变化为特征的。滴定时酸碱溶液的浓度越 _____，则滴定突跃范围就越 _____；酸碱溶液的强度越 _____，则滴定突跃范围就越 _____。

6. 酚酞的变色范围是 pH = _____，当溶液的 pH 小于这个范围的下限时溶液呈现 _____ 色，当溶液 pH 处在这个范围内时溶液呈现 _____ 色。

## 二、选择题

1. $H_2PO_4^-$ 的共轭酸是(　　)。

　　A. $H_3PO_4$ 　　　　　　B. $HPO_4^{2-}$ 　　　　　　C. $PO_4^{3-}$ 　　　　　　D. $OH^-$

\*2. 根据质子理论，下列物质中具有两性的是(　　)。

　　A. $Na_2HPO_4$ 　　　　B. $H_2S$ 　　　　　　C. $NH_3 \cdot H_2O$ 　　　　D. $OH^-$

3. 下列不属于共轭酸碱对的是(　　)。

　　A. $HCO_3^-$ 和 $CO_3^{2-}$ 　　　　　　　　　　B. $H_2S$ 和 $HS^-$
　　C. $NH_4^+$ 和 $NH_3 \cdot H_2O$ 　　　　　　　　D. $H_2O$ 和 $OH^-$

4. 选择指示剂时，下列因素中不需要考虑的是(　　)。

　　A. 化学计量点时的 pH 　　　　　　　　　B. 指示剂 pH 范围
　　C. 指示剂的相对分子质量 　　　　　　　　D. 指示剂的颜色

5. 用 $0.100\,0$ mol·L⁻¹ NaOH 标准溶液，滴定 $0.100\,0$ mol·L⁻¹ HCOOH(甲酸)时，其突跃范围为 pH = 6.7~9.70，此时最好选用的指示剂是(　　)。

　　A. 酚酞(无色 8.0—10.0 红) 　　　　　　　　B. 苯酚红(黄 6.8—8.4 红)
　　C. 中性红(红 6.8—8.0 黄橙) 　　　　　　　D. 甲基红(红 4.4—6.2 黄)

6. 某缓冲溶液含有等浓度的 HA 和 $A^-$，若 $A^-$ 的 $pK_b^{\ominus} = 1 \times 10^{-10}$，则此缓冲溶液的 pH 是(　　)。

　　A. 10.0 　　　　　　B. 4.0 　　　　　　C. 7.0 　　　　　　D. 14.0

7. 往 $0.1$ mol·L⁻¹ HAc 溶液中，加入一些 NaAc 晶体，会使(　　)。

A. HAc 的 $K_a^\ominus$ 增大  　　　　　　　　　　B. HAc 的 $K_a^\ominus$ 减小

C. HAc 的解离度增大  　　　　　　　　　　D. HAc 的解离度减小

8. 欲配制 1 000 mL 0.1 mol·L⁻¹ HCl 溶液,应取浓盐酸(12 mol·L⁻¹)的体积为(　　)。

A. 0.84 mL  　　　B. 8.4 mL  　　　C. 5 mL  　　　D. 16.8 mL

9. 物质的量浓度相同的下列物质的水溶液中,pH 最大的是(　　)。

A. NaAc  　　　　B. $Na_2CO_3$  　　　C. $NH_4Cl$  　　　D. NaCl

10. 下列各酸溶液的 $H^+$ 浓度相等时,物质的量浓度最大的是(　　)。

A. $HClO_4$  　　　B. HAc  　　　　C. HF  　　　　D. $H_3BO_3$

11. 用纯水把下列溶液稀释 10 倍时,其中 pH 变化最大的是(　　)。

A. 0.1 mol·L⁻¹ HCl  　　　　　　　　　　B. 1 mol·L⁻¹ HAc+1 mol·L⁻¹ NaAc

C. 1 mol·L⁻¹ $NH_3·H_2O$  　　　　　　　D. 1 mol·L⁻¹ $NH_3·H_2O$+1 mol·L⁻¹ $NH_4Cl$

12. 某弱碱的 $K_b^\ominus=1\times10^{-9}$,则其 0.1 mol·L⁻¹ 水溶液的 pH 为(　　)。

A. 3.0  　　　B. 5.0  　　　　C. 9.0  　　　　D. 11.0

### 三、是非题

1. 对酚酞指示剂不显色的溶液,应该是酸性溶液。　　　　　　　　　　　　　　(　　)

2. 弱酸的解离常数越大,则酸就越强,其水溶液的 $H^+$ 浓度也就越大。　　　　(　　)

3. 强酸滴定弱碱溶液,化学计量点时的 pH 大于 7。　　　　　　　　　　　　(　　)

4. 将氨水的浓度用蒸馏水稀释 1 倍,则溶液中[$OH^-$]就减少到原来的 $\dfrac{1}{2}$。 (　　)

5. 在一定温度下,改变溶液的 pH,水的离子积不变。　　　　　　　　　　　　(　　)

6. 使甲基橙显黄色的溶液一定是碱性的。　　　　　　　　　　　　　　　　　(　　)

### 四、问答题

1. 下列物质溶于水后,溶液是酸性、碱性还是中性?

(1) NaBr　　　(2) $NH_4Cl$　　　(3) $K_3PO_4$　　　(4) $NH_4Ac$　　　(5) $NaHCO_3$

2. 下列各种溶液的 pH 是等于 7、大于 7,还是小于 7? 为什么?

$NH_4NO_3$,　　$Na_2SO_4$,　　$Ca(NO_3)_2$,　　NaCN,　　$NH_4Ac$,　　$AlCl_3$

3. 为什么 NaOH 溶液可以直接滴定 HAc 而不能直接滴定硼酸? 为什么 HCl 溶液能直接滴定硼砂而不能直接滴定乙酸钠?

4. 相同浓度的 HAc 和 HCl 溶液的 pH 是否相同? pH 相同的 HAc 和 HCl 溶液的浓度是否相同? 若用 NaOH 中和 pH 相同的 HCl 和 HAc,用量是否相同? 若用 NaOH 中和浓度相同的 HCl 和 HAc, 用量是否相同?

### 五、计算题

1. 将 100 mL 0.20 mol·L⁻¹ HAc 和 50 mL 0.20 mol·L⁻¹ NaOH 溶液混合,求混合溶液的 pH。

2. 分别计算各混合溶液的 pH:

(1) 0.3 L 0.5 mol·L⁻¹ HCl 与 0.2 L 0.5 mol·L⁻¹ NaOH 混合;

(2) 0.25 L 0.2 mol·L⁻¹ $NH_4Cl$ 与 0.5 L 0.2 mol·L⁻¹ NaOH 混合;

(3) 0.5 L 0.2 mol·L⁻¹ $NH_4Cl$ 与 0.5 L 0.2 mol·L⁻¹ NaOH 混合;

(4) 0.5 L 0.2 mol·L⁻¹ $NH_4Cl$ 与 0.25 L 0.2 mol·L⁻¹ NaOH 混合。

3. 欲配制 500 mL pH=9.0,[$NH_4^+$]=1.0 mol·L⁻¹ 的缓冲溶液,需密度为 0.904 g·mL⁻¹,质量分数为 26% 的浓氨水多少毫升? 需固体氯化铵多少克?

4. 标定 HCl 溶液时,以甲基橙为指示剂,以 $Na_2CO_3$ 为基准物。称取 $Na_2CO_3$ 0.613 6 g,用去 HCl 溶液 24.99 mL,求 HCl 溶液的浓度。

5. 标定 NaOH 溶液,用邻苯二甲酸氢钾基准物 0.502 6 g,以酚酞为指示剂滴定至终点,用去

NaOH 溶液 21.88 mL。求 NaOH 溶液的浓度。

6. 将 0.358 2 g 含 $CaCO_3$ 及不与酸作用杂质的石灰石与 25.00 mL 0.147 1 mol·$L^{-1}$ HCl 溶液反应,过量的酸用 10.15 mL NaOH 溶液回滴。已知 1 mL NaOH 溶液相当于 1.032 mL HCl 溶液。求石灰石的纯度。

7. 称取混合碱试样 0.652 4 g,以酚酞为指示剂,用 0.199 2 mol·$L^{-1}$ HCl 溶液滴定至终点,用去酸溶液 21.76 mL。再加甲基橙指示剂,滴定至终点,又消耗酸溶液 27.15 mL。求试样中各组分的质量分数。

# 第八章　重量分析法和沉淀滴定法

 **学习目标**

● 掌握溶度积的概念、溶度积与溶解度的换算；
● 能够利用溶度积规则判断沉淀的生成及溶解；
● 了解影响沉淀-溶解平衡的因素和沉淀-溶解平衡的有关计算；
● 了解重量分析法的基本原理、主要步骤和重量分析法对沉淀的要求；
● 理解影响沉淀纯度的因素和沉淀条件的选择；
● 掌握沉淀滴定法的原理及主要应用。

　　在科学实验和生产实际中,常常利用沉淀的生成和溶解进行产品的制备、物质的分离和提纯,以及作为分析检验方法的基础等。本章以化学平衡为依据,讨论难溶电解质的沉淀和溶解之间的平衡理论及其应用,以及以沉淀反应为基础的重量分析法和沉淀滴定法。

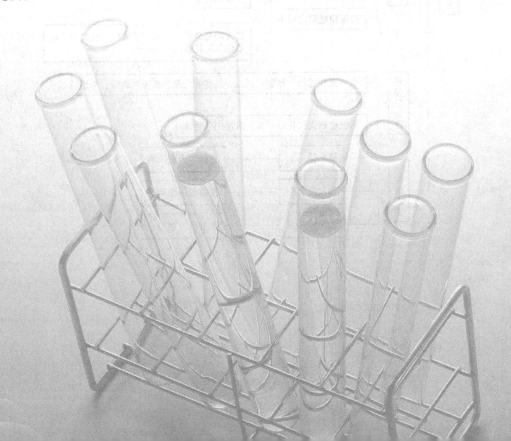

# 知识结构框图

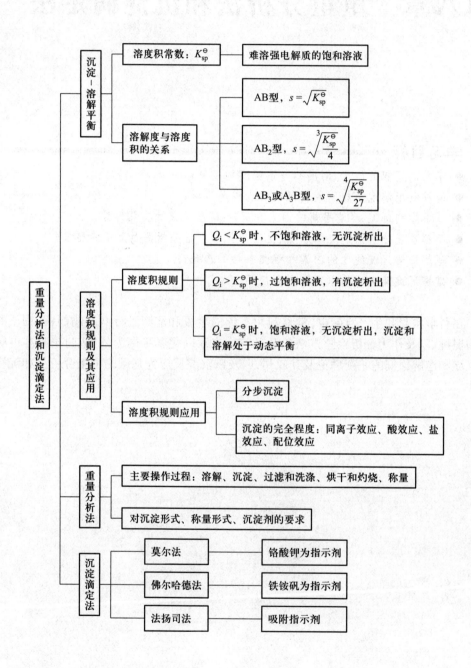

## 8.1 沉淀–溶解平衡

### 一、溶度积常数

各种不同的物质在水中的溶解度是不同的。严格地讲,绝对不溶解的物质是不存在的,只是溶解的程度不同而已。例如,$AgCl$,$BaSO_4$,$CaCO_3$ 等物质都是难溶的强电解质,习惯上,把在 100 g 水中溶解能力小于 0.01 g 的物质称为"难溶物"。把 $AgCl$ 晶体放入水中,或多或少仍有所溶解,这是由于晶体表面的 $Ag^+$,$Cl^-$ 在水分子的作用下,离开晶体表面,进入水中,成为自由运动的水合离子(溶解过程)。同时,$Ag^+$,$Cl^-$ 在水中互相碰撞,重新结合成 $AgCl$ 晶体,或碰到固体表面,重新回到固体表面(沉淀过程)。在一定温度下,当沉淀和溶解速度相等时,就达到了沉淀–溶解平衡,这是固体难溶电解质和溶液中相应离子间的动态平衡,这时的溶液即是该温度下 $AgCl$ 的饱和溶液。$AgCl$ 虽然难溶,但溶解的部分是完全解离的,溶液中不存在未解离的分子,与酸碱平衡不同,沉淀–溶解平衡是一种多相平衡,例如:

$$AgCl(s) \underset{沉淀}{\overset{溶解}{\rightleftharpoons}} Ag^+(aq) + Cl^-(aq)$$

根据化学平衡定律,平衡常数为

$$K^\ominus = \frac{[Ag^+][Cl^-]}{[AgCl]}$$

$[AgCl]$是未溶解的固体的浓度,与化学平衡一样,常把它归并入常数 $K$ 中,则有

$$K^\ominus_{sp} = [Ag^+][Cl^-]$$

$K^\ominus_{sp}$ 称为**溶度积常数**,简称**溶度积**,它反映了物质的溶解能力。和其他平衡常数一样,溶度积也随温度的变化而变化,与溶液的浓度无关。例如,$BaSO_4$ 的溶度积,在 298 K 时为 $1.08 \times 10^{-10}$,在 323 K 时为 $1.98 \times 10^{-10}$。可见,$BaSO_4$ 的 $K^\ominus_{sp}$ 随温度的升高而增大,但是变化不大。

对于一般的难溶强电解质 $A_m B_n$ 来说,在一定温度下,其饱和溶液的沉淀–溶解平衡为

$$A_m B_n(s) \rightleftharpoons m A^{n+}(aq) + n B^{m-}(aq)$$
$$K^\ominus_{sp}(A_m B_n) = [A^{n+}]^m [B^{m-}]^n$$

例如:

$$Ag_2 CrO_4(s) \rightleftharpoons 2Ag^+ + CrO_4^{2-}$$
$$K^\ominus_{sp}(Ag_2 CrO_4) = [Ag^+]^2 [CrO_4^{2-}]$$

也就是说一般的沉淀反应,不管进行得如何完全,溶液中总存在着相应的离子,它们的关系符合溶度积表达式,只是溶解能力不同,即 $K^\ominus_{sp}$ 不同而已。常见难溶电解质的 $K^\ominus_{sp}$ 列于

附录 4。

$K_{sp}^{\ominus}$ 仅适用于难溶强电解质的饱和溶液,对中等或易溶的电解质不适用。

## 二、溶解度和溶度积的关系

溶解度和溶度积的大小都能用来衡量难溶电解质的溶解能力,它们之间必然有着密切的联系。溶解度和溶度积之间可相互换算。对于相同类型的电解质,可通过溶度积的数据直接比较其溶解度的大小;对于不同类型的电解质,可通过溶度积数据换算为溶解度后再进行比较。溶度积表达式中,离子的浓度用物质的量浓度来表示,而溶解度常用各种不同的量来表示,从一些手册上查出的溶解度的单位常以 $g \cdot (100\ g\ 水)^{-1}$ 表示。所以由溶解度求算溶度积时,先要把溶解度换算成物质的量浓度,即换算成单位为 $mol \cdot L^{-1}$。由于难溶电解质的溶解度很小,可以认为它们的饱和溶液的密度近似等于纯水的密度,由此使计算简化。

**例 8-1**　在标准状态下,AgCl 的溶解度为 $1.93 \times 10^{-3}\,g \cdot L^{-1}$,求其 $K_{sp}^{\ominus}$。

**解:**先把溶解度的单位由 $g \cdot L^{-1}$ 转化成 $mol \cdot L^{-1}$,则

$$AgCl \rightleftharpoons Ag^+ + Cl^-$$
$$\phantom{AgCl \rightleftharpoons\ } s \qquad s$$

$$s = 1.93 \times 10^{-3}\,g \cdot L^{-1} / (143.3\ g \cdot mol^{-1}) = 1.35 \times 10^{-5}\,mol \cdot L^{-1}$$

$$K_{sp}^{\ominus} = [Ag^+][Cl^-] = (1.35 \times 10^{-5})^2 = 1.82 \times 10^{-10}$$

**例 8-2**　已知 25 ℃ 时,AgCl 的 $K_{sp}^{\ominus} = 1.8 \times 10^{-10}$,$Ag_2CrO_4$ 的 $K_{sp}^{\ominus} = 1.2 \times 10^{-12}$,通过计算说明哪一种银盐在水中的溶解度较大。

**解:**AgCl 的溶解平衡为 $AgCl \rightleftharpoons Ag^+ + Cl^-$。设 AgCl 在水中的溶解度为 $s(mol \cdot L^{-1})$,平衡时 $K_{sp}^{\ominus} = s \cdot s$,则

$$s = \sqrt{K_{sp}^{\ominus}} = \sqrt{1.8 \times 10^{-10}}\ mol \cdot L^{-1} = 1.34 \times 10^{-5}\,mol \cdot L^{-1}$$

同理,$Ag_2CrO_4$ 的溶解平衡为

$$Ag_2CrO_4 \rightleftharpoons 2Ag^+ + CrO_4^{2-}$$

设 $Ag_2CrO_4$ 在水中的溶解度为 $s(mol \cdot L^{-1})$,平衡时 $K_{sp}^{\ominus} = (2s)^2 \cdot s = 4s^3$,则

$$s = \sqrt[3]{\frac{K_{sp}^{\ominus}}{4}} = \sqrt[3]{\frac{1.2 \times 10^{-12}}{4}}\ mol \cdot L^{-1} = 6.7 \times 10^{-5}\,mol \cdot L^{-1}$$

计算表明,$Ag_2CrO_4$ 在水中的溶解度比 AgCl 大。

从上述例子可总结出以下几种类型沉淀的 $K_{sp}^{\ominus}$ 和溶解度 $s$ 之间的换算关系:

(1) AB 型　如 $AgCl$,$AgBr$,$BaSO_4$ 及 $CaCO_3$ 等,$s = \sqrt{K_{sp}^{\ominus}}$。

(2) $AB_2$ 型或 $A_2B$ 型　如 $PbI_2$,$Ag_2S$ 及 $Ag_2CrO_4$ 等,$s = \sqrt[3]{\dfrac{K_{sp}^{\ominus}}{4}}$。

(3) $AB_3$ 或 $A_3B$ 型　如 $Ag_3PO_4$，$Fe(OH)_3$ 及 $Al(OH)_3$ 等，$s = \sqrt[4]{\dfrac{K_{sp}^{\ominus}}{27}}$。

 **想一想**

　　$CaF_2$ 和 $BaCO_3$ 的溶度积常数很接近(分别为 $5.3 \times 10^{-9}$ 和 $5.1 \times 10^{-9}$)。两者饱和溶液中 $Ca^{2+}$ 和 $Ba^{2+}$ 的浓度是否也很接近？为什么？

## 8.2　溶度积规则及其应用

### 一、溶度积规则

　　反应没有达到平衡时的离子浓度幂的乘积称为离子积 $Q_i$，它是任意情况下都可变的，而 $K_{sp}^{\ominus}$ 是某一温度下的一个定值。例如，将过量的 $CaCO_3$ 放入纯水中，当溶解达平衡时，成为 $CaCO_3$ 饱和溶液，此时 $[Ca^{2+}] = [CO_3^{2-}]$，而且 $[Ca^{2+}][CO_3^{2-}] = K_{sp}^{\ominus}$。

$$CaCO_3(s) \rightleftharpoons Ca^{2+} + CO_3^{2-}$$

　　(1) 加入 $Ca^{2+}$，$[Ca^{2+}][CO_3^{2-}] > K_{sp}^{\ominus}$，平衡被破坏，平衡向左移动，有 $CaCO_3$ 析出。$[Ca^{2+}]$，$[CO_3^{2-}]$ 下降，直至 $[Ca^{2+}][CO_3^{2-}] = K_{sp}^{\ominus}$ 为止，又达成新的平衡，此时溶液中 $[Ca^{2+}]$ 和 $[CO_3^{2-}]$ 不相等。

　　(2) 加入 $HCl$，$2H^+ + CO_3^{2-} \longrightarrow H_2CO_3 \longrightarrow CO_2 + H_2O$，$[Ca^{2+}][CO_3^{2-}] < K_{sp}^{\ominus}$，沉淀溶解，平衡向右移动。$[Ca^{2+}]$，$[CO_3^{2-}]$ 升高，直至 $[Ca^{2+}][CO_3^{2-}] = K_{sp}^{\ominus}$ 为止，又达成新的平衡，此时溶液中 $[Ca^{2+}]$ 和 $[CO_3^{2-}]$ 不相等。

　　判断某一难溶电解质在一定条件下，能否生成沉淀，或已有的沉淀是否会发生溶解用溶度积规则：

　　(1) $Q_i = K_{sp}^{\ominus}$ 时，饱和溶液，无沉淀析出，沉淀和溶解处于动态平衡；

　　(2) $Q_i < K_{sp}^{\ominus}$ 时，不饱和溶液，无沉淀析出，若原来有固体存在，则沉淀固体溶解，直至溶液呈饱和状态；

　　(3) $Q_i > K_{sp}^{\ominus}$ 时，过饱和溶液，有沉淀析出，直至溶液呈饱和状态。

### 二、沉淀的生成

**1. 沉淀生成的条件：离子积 $Q_i > K_{sp}^{\ominus}$**

　　**例 8-3**　向 0.5 L 0.1 mol·L$^{-1}$ 氨水中加入等体积的 0.5 mol·L$^{-1}$ MgCl$_2$，问：

　　(1) 是否有 $Mg(OH)_2$ 沉淀生成？

　　(2) 欲控制不生成 $Mg(OH)_2$ 沉淀，需加多少克固体 $NH_4Cl$?

　　**解：**(1) 　　　　　$[Mg^{2+}] = \dfrac{0.5 \times 0.5}{0.5 + 0.5}$ mol·L$^{-1}$ = 0.25 mol·L$^{-1}$

$$[NH_3 \cdot H_2O] = \frac{0.5 \times 0.1}{0.5 + 0.5} \, mol \cdot L^{-1} = 0.05 \, mol \cdot L^{-1}$$

$$[OH^-] = \sqrt{cK_b^\ominus} = \sqrt{0.05 \times 1.8 \times 10^{-5}} \, mol \cdot L^{-1} = 9.5 \times 10^{-4} \, mol \cdot L^{-1}$$

$$Q_i = [Mg^{2+}][OH^-]^2 = 0.25 \times (9.5 \times 10^{-4})^2 = 2.26 \times 10^{-7}$$

所以,$Q_i > K_{sp}^\ominus(1.8 \times 10^{-11})$,有 $Mg(OH)_2$ 沉淀生成。

(2) 在氨水中加氯化铵,使离子浓度下降,$Q_i < K_{sp}^\ominus$,不生成沉淀。且氨水和氯化铵组成缓冲溶液,则

$$[OH^-] = \sqrt{\frac{K_{sp}^\ominus}{[Mg^{2+}]}} = \sqrt{\frac{1.8 \times 10^{-11}}{0.25}} \, mol \cdot L^{-1} = 8.5 \times 10^{-6} \, mol \cdot L^{-1}$$

$$[OH^-] = \frac{c_{NH_3 \cdot H_2O} K_b^\ominus}{c_{NH_4Cl}}$$

$$c_{NH_4Cl} = \frac{c_{NH_3 \cdot H_2O} K_b^\ominus}{[OH^-]} = \frac{0.05 \times 1.8 \times 10^{-5}}{8.5 \times 10^{-6}} = 0.11 \, mol \cdot L^{-1}$$

溶液总体积为 1.0 L,设加入氯化铵固体后体积不变,则需加入的氯化铵固体的质量为

$$m = 0.11 \, mol \cdot L^{-1} \times 1.0 \, L \times 53.5 \, g \cdot mol^{-1} = 5.9 \, g$$

**2. 沉淀的完全程度**

一定温度下,$K_{sp}^\ominus$ 是常数,溶液中沉淀-溶解平衡总是存在,所以溶液中没有一种离子的浓度会等于零,没有一种沉淀反应是绝对完全的,所谓"**沉淀完全**"并不是说溶液中某种离子完全不存在,而是其含量极少。在定性分析中,一般要求在溶液中的离子浓度小于 $1.0 \times 10^{-5} \, mol \cdot L^{-1}$,在定量分析中,通常要求离子浓度小于 $10^{-6} \, mol \cdot L^{-1}$,就认为是沉淀完全了。以下是几种使沉淀完全的方法。

(1) 同离子效应

**例 8-4** 欲分析溶液中的 $Ba^{2+}$ 含量,加 $SO_4^{2-}$ 作沉淀剂,问下列两种情况 $Ba^{2+}$ 是否沉淀完全?

(1) 将 0.1 L 0.02 mol·L$^{-1}$ $BaCl_2$ 和 0.1 L 0.02 mol·L$^{-1}$ $Na_2SO_4$ 混合;

(2) 将 0.1 L 0.02 mol·L$^{-1}$ $BaCl_2$ 和 0.1 L 0.04 mol·L$^{-1}$ $Na_2SO_4$ 混合。

**解:**(1) 沉淀达平衡时溶液中残留的 $Ba^{2+}$,$SO_4^{2-}$ 全部由 $BaSO_4$ 溶解而来,且两者的浓度相等。

$$BaSO_4(s) \rightleftharpoons Ba^{2+} + SO_4^{2-} \qquad K_{sp}^\ominus = 1.1 \times 10^{-10}$$

$$[Ba^{2+}] = [SO_4^{2-}] = \sqrt{K_{sp}^\ominus} = 1.05 \times 10^{-5} \, mol \cdot L^{-1} > 1.0 \times 10^{-5} \, mol \cdot L^{-1}$$

沉淀未完全。

(2) $SO_4^{2-}$ 过量,剩余的 $[SO_4^{2-}] = \frac{0.04 \times 0.1 - 0.02 \times 0.1}{0.2} \, mol \cdot L^{-1} = 0.01 \, mol \cdot L^{-1}$,设平衡时的 $[Ba^{2+}] = x \, mol \cdot L^{-1}$,$[SO_4^{2-}] = (0.01 + x) \, mol \cdot L^{-1}$,则

$$K_{sp}^{\ominus}=[Ba^{2+}][SO_4^{2-}]=x(0.01+x)\approx0.01x$$

$$[Ba^{2+}]=x \text{ mol}\cdot L^{-1}=\frac{K_{sp}^{\ominus}}{0.01} \text{ mol}\cdot L^{-1}=1.1\times10^{-8} \text{ mol}\cdot L^{-1}<1.0\times10^{-5} \text{ mol}\cdot L^{-1}$$

沉淀完全。

动画：

沉淀－溶解平衡中的同离子效应

可见,当溶液中 $SO_4^{2-}$ 过量时,残留的 $Ba^{2+}$ 浓度减小,导致 $BaSO_4$ 溶解度降低。这种因加入含有与沉淀离子相同离子的易溶强电解质,而使沉淀溶解度降低的效应,称为沉淀－溶解平衡中的同离子效应。

在生产中欲使某种离子沉淀完全,可将另一种离子(即沉淀剂)过量。例如,由硝酸银和盐酸为原料生产 AgCl,由于硝酸银来自金属银,银为贵重金属,应充分利用。因此,常加入过量的盐酸,促使 $Ag^+$ 沉淀完全。又如,在重量分析法中,从溶液中析出的沉淀因吸附杂质而需洗涤,为了减少洗涤沉淀的溶解损失,根据同离子效应,常利用含有相同离子的溶液代替纯水洗涤沉淀。如洗涤 $CaC_2O_4$ 沉淀时用稀 $(NH_4)_2C_2O_4$ 作为洗涤液。

(2) 酸效应  通过控制溶液的 pH 可使一些难溶弱酸盐和难溶氢氧化物溶解,称为酸效应。

**例 8－5**  要使 $Mn^{2+}$ 沉淀趋于完全,应控制溶液的 pH 为多少? 已知 $K_{sp}^{\ominus}\{Mn(OH)_2\}=1.9\times10^{-13}$。

**解:** 当残留溶液中的 $[Mn^{2+}]<1.0\times10^{-5} \text{ mol}\cdot L^{-1}$,可认为沉淀完全。

$$[Mn^{2+}][OH^-]^2=K_{sp}^{\ominus}$$

$$[OH^-]=\sqrt{\frac{K_{sp}^{\ominus}}{[Mn^{2+}]}}=\sqrt{\frac{1.9\times10^{-13}}{1.0\times10^{-5}}} \text{ mol}\cdot L^{-1}=1.38\times10^{-4} \text{ mol}\cdot L^{-1}$$

$$pH=14-(4-\lg1.38)=10.14$$

(3) 盐效应  若在难溶电解质的饱和溶液中加入过量易溶电解质,将使难溶电解质的溶解度升高,这种现象称盐效应。因此,在利用同离子效应,加入沉淀剂,使沉淀完全时,沉淀剂的加入量切勿过多,否则反而会使溶解度升高。如在 $PbSO_4$ 的饱和溶液中,加入过量的沉淀剂 $Na_2SO_4$,开始时 $Na_2SO_4$ 对 $PbSO_4$ 产生同离子效应,使 $PbSO_4$ 的溶解度减小,但当 $Na_2SO_4$ 的浓度超过 $0.04 \text{ mol}\cdot L^{-1}$ 时,$PbSO_4$ 的溶解度却随 $Na_2SO_4$ 的浓度增大而增大。又如 $PbSO_4$ 和 AgCl 在 $KNO_3$ 溶液中的溶解度都比在纯水中的要大,而且 $KNO_3$ 溶液浓度越大,沉淀的溶解度就越大。此外,加入过多的沉淀剂不仅浪费试剂,而且易造成沉淀杂质的污染。一般而言,对于在烘干和灼烧过程中易挥发除去的沉淀剂可过量 50%～100%,对于不易挥发除去的沉淀剂以过量 20%～30% 为宜。

(4) 配位效应  在沉淀－溶解平衡溶液中加入一些其他试剂,使沉淀和其发生配位反应,生成配离子,导致沉淀溶解或部分溶解,称为配位效应,例如:

$$AgCl(s)+Cl^- \rightleftharpoons [AgCl_2]^-$$

$$AgCl(s)+2NH_3 \rightleftharpoons [Ag(NH_3)_2]^++Cl^-$$

$$Cu(OH)_2+4NH_3 \rightleftharpoons [Cu(NH_3)_4]^{2+}+2OH^-$$

在实际工作中应根据具体情况来考虑哪种效应是主要的。在进行沉淀反应时,对无配位反应的强酸盐来说,主要考虑同离子效应;对弱酸盐和难溶盐,多数情况下应主要考虑酸效应;在有配位反应,尤其在能形成稳定的配合物,而沉淀的溶解度又不太小时,则应主要考虑配位效应。

除了上述因素外,其他因素,如温度、溶剂、沉淀颗粒的大小等都对沉淀的溶解度有影响。

---

**✎ 练一练**

烧杯中盛有 $PbCl_2$ 溶液,试给出两种试剂使 $PbCl_2$ 沉淀析出。

---

视频:

分步沉淀(沉淀的先后)

### 三、分步沉淀

在实际中,溶液中有多种离子存在,加入某种试剂,将会和多种离子都生成沉淀,这时沉淀的顺序如何?下面运用溶度积理论进行讨论。

例如,在含有 $0.1\ mol \cdot L^{-1}$ 的 $Cl^-$ 和 $I^-$ 的溶液中,逐渐加入 $AgNO_3$,将会有 $AgCl$ 白色沉淀和 $AgI$ 黄色沉淀生成,两种沉淀是否同时析出?还是一种先沉淀?根据溶度积规则,$K_{sp}^{\ominus}$ 小的先析出沉淀,$K_{sp}^{\ominus}$ 大的后沉淀,这称为**分步沉淀**。$K_{sp}^{\ominus}(AgCl) = 1.8 \times 10^{-10}$,$K_{sp}^{\ominus}(AgI) = 8.3 \times 10^{-17}$,所以,$Cl^-$ 开始沉淀所需的 $[Ag^+] = \dfrac{1.8 \times 10^{-10}}{0.1}\ mol \cdot L^{-1} = 1.8 \times 10^{-9}\ mol \cdot L^{-1}$,$I^-$ 开始沉淀所需的 $[Ag^+] = \dfrac{8.3 \times 10^{-17}}{0.1}\ mol \cdot L^{-1} = 8.3 \times 10^{-16}\ mol \cdot L^{-1}$。$AgI$ 先沉淀,不断滴入 $AgNO_3$ 溶液,当 $Ag^+$ 浓度刚超过 $1.8 \times 10^{-9}\ mol \cdot L^{-1}$ 时 $AgCl$ 开始沉淀,形成 $AgCl$ 和 $AgI$ 的饱和溶液,即 $[Ag^+][Cl^-] = 1.8 \times 10^{-10}$,$[Ag^+][I^-] = 8.3 \times 10^{-17}$。

同一种溶液中的 $[Ag^+]$ 相等,则

$$\frac{[Cl^-]}{[I^-]} = \frac{1.8 \times 10^{-10}}{8.3 \times 10^{-17}} = 2.17 \times 10^6$$

所以当溶液中 $[Cl^-]$ 比 $[I^-]$ 大 $10^6$ 倍时,$AgCl$ 开始沉淀。这时溶液中的 $[I^-]$ 有多大?

因为 $[Cl^-] = 0.1\ mol \cdot L^{-1}$,$[I^-] = \dfrac{[Cl^-]}{2.17 \times 10^6} = 4.6 \times 10^{-8}\ mol \cdot L^{-1} < 1.0 \times 10^{-5}\ mol \cdot L^{-1}$,说明当 $AgCl$ 沉淀时,$I^-$ 早已沉淀完全了。可见,利用分步沉淀原理,可使离子进行分离,$K_{sp}^{\ominus}$ 相差越大,分离就越完全。

---

**例 8-6** 某溶液中含 $0.10\ mol \cdot L^{-1}\ Cd^{2+}$ 和 $0.10\ mol \cdot L^{-1}\ Zn^{2+}$,为使 $Cd^{2+}$ 形成沉淀而与 $Zn^{2+}$ 分离,问沉淀剂 $S^{2-}$ 的浓度应控制在什么范围?

**解:** 查得 $K_{sp}^{\ominus}(CdS) = 8.0 \times 10^{-27}$,$K_{sp}^{\ominus}(ZnS) = 2.5 \times 10^{-22}$,则沉淀 $Cd^{2+}$ 所需 $S^{2-}$ 的最低浓度为

$$[S^{2-}] = \frac{K_{sp}^{\ominus}(CdS)}{[Cd^{2+}]} = \frac{8.0 \times 10^{-27}}{0.10}\ mol \cdot L^{-1} = 8.0 \times 10^{-26}\ mol \cdot L^{-1}$$

要使 ZnS 不沉淀,则 $S^{2-}$ 的最高浓度为

$$[S^{2-}]=\frac{K_{sp}^{\ominus}(ZnS)}{[Zn^{2+}]}=\frac{2.5\times10^{-22}}{0.10}\ mol\cdot L^{-1}=2.5\times10^{-21}\ mol\cdot L^{-1}$$

当 $[S^{2-}]=2.5\times10^{-21}\ mol\cdot L^{-1}$ 时,则

$$[Cd^{2+}]=\frac{8.0\times10^{-27}}{2.5\times10^{-21}}\ mol\cdot L^{-1}=3.2\times10^{-6}\ mol\cdot L^{-1}<1.0\times10^{-5}\ mol\cdot L^{-1}$$

如何控制达到如此低的 $S^{2-}$ 浓度?若用固体 $Na_2S$,其溶解度是 $9.4\times10^{-21}\ g\cdot L^{-1}$,若用酸($H_2S$),再进行稀释,并可改变 pH 加以控制,如在 $H_2S$ 饱和溶液中使 $[H^+]=0.24\ mol\cdot L^{-1}$,则此时 $[S^{2-}]=2.5\times10^{-21}\ mol\cdot L^{-1}$。

**例 8-7** 已知某溶液中含有 $0.1\ mol\cdot L^{-1}Ni^{2+}$ 和 $0.10\ mol\cdot L^{-1}Fe^{3+}$,试问能否通过控制溶液 pH 的方法达到分离的目的?

**解:**查得 $K_{sp}^{\ominus}\{Ni(OH)_2\}=2.0\times10^{-15}$,$K_{sp}^{\ominus}\{Fe(OH)_3\}=4.0\times10^{-38}$,则欲使 $Ni^{2+}$ 沉淀开始所需的 $OH^-$ 浓度为

$$[OH^-]=\sqrt{\frac{K_{sp}^{\ominus}\{Ni(OH)_2\}}{c_{Ni^{2+}}}}=\sqrt{\frac{2.0\times10^{-15}}{0.10}}\ mol\cdot L^{-1}=1.4\times10^{-7}\ mol\cdot L^{-1}$$

$$pH=7.1$$

欲使 $Fe^{3+}$ 开始沉淀所需的 $OH^-$ 浓度为

$$[OH^-]=\sqrt[3]{\frac{K_{sp}^{\ominus}\{Fe(OH)_3\}}{c_{Fe^{3+}}}}=\sqrt[3]{\frac{4.0\times10^{-38}}{0.10}}\ mol\cdot L^{-1}=7.4\times10^{-13}\ mol\cdot L^{-1}$$

$$pH=1.9$$

可见,当混合溶液中加入 $OH^-$ 时,$Fe^{3+}$ 首先开始沉淀。当 $Fe^{3+}$ 沉淀完全时,溶液中的 $OH^-$ 浓度为

$$[OH^-]=\sqrt[3]{\frac{4.0\times10^{-38}}{1.0\times10^{-5}}}\ mol\cdot L^{-1}=1.6\times10^{-11}\ mol\cdot L^{-1}$$

$$pH=3.2$$

由此可见,当 $Fe^{3+}$ 沉淀完全时,$OH^-$ 的浓度还未使 $Ni(OH)_2$ 沉淀生成。因此,只要控制 $3.2<pH<7.1$ 就能使两种离子分离。

### 四、沉淀的溶解

根据溶度积规则,要使沉淀溶解,必须减小难溶盐饱和溶液中某一离子的浓度,使 $Q_i<K_{sp}^{\ominus}$。减小离子浓度的方法有以下几种。

**1. 通过生成弱电解质使沉淀溶解**

(1) 通过生成弱酸使沉淀溶解　例如，沉淀 FeS 可溶于盐酸，$S^{2-}$ 与盐酸中的 $H^+$ 可以生成弱电解质 $H_2S$，使沉淀-溶解平衡向右移动，引起 FeS 的溶解。这个过程可示意如下：

$$
\begin{array}{c}
FeS(s) \rightleftharpoons Fe^{2+} + S^{2-} \\
+ \\
2HCl \Longrightarrow 2Cl^- + 2H^+ \\
\Updownarrow \\
H_2S
\end{array}
$$

又如 $CaCO_3$ 溶于盐酸，其反应如下：

$$CaCO_3 + 2HCl \Longrightarrow CaCl_2 + H_2O + CO_2 \uparrow$$

(2) 通过生成弱碱使沉淀溶解　例如，$Mg(OH)_2$ 溶于氯化铵中：

$$
\begin{array}{c}
Mg(OH)_2 \rightleftharpoons Mg^{2+} + 2OH^- \\
+ \\
2NH_4Cl \Longrightarrow 2Cl^- + 2NH_4^+ \\
\Updownarrow \\
2NH_3 \cdot H_2O
\end{array}
$$

(3) 通过生成水使沉淀溶解　例如，$Mg(OH)_2$ 溶于盐酸中：

$$
\begin{array}{c}
Mg(OH)_2 \rightleftharpoons Mg^{2+} + 2OH^- \\
+ \\
2HCl \Longrightarrow 2Cl^- + 2H^+ \\
\Updownarrow \\
2H_2O
\end{array}
$$

$K_{sp}^{\ominus}$ 越大，生成的弱电解质的 $K_a^{\ominus}$（或 $K_b^{\ominus}$）越小，则沉淀就越易溶解。$Fe(OH)_3$，$Al(OH)_3$ 不溶解于铵盐，但溶解于酸。因为加酸后生成水，而加铵盐后，生成氨水，水是比氨水更弱的电解质。$CuS$，$FeS$ 都是弱酸盐，$K_{sp}^{\ominus}(CuS) < K_{sp}^{\ominus}(FeS)$，所以 FeS 溶于盐酸，而 CuS 不溶于盐酸。

**2. 通过氧化还原反应使沉淀溶解**

许多金属硫化物，如 ZnS，FeS 等都能溶于强酸，因为释放出 $H_2S$，减少了 $S^{2-}$ 浓度而溶解。但溶度积特别小的难溶电解质，如 CuS，PbS 等，饱和溶液中的 $S^{2-}$ 浓度特别小，即使强酸也不能和微量的 $S^{2-}$ 作用生成 $H_2S$ 而使沉淀溶解，但可以用氧化还原反应，加入氧化剂来氧化微量的 $S^{2-}$ 使之溶解。

$$3CuS + 8HNO_3 \Longrightarrow 3Cu(NO_3)_2 + 3S \downarrow + 2NO \uparrow + 4H_2O$$

同理，$Ag_2S$ 也能溶于硝酸。

视频：

氢氧化镁沉淀的溶解

**3. 生成配位化合物使沉淀溶解**

例如，AgCl 沉淀溶解于氨水中：

$$AgCl(s) + 2NH_3 \rightleftharpoons [Ag(NH_3)_2]^+ + Cl^-$$

**4. 沉淀的转化**

向盛有白色 $BaCO_3$ 粉末的试管中加入淡黄色的 $K_2CrO_4$ 溶液并搅拌，沉降后观察到溶液变成无色，沉淀变成淡黄色，即白色的 $BaCO_3$ 沉淀转化成淡黄色的 $BaCrO_4$ 沉淀。这种由一种沉淀转化为另一种沉淀的过程称为**沉淀的转化**。如锅炉的水垢中含有不溶解于酸的 $CaSO_4$，由于水垢不易传热，不仅消耗能源，还可能造成局部过热，引起锅炉爆炸。因此，应除去 $CaSO_4$，$CaSO_4$ 不溶于酸，但用 $Na_2CO_3$ 溶液处理后，可使 $CaSO_4$ 转化为疏松的可溶于酸的 $CaCO_3$，这样就易于除去水垢了。由于 $K_{sp}^{\ominus}(CaCO_3) = 2.8 \times 10^{-9} < K_{sp}^{\ominus}(CaSO_4) = 2.5 \times 10^{-5}$，在饱和的 $CaSO_4$ 溶液中加入 $Na_2CO_3$ 后，$Ca^{2+}$ 与 $CO_3^{2-}$ 结合生成更难溶的 $CaCO_3$，从而降低了溶液中 $Ca^{2+}$ 的浓度，这时对于 $CaSO_4$ 来说变为不饱和溶液，故 $CaSO_4$ 逐渐溶解。只要加入足够量的 $Na_2CO_3$，保持所需的浓度就能使 $CaSO_4$ 全部转化成 $CaCO_3$，$CaCO_3$ 是一种弱酸盐，极易溶于强酸中。

视频：

沉淀的转化

167

因此，借助适当试剂，可将一些难溶电解质转化为更难溶的电解质。沉淀转化的程度取决于这两种沉淀的溶解度的相对大小。一般来说，一种难溶电解质转化为另一种更难溶的电解质较容易，而将溶解度较小的电解质转化为溶解度大的电解质并非不可能，但要困难得多。

---

 **练一练**

烧杯中盛有 $PbCl_2$ 溶液，试提出两种方法使 $PbCl_2$ 溶解度增大。

---

# 8.3 重量分析法简述

## 一、重量分析法概述

重量分析法是经典的化学分析方法，用于含量大于 1% 的常量组分的分析测定。它是通过物理方法或化学反应将试样中的待测组分从其他组分中分离出来，然后用称量的方法称其质量，从而测定并计算出该组分的含量。重量分析法直接用称量来得到分析结果，不用基准物进行比较，精确度较高，相对误差一般为 ±0.1% ～ ±0.2%。缺点是分析程序长、费时，故已逐渐为滴定法所取代。但目前硅、硫、磷、镍及几种稀有元素的精确测定仍采用重量分析法。

重量分析法中的分离方法有如下两种。

**1. 挥发法**

加热或蒸馏，使待测组分挥发，以试样质量的减少值（或吸收剂质量的增加值）求待测组分的含量。如 $BaCl_2 \cdot 2H_2O$ 中结晶水含量的测定：称取 $BaCl_2$ 试样，加热，再次称量，从两次质量之差求结晶水含量。

8.3 重量分析法简述

**2. 沉淀法**

在待测试样中加入试剂,使其沉淀,称沉淀的质量,求含量。

目前以沉淀法应用较多,下面主要讨论沉淀法。

## 二、重量分析法的主要操作过程

沉淀法的一般过程是:称取一定量的试样,将其溶解,加入沉淀剂使其沉淀,陈化后将沉淀过滤和洗涤,烘干或灼烧至恒重,称量,计算结果。

**1. 溶解**

为了把试样制成溶液,试样不同,所用的溶剂也不同。不溶解于水的试样,可用酸溶、碱溶或熔融的方法。

**2. 沉淀**

将沉淀剂加入含待测组分的溶液中,使生成沉淀。

**3. 过滤和洗涤**

将沉淀和母液分离,洗涤是为了除去不挥发的盐类杂质和母液。溶解度小且不易形成胶体的沉淀采用蒸馏水作洗液;溶解度较大的晶形沉淀采用沉淀剂的稀释液作洗液;溶解度小又易形成胶体的沉淀采用易挥发的电解质作洗液,如 $HNO_3$,$HCl$,$NH_4NO_3$,$NH_4Cl$,$(NH_4)_2CO_3$ 等。洗涤的原则是少量多次。

**4. 烘干和灼烧**

烘干是除去沉淀中的水分和挥发性的物质;灼烧又同时使沉淀组分恒定,一般灼烧温度都高于 800 ℃,使沉淀形式转变成称量形式。

**5. 称量至恒重**

反复烘干(或灼烧)、冷却,直至恒重,取最后两次称量质量之差。

## 三、重量分析法对沉淀的要求

在重量分析中,沉淀是经过烘干或灼烧后再称量的,在烘干或灼烧过程中可能发生化学变化,因而称量的物质可能不是原来的沉淀,而是从沉淀转化而来的另一种物质。也就是说在重量分析中"沉淀形式"和"称量形式"可能是相同的,也可能是不同的。

生成的难溶化合物沉淀的组成形式(未干燥和灼烧),称为沉淀形式。沉淀经过烘干(或灼烧)后称量物的组成形式,称为称量形式。例如:

$$SO_4^{2-} + BaCl_2 \longrightarrow \underset{\text{(沉淀形式)}}{BaSO_4} \xrightarrow{800\ ℃} \underset{\text{(称量形式)}}{BaSO_4}$$

$$Mg^{2+} + (NH_4)_2HPO_4 \rightleftharpoons \underset{\text{(沉淀形式)}}{MgNH_4PO_4 \cdot 6H_2O} \xrightarrow{1\ 100\ ℃} \underset{\text{(称量形式)}}{Mg_2P_2O_7}$$

**1. 对沉淀形式的要求**

(1) 沉淀的溶解度要小,沉淀反应要定量完成,沉淀溶解损失的量要小于称量误差(0.2 mg)。

(2) 沉淀要易于过滤和洗涤。

（3）沉淀的纯度要高,易转化为称量形式。

**2. 对称量形式的要求**

（1）沉淀的组成要恒定,并确定与化学式相符合。

（2）沉淀的性质稳定,不与空气中的二氧化碳、水等反应。

（3）沉淀要有较大的摩尔质量,以减小称量误差,提高分析的准确度。

**3. 对沉淀剂的要求**

（1）沉淀剂要易挥发,烘干或灼烧时多余的沉淀剂要易除去。

（2）要有较好的选择性,只与待测组分发生沉淀反应,与其他组分不发生反应。

（3）有机沉淀剂较好,其相对分子质量大,沉淀的溶解度小,沉淀的组成恒定,选择性好,烘干后即可称量,应用较为广泛。常用的有机沉淀剂见表 8-1 所示。

表 8-1  常用的有机沉淀剂

| 有机沉淀剂 | 一些可沉淀的离子 |
|---|---|
| 丁二酮肟 | $Ni^{2+}$,$Pd^{2+}$,$Pt^{2+}$ |
| 铜铁试剂 | $Fe^{3+}$,$VO_2^+$,$Ti^{4+}$,$Zr^{4+}$,$Ce^{4+}$,$Ga^{3+}$,$Sn^{4+}$ |
| 8-羟基喹啉 | $Mg^{2+}$,$Zn^{2+}$,$Cu^{2+}$,$Cd^{2+}$,$Pb^{2+}$,$Al^{3+}$,$Fe^{3+}$,$Bi^{3+}$,<br>$Ga^{3+}$,$Th^{4+}$,$Zr^{4+}$,$UO_2^{2+}$,$TiO^{2+}$ |
| 水杨醛肟 | $Cu^{2+}$,$Pb^{2+}$,$Bi^{3+}$,$Zn^{2+}$,$Ni^{2+}$,$Pd^{2+}$ |
| 1-亚硝基-2-萘酚 | $Co^{2+}$,$Fe^{3+}$,$Pd^{2+}$,$Zr^{4+}$ |
| 硝酸灵(硝酸试剂) | $NO_3^-$,$ClO_4^-$,$BF_4^-$,$WO_4^{2-}$ |
| 四苯基硼酸钠 | $K^+$,$Rb^+$,$Cs^+$,$NH_4^+$,$Ag^+$,有机铵离子 |
| 四苯基氯化砷 | $Cr_2O_7^{2-}$,$MnO_4^-$,$ReO_4^-$,$MoO_4^{2-}$,$WO_4^{2-}$,$ClO_4^-$,$I_3^-$ |

# 8.4  沉淀滴定法

**一、概述**

利用沉淀反应进行滴定分析的方法称为**沉淀滴定法**。能用于滴定分析的沉淀反应必须符合以下条件:

（1）沉淀反应按一定的化学计量关系进行,生成的沉淀溶解度要小,对于 1：1 型沉淀,其 $K_{sp}^{\ominus} \leqslant 10^{-10}$;

（2）反应速率要快,不易形成过饱和溶液;

（3）沉淀的吸附现象不影响滴定终点;

（4）有适当的指示剂或其他方法指示滴定终点。

符合以上条件,并在分析上应用最为广泛的是银量法。它是利用难溶性银盐的反应进行滴定的分析方法。银量法主要用于测定 $Cl^-$,$Br^-$,$I^-$,$SCN^-$,$Ag^+$ 等离子及一些含卤素的有机化合物,在化学工业、环境监测、水质分析、农药检验及冶金工业中有重要的意义。

## 二、莫尔法

莫尔法是在中性或弱碱性溶液中以铬酸钾为指示剂,用硝酸银标准溶液滴定的一种银量法。以测定 $Cl^-$ 为例,说明莫尔法的测定原理。在含 $Cl^-$ 的试液中加入 $K_2CrO_4$ 指示剂,然后滴加 $AgNO_3$ 标准溶液,产生 $AgCl$ 白色沉淀。等 $Cl^-$ 沉淀完全后,继续滴加的 $AgNO_3$ 就和溶液中的 $K_2CrO_4$ 反应,产生砖红色的 $Ag_2CrO_4$ 沉淀,指示终点的到达。由于 $Ag_2CrO_4$ 沉淀的溶解度($6.5\times10^{-5}$ mol·L$^{-1}$)比 $AgCl$ 的溶解度($1.3\times10^{-5}$ mol·L$^{-1}$)大,根据分步沉淀原理,当用 $AgNO_3$ 滴定时,溶液中将首先析出 $AgCl$ 沉淀,当 $AgCl$ 定量沉淀后,稍微过量的 $Ag^+$ 与 $CrO_4^{2-}$ 反应生成砖红色的 $Ag_2CrO_4$ 沉淀,即为滴定终点。

**1. 滴定条件**

(1) 指示剂用量　在化学计量点时,溶液中的 $Ag^+$ 浓度为

$$[Ag^+]=\sqrt{K_{sp}^{\ominus}(AgCl)}=\sqrt{1.8\times10^{-10}}\ \text{mol·L}^{-1}=1.3\times10^{-5}\ \text{mol·L}^{-1}$$

$Ag_2CrO_4$ 沉淀刚好出现,则溶液中的 $CrO_4^{2-}$ 浓度为

$$[CrO_4^{2-}]=\frac{K_{sp}^{\ominus}(Ag_2CrO_4)}{[Ag^+]^2}=\frac{1.2\times10^{-12}}{(1.3\times10^{-5})^2}\ \text{mol·L}^{-1}=7.1\times10^{-3}\ \text{mol·L}^{-1}$$

即在化学计量点时,恰好析出 $Ag_2CrO_4$ 沉淀所需的 $CrO_4^{2-}$ 浓度是 $7.1\times10^{-3}$ mol·L$^{-1}$,这时,$Ag_2CrO_4$ 溶液刚刚饱和,要析出 $Ag_2CrO_4$ 沉淀,$CrO_4^{2-}$ 的浓度要稍大些。由于 $K_2CrO_4$ 溶液呈黄色,要在黄色背景下观察到微量的砖红色 $Ag_2CrO_4$ 沉淀,是比较困难的。实验证明,$CrO_4^{2-}$ 浓度保持在 $5\times10^{-3}$ mol·L$^{-1}$(相当于 $50\sim100$ mL 溶液中加入 5‰$K_2CrO_4$ 溶液 $0.5\sim1.0$ mL)为宜,在此浓度下,才能从浅黄色中辨别出砖红色终点,滴定误差小于 $\pm0.1\%$。

(2) 溶液酸度　莫尔法要求溶液的 pH 控制在 $6.5\sim10.5$,pH<$6.5$ 时,$CrO_4^{2-}$ 将会发生以下反应:

$$2CrO_4^{2-}+2H^+\Longleftrightarrow 2HCrO_4^-\Longleftrightarrow Cr_2O_7^{2-}+H_2O$$

因而降低了 $CrO_4^{2-}$ 的浓度,造成 $Ag_2CrO_4$ 沉淀出现过迟,甚至不出现沉淀。当 pH>$10.5$ 时,将有褐色的 $Ag_2O$ 沉淀析出,影响终点的判别:

$$2Ag^++2OH^-\Longleftrightarrow Ag_2O\downarrow+H_2O$$

因此,莫尔法要求在中性或弱碱性溶液中进行滴定。若溶液酸性太强,可用 $Na_2B_4O_7\cdot10H_2O$,$NaHCO_3$ 或 $CaCO_3$ 中和;若碱性太强,可用稀硝酸中和。

当溶液中有铵盐存在时,pH 较高,易形成 $NH_3$,使 $Ag^+$ 与 $NH_3$ 形成 $[Ag(NH_3)_2]^+$ 而多消耗 $AgNO_3$ 标准溶液,滴定时,溶液 pH 应控制在 $6.5\sim7.2$ 为宜。

**2. 应用范围**

(1) 主要用于测定 $Cl^-$ 和 $Br^-$。$AgI$ 和 $AgSCN$ 有强烈吸附性,终点过早出现,不适用于测定 $I^-$ 和 $SCN^-$。

(2) 凡能与 $Ag^+$ 生成沉淀的阴离子(如 $PO_4^{3-}$,$AsO_4^{3-}$,$S^{2-}$,$CO_3^{2-}$,$CrO_4^{2-}$),能与 $CrO_4^{2-}$ 生成沉淀的阳离子(如 $Ba^{2+}$,$Pb^{2+}$,$Hg^{2+}$),能与 $Ag^+$ 形成配合物的物质(如 $NH_3$,

EDTA，KCN，$S_2O_3^{2-}$），以及中性和弱碱性条件下可水解的金属离子，都会干扰测定。

（3）适用于 $Ag^+$ 滴定 $Cl^-$，不能用 $Cl^-$ 滴定 $Ag^+$，因滴定前就形成了 $Ag_2CrO_4$，难以转变为 $AgCl$，转变的速率很慢。

### 三、佛尔哈德法

#### 1. 测定原理

佛尔哈德法是在酸性溶液中，以铁铵矾｛$NH_4Fe(SO_4)_2 \cdot 12H_2O$｝作指示剂来确定终点的一种银量法。根据滴定方式的不同，佛尔哈德法分为直接滴定法和返滴定法。

（1）直接滴定法　在稀 $HNO_3$ 溶液中，以铁铵矾作指示剂，以 $NH_4SCN$ 作标准溶液直接滴定被测物质。当滴定到化学计量点时，稍微过量的 $SCN^-$ 与 $Fe^{3+}$ 生成 $FeSCN^{2+}$ 配离子，溶液呈红色，即为滴定终点。例如，$Ag^+$ 的滴定反应如下：

$$Ag^+ + SCN^- \rightleftharpoons AgSCN\downarrow \quad （白色）$$
$$Fe^{3+} + SCN^- \rightleftharpoons FeSCN^{2+} \quad （红色）$$

由于生成的 $AgSCN$ 沉淀能吸附溶液中的 $Ag^+$，而少消耗 $NH_4SCN$ 标准溶液使终点提前出现，因此，在滴定过程中需剧烈摇动锥形瓶，使被吸附的 $Ag^+$ 释放出来。此法可直接测定 $Ag^+$，优于莫尔法。

（2）返滴定法　在待测溶液中，加入过量的准确体积的 $AgNO_3$ 标准溶液，等 $AgNO_3$ 与被测物质反应完全后，以铁铵矾作指示剂，用 $NH_4SCN$ 标准溶液滴定剩余的 $Ag^+$，滴定至溶液出现浅红色时为终点。例如，$Cl^-$ 的测定，其反应如下：

$$Ag^+ + Cl^- \rightleftharpoons AgCl\downarrow （白色） \quad K_{sp}^{\ominus}(AgCl) = 1.8 \times 10^{-10}$$
$$Ag^+ + SCN^- \rightleftharpoons AgSCN\downarrow （白色） \quad K_{sp}^{\ominus}(AgSCN) = 1.1 \times 10^{-12}$$
$$Fe^{3+} + SCN^- \rightleftharpoons FeSCN^{2+} （红色）$$

此法可测定 $Cl^-$，$Br^-$，$SCN^-$。

#### 2. 测定条件

（1）指示剂用量　实验证明，终点时要观察到明显的微红色，$FeSCN^{2+}$ 最低浓度应达到 $6 \times 10^{-6}$ mol·$L^{-1}$，此时，$Fe^{3+}$ 的浓度为 0.4 mol·$L^{-1}$，由于 $Fe^{3+}$ 在浓度较高时溶液呈较深的橙黄色，妨碍终点的观察，因此，$Fe^{3+}$ 的浓度应保持在 0.015 mol·$L^{-1}$，可以得到满意的结果，滴定误差为 ±0.2%。

（2）溶液酸度　佛尔哈德法适宜于 0.1～1.0 mol·$L^{-1}$ 的 $HNO_3$ 溶液介质中进行。溶液的酸度不宜过高，否则会使 $SCN^-$ 浓度降低，在中性或弱碱性溶液中，$Fe^{3+}$ 将水解生成红棕色的 $Fe(OH)_3$ 沉淀，降低 $Fe^{3+}$ 的浓度。$Ag^+$ 在碱性溶液中会生成 $Ag_2O$ 褐色沉淀，影响终点的确定。由于佛尔哈德法要求在酸性介质中进行，许多弱酸根离子，如 $PO_4^{3-}$，$SO_3^{2-}$，$CO_3^{2-}$，$CrO_4^{2-}$，$C_2O_4^{2-}$ 等都不会与 $Ag^+$ 生成沉淀，也可免除某些能形成氢氧化物的阳离子的干扰，故此法的选择性较好。

（3）应注意的问题

① 用佛尔哈德法测定 $I^-$ 时，应先加入过量的 $AgNO_3$，待 $AgI$ 定量沉淀完全后，再加

入铁铵矾指示剂,以避免 $Fe^{3+}$ 将 $I^-$ 氧化为 $I_2$,导致测定结果偏低。

② 测定 $Cl^-$ 时,因为 AgCl 的溶解度比 AgSCN 大,接近终点时,稍微过量的 $SCN^-$ 就能与 AgCl 沉淀发生反应,使 AgCl 转化为 AgSCN,红色消退。继续滴加 $NH_4SCN$ 形成的红色又会随摇动而消失。这种转化作用将继续进行到 $Cl^-$ 与 $SCN^-$ 浓度之间建立一定的平衡关系,才会出现持久的红色。这样必然会多消耗 $NH_4SCN$ 溶液,从而使测得的 $Cl^-$ 含量偏低,造成较大的测定误差。因此,应设法将 AgCl 沉淀与溶液分开。一种方法是在返滴定前将 AgCl 过滤除去,但操作麻烦;另一种方法是加入有机溶剂,如硝基苯(有毒)或邻苯二甲酸二丁酯,用力摇动,使 AgCl 沉淀颗粒被包裹起来,而与溶液隔离,阻止 AgCl 沉淀与 $NH_4SCN$ 发生转化,该法简便,效果显著。AgBr 与 AgI 的溶解度都比 AgCl 的溶解度小,因而不会发生沉淀转化问题。

### 四、法扬司法

用吸附指示剂指示终点的银量法称法扬司法。吸附指示剂是一些有机染料,它的阴离子在溶液中易被带正电荷的胶体状沉淀吸附,吸附后其结构发生改变,从而引起颜色的变化,以此来指示滴定终点。

用 $AgNO_3$ 滴定 $Cl^-$ 时,用荧光黄作指示剂。荧光黄是一种有机弱酸,用 HFIn 表示:

$$HFIn \rightleftharpoons H^+ + FIn^- (黄绿色)$$

在化学计量点前,溶液中 $Cl^-$ 过量,AgCl 沉淀吸附 $Cl^-$ 而带负电荷,$FIn^-$ 受排斥而不被吸附,溶液呈黄色。而在化学计量点后,加入稍微过量的 $AgNO_3$ 使得 AgCl 沉淀吸附 $Ag^+$ 而带正电荷,这时溶液中 $FIn^-$ 被 $Ag^+$ 吸附,结构变化,由黄色变为红色。为了使终点颜色变化明显,应用吸附指示剂时应注意如下几点:

(1) 由于颜色的变化是发生在沉淀的表面,要使终点颜色变化明显,应尽量使沉淀的比表面积大一些。为此,常常加入一些胶体保护剂(如糊精、淀粉),阻止卤化银聚沉,使其保持胶体状态。

(2) 溶液的酸度要合适。常用的吸附指示剂大多是有机弱酸,而起指示作用的是它们的阴离子,必须控制适宜的酸度。

(3) 测定时应避免强光照射,否则会影响终点观察。

(4) 待测离子浓度不能太低,否则生成的沉淀量少,终点观察不明显。对于 $Cl^-$,其浓度至少要大于 $0.005 \text{ mol·L}^{-1}$,否则不能用荧光黄作指示剂;浓度也不能太大,否则会引起胶体聚沉。

(5) 胶体对指示剂的吸附能力应略小于对被测离子的吸附能力,否则指示剂将在化学计量点前变色,但也不能太小,否则会使终点出现过迟。

卤化银对卤素离子和常用指示剂的吸附能力顺序为: $I^- > SCN^- >$ 曙红 $> Cl^- >$ 荧光黄。

吸附指示剂除用于银量法外,还可用于测定 $Ba^{2+}$ 和 $SO_4^{2-}$。

### 五、应用示例

**1. 标准溶液的配制和标定**

(1) $AgNO_3$ 的配制和标定  硝酸银可以制得纯品,符合基准物的要求,可以用直接法配制。将分析纯的硝酸银结晶置于烘箱内,在110 ℃烘干2 h,以除去吸湿水。然后称取一定量烘干的$AgNO_3$,溶解后注入一定体积的容量瓶中,加水稀释至刻度并摇匀,即得一定浓度的标准溶液。

$AgNO_3$见光易分解:

$$2AgNO_3 \xrightarrow{\text{光}} 2Ag + 2NO_2 \uparrow + O_2 \uparrow$$

故$AgNO_3$标准溶液应贮存于棕色瓶中,并置于暗处。

$AgNO_3$中往往含有金属银、有机物、亚硝酸盐及铵盐等杂质,所以配制成溶液之后一般还应进行标定。标定$AgNO_3$溶液最常用的基准物为NaCl,但因为NaCl易吸潮,故在使用前于500～600 ℃下干燥,冷却后,置于密封瓶中,保存于干燥器内备用。

标定$AgNO_3$溶液可以用前面讲过的任一方法,但最好使标定方法与用此标准溶液进行试样测定的方法相同,以便消除系统误差。

(2) $NH_4SCN$的配制和标定　$NH_4SCN$试剂一般含有杂质,且易潮解,只能先配制成近似浓度的溶液,然后再进行标定。

标定$NH_4SCN$溶液最简单的方法,是量取一定体积的$AgNO_3$标准溶液,以铁铵矾溶液作指示剂,用$NH_4SCN$溶液直接滴定。

也可用NaCl作基准物,采用佛尔哈德法,同时标定$AgNO_3$和$NH_4SCN$两种溶液。方法是先准确称取一定量的NaCl,溶于水后,加入过量的$AgNO_3$溶液,以铁铵矾作指示剂,用$NH_4SCN$溶液回滴过剩的$AgNO_3$,若已知$AgNO_3$和$NH_4SCN$两种溶液的体积比,则由基准物NaCl的质量和两种溶液的用量,即可计算两种溶液的准确浓度。

**例8-8**　称取基准物NaCl 0.200 0 g,溶于水后,加入$AgNO_3$标准溶液50.00 mL,以铁铵矾为指示剂,用$NH_4SCN$标准溶液滴定至微红色,用去$NH_4SCN$溶液25.00 mL。已知1.00 mL $NH_4SCN$标准溶液相当于1.20 mL $AgNO_3$标准溶液,计算$AgNO_3$和$NH_4SCN$溶液的浓度。

**解:** 已知$M_{\text{NaCl}} = 58.44 \text{ g·mol}^{-1}$,则

$$c_{\text{AgNO}_3} = \frac{m_{\text{NaCl}}}{M_{\text{NaCl}} V_{\text{AgNO}_3}} = \frac{0.200\ 0 \text{ g}}{58.44 \text{ g·mol}^{-1} \times (50.00 - 1.20 \times 25.00) \times 10^{-3} \text{ L}}$$

$$= 0.171\ 1 \text{ mol·L}^{-1}$$

$$c_{\text{NH}_4\text{SCN}} = \frac{c_{\text{AgNO}_3} V_{\text{AgNO}_3}}{V_{\text{NH}_4\text{SCN}}} = \frac{0.171\ 1 \text{ mol·L}^{-1} \times 1.20 \text{ mL}}{1.00 \text{ mL}} = 0.205\ 3 \text{ mol·L}^{-1}$$

**2. 银量法的应用示例和计算**

(1) 海水中氯含量的测定　海水、地下水、盐湖水中的氯含量较高,可用莫尔法。若水中还含有$PO_4^{3-}$,$SO_3^{2-}$,$S^{2-}$等,则采用佛尔哈德法。

(2) 银合金中银含量的测定　银合金用硝酸溶解并制成溶液:

$$Ag + NO_3^- + 2H^+ = Ag^+ + NO_2 \uparrow + H_2O$$

在溶解试样时,必须煮沸,除去氮的氧化物,以免它与 $SCN^-$ 作用生成红色化合物,而影响滴定终点的观察。

$$HNO_2 + H^+ + SCN^- \Longrightarrow NOSCN + H_2O$$
$$(红色)$$

试样溶解后,以铁铵矾为指示剂,用 $NH_4SCN$ 标准溶液滴定。

**例 8-9** 将 2.100 g 煤试样燃烧后,其中 S 完全氧化为 $SO_2$,用水处理后,加入 25.00 mL 0.100 0 $mol \cdot L^{-1}BaCl_2$ 溶液,使生成 $BaSO_4$ 沉淀。过量的 $Ba^{2+}$,以玫瑰红酸钠作指示剂,用 0.088 0 $mol \cdot L^{-1}Na_2SO_4$ 溶液滴定,用去 1.00 mL,试计算试样中 S 的质量分数。

**解:**
$$H_2SO_4 + BaCl_2 \Longrightarrow BaSO_4 \downarrow + 2HCl$$
$$BaCl_2 + Na_2SO_4 \Longrightarrow BaSO_4 \downarrow + 2NaCl$$

$BaCl_2$ 的物质的量 $= 0.100\ 0\ mol \cdot L^{-1} \times 25.00 \times 10^{-3}\ L = 2.5 \times 10^{-3}\ mol$

$Na_2SO_4$ 的物质的量 $= 0.088\ 0\ mol \cdot L^{-1} \times 1.00 \times 10^{-3}\ L = 8.8 \times 10^{-5}\ mol$

则 $H_2SO_4$ 的物质的量(即 S 的物质的量)$= 2.5 \times 10^{-3}\ mol - 8.8 \times 10^{-5}\ mol = 2.412 \times 10^{-5}\ mol$

$$S\ 的质量分数 = \frac{2.412 \times 10^{-5}\ mol \times 32.06\ g \cdot mol^{-1}}{2.100\ g} = 3.682 \times 10^{-4}$$

第八章习题解答

## 习 题

**一、填空题**

1. 莫尔法是在中性或弱碱性介质中,以_____作指示剂的一种银量法,而佛尔哈德法是在酸性介质中,以_____作指示剂的一种银量法。

2. 根据滴定方式、滴定条件和选用指示剂的不同,银量法可分为_____、_____、_____。

3. 同离子效应使难溶电解质的溶解度_____,盐效应使难溶电解质的溶解度_____。

4. 已知 $As_2S_3$ 的溶解度为 $2.0 \times 10^{-3} g \cdot L^{-1}$,则它的溶度积 $K_{sp}^{\ominus}$ 是_____。

5. 某难溶强电解质 $A_2B_3$,其溶解度 $s$ 与溶度积 $K_{sp}^{\ominus}$ 的关系式是_____。

6. 在含有 $Cl^-$、$Br^-$、$I^-$ 的混合溶液中,已知三者浓度均为 0.010 $mol \cdot L^{-1}$,若向混合溶液中滴加 $AgNO_3$ 溶液,首先应沉淀出的是_____,而_____沉淀最后析出 $[K_{sp}^{\ominus}(AgCl) = 1.8 \times 10^{-10}$,$K_{sp}^{\ominus}(AgBr) = 5.0 \times 10^{-13}$,$K_{sp}^{\ominus}(AgI) = 8.3 \times 10^{-17}]$。

**二、选择题**

1. 莫尔法用 $AgNO_3$ 标准溶液滴定 NaCl 时,所用的指示剂是( )。

A. KSCN　　　　B. $K_2Cr_2O_7$　　　　C. $K_2CrO_4$　　　　D. $NH_4Fe(SO_4)_2 \cdot 12H_2O$

2. 下列物质中可采用莫尔法测定其中的氯含量的是( )。

A. $BaCl_2$　　　　B. $PbCl_2$　　　　C. KCl　　　　D. $KCl + Na_3AsO_4$

3. 某难溶物质的化学式是 $M_2X$,则溶解度 $s$ 与溶度积 $K_{sp}^{\ominus}$ 的关系是( )。

A. $s = K_{sp}^{\ominus}$　　　　B. $s^2 = K_{sp}^{\ominus}$　　　　C. $2s^2 = K_{sp}^{\ominus}$　　　　D. $4s^3 = K_{sp}^{\ominus}$

4. $Mg(OH)_2$ 沉淀在下列四种情况下,其溶解度最大的是( )。

A. 在纯水中　　　　　　　　　　　　B. 在 0.10 $mol \cdot L^{-1}$ HAc 溶液中

C. 在 $0.10\ mol\cdot L^{-1}$ 氨水中　　　　　　　　D. 在 $0.10\ mol\cdot L^{-1}MgCl_2$ 溶液中

### 三、是非题

1. 控制一定的条件,沉淀反应可以达到绝对完全。　　　　　　　　　　　　　( )

2. 沉淀的称量形式和沉淀形式必须相同。　　　　　　　　　　　　　　　( )

3. 同离子效应可使难溶强电解质的溶解度大大降低。　　　　　　　　　　( )

4. 借助适当试剂,可使许多难溶强电解质转化为更难溶的强电解质,两者的 $K_{sp}^{\ominus}$ 相差越大,这种转化就越容易。　　　　　　　　　　　　　　　　　　　　　　　　　( )

5. 用铬酸钾作指示剂时,滴定应在 $pH=3.4\sim6.5$ 的溶液中进行。　　　　　( )

### 四、问答题

1. 下面的说法对不对?为什么?

(1) 两种难溶电解质做比较时,溶度积小的,其溶解度也一定小。

(2) 欲使溶液中某离子沉淀完全,加入的沉淀剂应该是越多越好。

(3) 所谓沉淀完全就是用沉淀剂将溶液中某一种离子除净。

2. 试解释下列现象。

(1) AgCl 在 $1\ mol\cdot L^{-1}$ HCl 溶液中比在水中较易溶解。

(2) $Ag_2CrO_4$ 在 $0.110\ mol\cdot L^{-1}$ HCl 溶液中比在 $0.001\ mol\cdot L^{-1}K_2CrO_4$ 溶液中较难溶解。

(3) $BaSO_4$ 可用水洗涤,而 AgCl 要用稀 $HNO_3$ 洗涤。

### 五、计算题

1. 已知下列物质的溶解度,试计算其溶度积常数。

(1) $CaCO_3$　　$s(CaCO_3)=5.3\times10^{-3}\ g\cdot L^{-1}$

(2) $Ag_2CrO_4$　　$s(Ag_2CrO_4)=2.1\times10^{-2}\ g\cdot L^{-1}$

2. 通过计算说明将下列各组溶液以等体积混合时,哪些能生成沉淀?哪些不能?各混合溶液中 $Ag^+$ 和 $Cl^-$ 的浓度分别是多少?

(1) $1.5\times10^{-6}\ mol\cdot L^{-1}AgNO_3$ 和 $1.5\times10^{-5}\ mol\cdot L^{-1}NaCl$

(2) $1.5\times10^{-4}\ mol\cdot L^{-1}AgNO_3$ 和 $1.5\times10^{-4}\ mol\cdot L^{-1}NaCl$

(3) $1.0\times10^{-2}\ mol\cdot L^{-1}AgNO_3$ 和 $1.0\times10^{-3}\ mol\cdot L^{-1}NaCl$

3. 铸铁试样 1.000 g,置于电炉中,通氧燃烧,使其中的 C 生成 $CO_2$,用碱石棉吸收后,后者增重 0.082 5 g。求铸铁中 C 的质量分数。

4. 称取分析纯 $AgNO_3$ 4.326 g,加水溶解后,定容至 250.00 mL,取出 20.00 mL,用 $NH_4SCN$ 溶液滴定,计用去 18.48 mL,则 $AgNO_3$ 和 $NH_4SCN$ 溶液的浓度各为多少?

5. 称取分析纯 NaCl 1.169 0 g,加水溶解后,配成 250.0 mL 溶液,吸取此溶液 25.00 mL,加入 $AgNO_3$ 溶液 30.00 mL,剩余的 $Ag^+$ 用 $NH_4SCN$ 回滴,计用去 12.00 mL。已知直接滴定 25.00 mL $AgNO_3$ 溶液时需要 20.00 mL $NH_4SCN$ 溶液。计算 $AgNO_3$ 和 $NH_4SCN$ 溶液的浓度。

# 第九章 氧化还原平衡和氧化还原滴定法

## 学习目标

● 理解氧化值、氧化还原反应、氧化反应、还原反应、氧化剂、还原剂、氧化态、还原态、电对、电极电势、标准电极电势等基本概念；

● 能进行氧化还原反应方程式的配平及氧化值的计算；

● 掌握能斯特方程，能利用能斯特方程计算氧化还原电对在不同条件下的电极电势，并进行氧化剂、还原剂的强弱判断；氧化还原反应进行的方向和次序判断；选择氧化剂、还原剂；

● 掌握重铬酸钾法、高锰酸钾法及碘量法的原理、指示剂、反应条件及应用。

　　氧化还原反应是一类参加反应的物质之间有电子转移(或偏移)的反应。本章首先讨论有关氧化还原反应的基本知识,在此基础上,判断氧化还原反应进行的方向与程度,并用于滴定分析测定各种物质。

# 知识结构框图

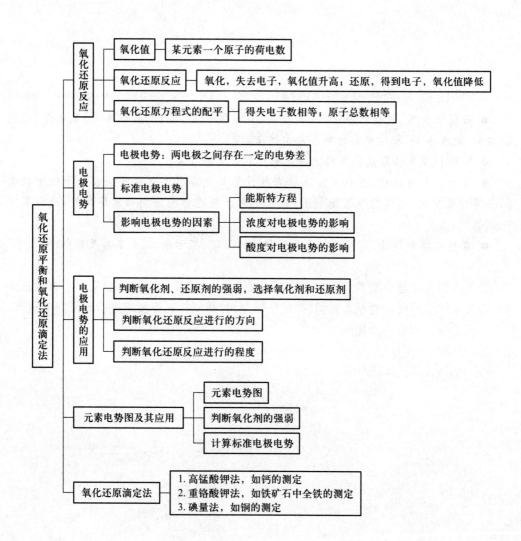

# 9.1 氧化还原反应的基本概念

## 一、氧化值

氧化值是某元素一个原子的荷电数,这个荷电数(即原子所带的净电荷数)的确定,是假设把每个键中的电子指定给电负性更大的原子而求得的。例如,在 NaCl 中,氯元素的电负性比钠元素大,氯元素的原子获得一个电子因而其氧化值为 $-1$,钠元素的氧化值为 $+1$。

确定元素的氧化值的一般规则如下:

(1) 在单质中,元素的氧化值为零。

(2) 在二元离子型化合物中,某元素原子的氧化值就等于该元素原子的离子所带电荷数。

(3) 在共价化合物中,共用电子对偏向于电负性大的元素的原子,原子的"形式电荷数"即为它们的氧化值,如 HCl 中的 H 的氧化值为 $+1$,Cl 的氧化值为 $-1$。

(4) O 在化合物中的氧化值一般为 $-2$;在过氧化物(如 $H_2O_2$,$Na_2O_2$ 等)中为 $-1$;在超氧化合物(如 $KO_2$)中为 $-\frac{1}{2}$;在 $OF_2$ 中为 $+2$。H 在化合物中的氧化值一般为 $+1$,仅在与活泼金属生成的离子型氢化物(如 $NaH$,$CaH_2$)中为 $-1$。

(5) 在中性分子中各元素的正、负氧化值代数和为零。在多原子离子中各元素原子正、负氧化值代数和等于离子电荷数。

---

**例 9-1**　求 $NH_4^+$ 中 N 的氧化值。

**解**:已知 H 的氧化值为 $+1$,设 N 的氧化值为 $x$。

根据多原子离子中各元素氧化值代数和等于离子的总电荷数的规则可以列出:

$$x+(+1)\times 4=+1$$
$$x=-3$$

所以 N 的氧化值为 $-3$。

**例 9-2**　求 $Fe_3O_4$ 中 Fe 的氧化值。

**解**:已知 O 的氧化值为 $-2$。设 Fe 的氧化值为 $x$,则

$$3x+4\times(-2)=0$$
$$x=+\frac{8}{3}=+2\frac{2}{3}$$

所以 Fe 的氧化值为 $+2\frac{2}{3}$。

---

由此可知,氧化值可以是整数,但也有可能是分数或小数。

## 二、氧化还原反应

### 1. 氧化剂和还原剂

化学反应中,反应前后元素的氧化值发生了变化的一类反应称为氧化还原反应,氧化值升高的过程称为氧化,氧化值降低的过程称为还原。反应中氧化值升高的物质是还原剂,氧化值降低的物质是氧化剂。例如反应:

$$NaClO+2FeSO_4+H_2SO_4 = NaCl+Fe_2(SO_4)_3+H_2O$$

在这个反应中,次氯酸钠是氧化剂,氯元素的氧化值从$+1$降低到$-1$;硫酸亚铁是还原剂,铁元素的氧化值从$+2$升高到$+3$;硫酸虽然也参加了反应,但氧化值没有改变,通常称硫酸为介质。另外,也可能有这种情况,某一种单质或化合物,它既是氧化剂又是还原剂。例如:

$$Cl_2+H_2O = HClO+HCl$$

在这个反应中,氯既是氧化剂又是还原剂,这类氧化还原反应又叫作歧化反应。

### 2. 氧化还原电对和半反应

在氧化还原反应中,表示氧化、还原过程的式子,分别称为氧化反应和还原反应,统称半反应。如在氧化还原反应 $Zn+Cu^{2+} = Zn^{2+}+Cu$ 中:

氧化反应 $\qquad Zn-2e^- \rightleftharpoons Zn^{2+}$

还原反应 $\qquad Cu^{2+}+2e^- \rightleftharpoons Cu$

通常将半反应中氧化值较大的那种物质称为氧化态(如 $Cu^{2+}$、$Zn^{2+}$);氧化值较小的那种物质称为还原态(如 $Cu$、$Zn$)。半反应中的氧化态和还原态是彼此依存、相互转化的,这种共轭的氧化还原体系称为氧化还原电对,电对用"氧化态/还原态"形式表示,如 $Cu^{2+}/Cu,Zn^{2+}/Zn$。一个电对就代表一个半反应,半反应可用下列通式表示:

$$氧化态+ne^- \rightleftharpoons 还原态$$

每个氧化还原反应都是由两个半反应组成的。

 **想一想**

下列各半反应中,发生还原过程的是(　　)。

A. $Fe \longrightarrow Fe^{2+}$ 　　　　B. $Co^{3+} \longrightarrow Co^{2+}$

C. $NO \longrightarrow NO_3^-$ 　　　　D. $H_2O_2 \longrightarrow O_2$

## 三、氧化还原反应方程式的配平

氧化还原反应往往比较复杂,参加反应的物质也比较多,用一般观察法很难配平,所以有必要介绍一下氧化还原反应方程式的配平方法。最常用的有离子–电子法、氧化值法等,下面以氧化值法为例来介绍氧化还原反应方程式的配平。

氧化值法配平步骤为:根据氧化还原反应中元素氧化值的改变情况,按照氧化值增加数与氧化值降低数必须相等的原则来确定氧化剂和还原剂分子式前面的系数,然后再根据质量守恒定律配平非氧化还原部分的原子数目。

现以高锰酸钾和硫化氢在稀硫酸中反应生成硫酸锰和硫为例加以说明。

(1) 写出反应物和生成物的分子式,标出氧化值有变化的元素,计算出反应前后氧化值变化的数值。

$$\overset{(-5)\times2}{\underset{(+2)\times5}{\overset{+7}{K}\overset{-2}{M}\text{n}O_4 + H_2\overset{}{S} + H_2SO_4 \longrightarrow \overset{+2}{M}\text{n}SO_4 + \overset{0}{S} + K_2SO_4 + H_2O}}$$

(2) 根据氧化值降低总数和氧化值升高总数必然相等的原则,在氧化剂和还原剂前面乘上适当的系数。

$$2KMnO_4 + 5H_2S + H_2SO_4 \longrightarrow 2MnSO_4 + 5S + K_2SO_4 + H_2O$$

(3) 使反应方程式两边的各种原子总数相等。从上面不完全反应方程式中可看出,要使反应方程式的两边有相等数目的硫酸根 $SO_4^{2-}$,左边需要 3 分子的 $H_2SO_4$。这样,反应方程式左边已有 16 个 H 原子,所以右边还需加 8 个 $H_2O$,才可以使反应方程式两边 H 原子总数相等。配平的方程式为

$$2KMnO_4 + 5H_2S + 3H_2SO_4 \Longrightarrow 2MnSO_4 + 5S + K_2SO_4 + 8H_2O$$

有时在有些反应中,同时出现几种原子被氧化,如硫化亚铜和硝酸的反应:

$$\overset{(-3)\times10}{\underset{(+8)\times3}{\overset{(+1)\times2\times3}{\overset{+1-2}{Cu_2S} + \overset{+5}{H}NO_3 \longrightarrow \overset{+2}{Cu}(NO_3)_2 + H_2\overset{+6}{S}O_4 + \overset{+2}{N}O}}}$$

根据元素的氧化值的增加和减少必须相等的原则,$Cu_2S$ 和 $HNO_3$ 的系数分别为 3 和 10,这样可以得到下列不完全反应方程式:

$$3Cu_2S + 10HNO_3 \longrightarrow Cu(NO_3)_2 + 3H_2SO_4 + 10NO$$

式中元素 Cu,S 的原子数都已配平,对于 N 原子,发现生成 6 个 $Cu(NO_3)_2$,还需消耗 12 个 $HNO_3$,于是 $HNO_3$ 的系数变为 22:

$$3Cu_2S + 22HNO_3 \Longrightarrow 6Cu(NO_3)_2 + 3H_2SO_4 + 10NO$$

最后配平 H,O 原子,找出 $H_2O$ 的分子数:

$$3Cu_2S + 22HNO_3 \Longrightarrow 6Cu(NO_3)_2 + 3H_2SO_4 + 10NO + 8H_2O$$

**练一练**

配平下列化学反应方程式：

$MnO_4^- + SO_3^{2-} + H^+ \longrightarrow Mn^{2+} + SO_4^{2-} + \underline{\quad\quad}$ （酸性介质）

$MnO_4^- + SO_3^{2-} + \underline{\quad\quad} \longrightarrow MnO_4^{2-} + SO_4^{2-} + H_2O$ （碱性介质）

$MnO_4^- + SO_3^{2-} + \underline{\quad\quad} \longrightarrow MnO_2 + SO_4^{2-} + \underline{\quad\quad}$ （中性介质）

# 9.2 电极电势

## 一、电极电势

金属晶体是由金属原子、金属离子和自由电子所组成的,因此,如果把金属放在其盐溶液中,与电解质在水中的溶解过程相似,在金属与其盐溶液的接触界面上就会发生两个不同的过程:一个是金属表面的阳离子受极性水分子的吸引而进入溶液的过程;另一个是溶液中的水合金属离子在金属表面,受到自由电子的吸引而重新沉积在金属表面的过程。当这两种方向相反的过程进行的速率相等时,即达到动态平衡:

$$M(s) \rightleftharpoons M^{n+}(aq) + ne^-$$

不难理解,如果金属越活泼或溶液中金属离子浓度越小,金属溶解的趋势就越大于溶液中金属离子沉积到金属表面的趋势,达平衡时金属表面因聚集了金属溶解时留下的自由电子而带负电荷,溶液则因金属离子进入溶液而带正电荷,这样,由正、负电荷相互吸引的结果,在金属与其盐溶液的接触界面处就建立起由带负电荷的电子和带正电荷的金属离子所构成的双电层[图9-1(a)]。相反,金属越不活泼或溶液中金属离子浓度越大,金属溶解趋势越小于金属离子沉淀的趋势,达到平衡时金属表面因聚集了金属离子而带正电荷,而溶液则由于金属离子减少而带负电荷,这样,也构成了相应的双电层[图9-1(b)]。这种双电层之间就存在一定的电势差。

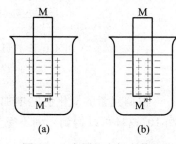

图 9-1 金属的电极电势

 **小贴士**

金属与其盐溶液接触界面之间的电势差,实际上就是该金属与其溶液中相应金属离子所组成的氧化还原电对的平衡电势,简称为该金属的平衡电势。可以预料,氧化还原电对不同,对应的电解质溶液的浓度不同,它们的平衡电势也就不同。因此,若将两种不同平衡电势的氧化还原电对以原电池的方式连接起来,则在两极之间就有一定的电势差,因而产生电流。

必须指出,无论从金属进入溶液的离子的量或从溶液沉积到金属上的离子的量都非常少,用化学方法和物理方法还不能测定。

## 二、标准电极电势

物质的氧化态和还原态构成一个氧化还原电对(电极)。每一个电对中氧化态的氧化能力和还原态的还原能力的大小可用电对的电极电势($\varphi$)来衡量。

在标准状态下,即在 298.15 K 时,当溶液中参与电极反应的相关物质均为标准状态(离子浓度为 1 mol·L$^{-1}$,相关气体分压为 100 kPa)时的电极电势,称为该电对的标准电极电势,用 $\varphi^{\ominus}(\mathrm{Ox/Red})$ 表示。附录 6 中列出了目前国际推荐的 298 K 时的各种电对的标准电极电势。

使用标准电极电势表时应注意以下几点:

(1) 本书采用 1953 年 IUPAC 所规定的还原电势,即认为 Zn 比 H$_2$ 更容易失去电子,$\varphi^{\ominus}(\mathrm{Zn^{2+}/Zn})$ 为负值。

(2) $\varphi^{\ominus}$ 代数值越小,电对中的氧化态物质得电子的倾向就越小,是越弱的氧化剂,而其还原态物质就越易失去电子,是越强的还原剂。$\varphi^{\ominus}$ 代数值越大,电对中的氧化态物质就越易获得电子,是越强的氧化剂,而其还原态物质就越难失去电子,是越弱的还原剂。

(3) 对同一电对而言,氧化态的氧化性越强,其还原态的还原性就越弱。这种关系与布朗斯特共轭酸碱对之间的关系相类似。

(4) 一个电对的还原态能够还原处于该电对上方任何一个电对的氧化态,也就是说 $\varphi^{\ominus}$ 代数值较大的电对中氧化态物质能和 $\varphi^{\ominus}$ 代数值较小的还原态物质反应。其实质是氧化还原反应总是由强氧化剂和强还原剂向生成弱还原剂和弱氧化剂的方向进行。例如,H$^+$/H$_2$ 和 Cu$^{2+}$/Cu 两个电对都位于 Zn$^{2+}$/Zn 电对的上方,Zn 可与 H$^+$ 发生反应生成 Zn$^{2+}$ 和 H$_2$,也可与 Cu$^{2+}$ 发生反应生成 Zn$^{2+}$ 和 Cu。

(5) 同一种物质在某一电对中是氧化态,在另一电对中可能是还原态。例如,Fe$^{2+}$ 在 Fe$^{2+}$/Fe 电对中是氧化态,Fe$^{2+}$+2e$^-$ $\rightleftharpoons$ Fe($\varphi^{\ominus}=-0.44$ V),而在 Fe$^{3+}$/Fe$^{2+}$ 电对中是还原态,Fe$^{3+}$+e$^-$ $\rightleftharpoons$ Fe$^{2+}$ ($\varphi^{\ominus}=+0.771$ V)。

(6) 电极电势没有加和性。不论半电池反应式的系数乘以或除以任何实数,$\varphi^{\ominus}$ 值仍然不改变。也就是说 $\varphi^{\ominus}$ 值与电极反应中物质的化学计量数无关。例如:

$$\mathrm{Cl_2}+2e^- \rightleftharpoons 2\mathrm{Cl}^- \qquad \varphi^{\ominus}=+1.36 \text{ V}$$

$$\frac{1}{2}\mathrm{Cl_2}+e^- \rightleftharpoons \mathrm{Cl}^- \qquad \varphi^{\ominus}=+1.36 \text{ V}$$

(7) $\varphi^{\ominus}$ 是水溶液体系的标准电极电势,对于非标准态、非水溶液体系,不能用 $\varphi^{\ominus}$ 的大小比较物质氧化还原能力的强弱。

## 三、影响电极电势的因素

电极电势的大小,不仅取决于电对本性,还与反应温度、氧化态物质和还原态物质的浓度、压力等有关。

**1. 能斯特方程**

对于一个任意给定的电极,其电极反应的通式为

$$a \text{ 氧化态} + n e^- \rightleftharpoons b \text{ 还原态}$$

$$\varphi = \varphi^\ominus + \frac{RT}{nF} \ln \frac{c^a(\text{氧化态})}{c^b(\text{还原态})}$$

在 298.15 K 时,将各常数值代入上式,其相应的浓度对电极电势的影响的通式为

$$\varphi = \varphi^\ominus + \frac{0.059\,2\ \text{V}}{n} \lg \frac{c^a(\text{氧化态})}{c^b(\text{还原态})}$$

此方程称为**电极电势的能斯特方程**,简称能斯特方程。

应用能斯特方程时,应注意以下问题:

(1) 如果组成电对的物质为固体或纯液体时,它们的浓度不列入方程中。如果是气体物质则用相对压力 $p/p^\ominus$ 表示。

(2) 如果在电极反应中,除氧化态、还原态物质外,还有参加电极反应的其他物质,如 $H^+$,$OH^-$ 存在,则把这些物质的浓度也表示在能斯特方程中。

**例 9-3** 试计算 $Cl^-$ 浓度为 $0.100\ \text{mol·L}^{-1}$,$p(Cl_2) = 300.0\ \text{kPa}$ 时,组成电对的电极电势。

**解:** $$Cl_2(g) + 2e^- \rightleftharpoons 2Cl^-(aq)$$

由附表查得 $\varphi^\ominus(Cl_2/Cl^-) = 1.358\ \text{V}$,故

$$\varphi(Cl_2/Cl^-) = \varphi^\ominus(Cl_2/Cl^-) + \frac{0.059\,2\ \text{V}}{2} \lg \frac{p(Cl_2)/p^\ominus}{[Cl^-]^2}$$

$$= 1.358\ \text{V} + \frac{0.059\,2\ \text{V}}{2} \lg \frac{300.0/100}{(0.100)^2} = 1.43\ \text{V}$$

**例 9-4** 已知电极反应:

$$NO_3^-(aq) + 4H^+(aq) + 3e^- \rightleftharpoons NO(g) + 2H_2O(l) \qquad \varphi^\ominus(NO_3^-/NO) = 0.96\ \text{V}$$

求 $c(NO_3^-) = 1.0\ \text{mol·L}^{-1}$,$p(NO) = 100\ \text{kPa}$,$c(H^+) = 1.0 \times 10^{-7}\ \text{mol·L}^{-1}$ 时的 $\varphi(NO_3^-/NO)$。

**解:** $$\varphi(NO_3^-/NO) = \varphi^\ominus(NO_3^-/NO) + \frac{0.059\,2\ \text{V}}{3} \lg \frac{c(NO_3^-)c^4(H^+)}{p(NO)/p^\ominus}$$

$$= 0.96\ \text{V} + \frac{0.059\,2\ \text{V}}{3} \lg \frac{1.0 \times (1.0 \times 10^{-7})^4}{100/100} = 0.41\ \text{V}$$

**2. 浓度对电极电势的影响**

**(1) 离子浓度改变对电极电势的影响**

**例 9-5** 已知 $Fe^{3+} + e^- \rightleftharpoons Fe^{2+}$,$\varphi^\ominus = 0.771\ \text{V}$,试求 $c(Fe^{3+}) = 1.00\ \text{mol·L}^{-1}$,$c(Fe^{2+}) = 0.001\,00\ \text{mol·L}^{-1}$ 时电对的电极电势。

**解:** 将已知数据代入能斯特方程得

$$\varphi(Fe^{3+}/Fe^{2+}) = \varphi^\ominus(Fe^{3+}/Fe^{2+}) + \frac{0.059\,2\ \text{V}}{1} \lg \frac{c(Fe^{3+})}{c(Fe^{2+})}$$

$$= 0.771\ \text{V} + \frac{0.059\,2\ \text{V}}{1} \lg \frac{1.00}{0.001\,00} = 0.95\ \text{V}$$

计算结果表明，$Fe^{2+}$ 浓度的降低使电极电势增大，作为氧化剂的 $Fe^{3+}$ 夺取电子的能力增强。这与化学平衡移动原理相一致，在上述平衡体系中，$Fe^{2+}$ 浓度减小促使平衡向右移动。例 9-5 说明，离子浓度变化时，由于 $\varphi^{\ominus}$ 和对数项前面的系数都是定值，所以 $\varphi$ 值只跟氧化态和还原态物质的浓度比值有关。

(2) 形成沉淀(或弱电解质)对电极电势的影响  在溶液中加入适当的试剂，形成沉淀或难解离物质，从而使溶液中某种离子浓度降低，也会使电极电势发生变化。

① 沉淀剂与氧化态离子作用，则使电极电势降低。

**例 9-6**  已知 $Ag^+ + e^- \rightleftharpoons Ag(s)$，$\varphi^{\ominus} = 0.799\ V$，在溶液中加入 NaCl，产生 AgCl 沉淀，若沉淀达到平衡后 $c(Cl^-) = 1.00\ mol \cdot L^{-1}$，试求此时电对的电极电势。

**解**：$c(Cl^-) = 1.00\ mol \cdot L^{-1}$ 时，$Ag^+$ 浓度为

$$c(Ag^+) = \frac{K_{sp}^{\ominus}}{c(Cl^-)} = \frac{1.8 \times 10^{-10}}{1.00}\ mol \cdot L^{-1} = 1.8 \times 10^{-10}\ mol \cdot L^{-1}$$

$$\varphi(Ag^+/Ag) = \varphi^{\ominus}(Ag^+/Ag) + \frac{0.059\ 2\ V}{1} \lg c(Ag^+)$$

$$= 0.799\ V + \frac{0.059\ 2\ V}{1} \lg(1.8 \times 10^{-10}) = +0.222\ V$$

上面计算所得的电极电势实属以下电对：

$$AgCl(s) + e^- \rightleftharpoons Ag(s) + Cl^-(aq)$$

的标准电极电势。

② 沉淀剂与还原态离子作用，电极电势升高。

**例 9-7**  在含有 $Cu^{2+}$ 和 $Cu^+$ 的溶液中，加入 KI 达到平衡时，$c(I^-) = c(Cu^{2+}) = 0.10\ mol \cdot L^{-1}$，求 $\varphi(Cu^{2+}/Cu^+)$ [已知 $K_{sp}^{\ominus}(CuI) = 1.1 \times 10^{-12}$]。

**解**：$Cu^{2+} + e^- \rightleftharpoons Cu^+$，$\varphi^{\ominus} = +0.153\ V$，而反应 $Cu^+ + I^- \rightleftharpoons CuI(s)$ 使 $c(Cu^+)$ 降低。

$$c(Cu^+) = \frac{K_{sp}^{\ominus}(CuI)}{c(I^-)} = \frac{1.1 \times 10^{-12}}{0.10}\ mol \cdot L^{-1} = 1.1 \times 10^{-11}\ mol \cdot L^{-1}$$

$$\varphi(Cu^{2+}/Cu^+) = \varphi^{\ominus}(Cu^{2+}/Cu^+) + \frac{0.059\ 2\ V}{1} \lg \frac{c(Cu^{2+})}{c(Cu^+)}$$

$$= 0.153\ V + 0.059\ 2\ V\ \lg \frac{0.10}{1.1 \times 10^{-11}} = +0.74\ V$$

例 9-7 说明，在溶液中加入某种物质能与电对中的氧化态或还原态物质生成沉淀时，电对的电极电势将较大程度地改变，影响氧化态的氧化能力和还原态的还原能力。

(3) 配合物的生成对电极电势的影响  在电极溶液中加入配位剂，使之与电极物质发生反应，这将改变电极物质的浓度，电极电势也将随之改变。

**例 9-8** 计算说明：

(1) 标准状态下 $Fe^{3+}$ 能否将 $I^-$ 氧化成 $I_2$，写出相应的电极反应、电池反应。

(2) 若在反应体系中加入固体 NaF，使平衡后 $c(F^-) = 1.0\ mol \cdot L^{-1}$，且使其他物质处于标准状态。求反应自发进行的方向。

**解：**(1) 电极反应：

$$Fe^{3+} + e^- \rightleftharpoons Fe^{2+} \qquad \varphi^{\ominus}(Fe^{3+}/Fe^{2+}) = 0.771\ V$$

$$I_2 + 2e^- \rightleftharpoons 2I^- \qquad \varphi^{\ominus}(I_2/I^-) = 0.536\ V$$

电池反应：

$$2Fe^{3+} + 2I^- \rightleftharpoons I_2 + 2Fe^{2+}$$

因 $\varphi^{\ominus}(Fe^{3+}/Fe^{2+}) > \varphi^{\ominus}(I_2/I^-)$，故标准状态下，$Fe^{3+}$ 将 $I^-$ 氧化为 $I_2$。

(2) 溶液中加入 NaF 固体，发生如下反应：

$$Fe^{3+} + 6F^- \rightleftharpoons [FeF_6]^{3-} \qquad K^{\ominus} = 1.25 \times 10^{12}$$

$K^{\ominus}$ 较大，$F^-$ 过量，认为 $Fe^{3+}$ 已基本转化为配合物。假设溶液中 $c(Fe^{3+}) = x\ mol \cdot L^{-1}$，则 $c\{[FeF_6]^{3+}\} = (1.0 - x)\ mol \cdot L^{-1} \approx 1.0\ mol \cdot L^{-1}$，由配位平衡计算 $x$ 值。因为

$$K^{\ominus} = \frac{c([FeF_6]^{3+})}{c(Fe^{3+})c(F^-)^6} = \frac{1.0}{x(1.0)^6} = x^{-1}$$

$$\varphi(Fe^{3+}/Fe^{2+}) = \varphi^{\ominus}(Fe^{3+}/Fe^{2+}) + 0.059\ 2\ V\ lg\frac{c(Fe^{3+})}{c(Fe^{2+})}$$

$$= \varphi^{\ominus}(Fe^{3+}/Fe^{2+}) + 0.059\ 2\ V\ lg\frac{1}{K^{\ominus}}$$

$$= 0.771 + 0.059\ 2\ V\ lg\frac{1}{1.25 \times 10^{12}} = 0.055\ V$$

$$\varphi(Fe^{3+}/Fe^{2+}) < \varphi^{\ominus}(I_2/I^-)$$

$Fe^{3+}$ 不能将 $I^-$ 氧化为 $I_2$，反应自发进行的方向为

$$2Fe^{2+} + 12F^- + I_2 \Longrightarrow 2[FeF_6]^{3-} + 2I^-$$

例 9-8 说明由于配合物的生成，大大降低了 $Fe^{3+}/Fe^{2+}$ 中氧化态物质的浓度，使 $\varphi$ 值降低，氧化态物质的氧化能力降低，而还原态物质的还原能力提高，从而使反应方向发生了改变。如果加入的配位剂与还原态物质作用，$\varphi$ 值将升高，氧化态物质的氧化能力提高，还原态物质的还原能力降低。

**3. 酸度对电极电势的影响**

在有 $H^+$ 或 $OH^-$ 参加电极反应的电极中，酸度的改变也会使电极反应发生变化，有时这种影响还是很显著的。

**例 9-9** 已知 $AsO_4^{3-} + 2H^+ + 2e^- \rightleftharpoons AsO_3^{3-} + H_2O$，$\varphi^{\ominus} = 0.559\ V$，氧化态物质和还原态物质的浓度均为 $1.00\ mol \cdot L^{-1}$，若在溶液中加入大量的 $NaHCO_3$，使 pH = 8.00，求此时的电极电势为多少？

**解:** $c(AsO_4^{3-})=c(AsO_3^{3-})=1.00 \text{ mol} \cdot L^{-1}, c(H^+)=1.0 \times 10^{-8} \text{ mol} \cdot L^{-1}$，则

$$\varphi(AsO_4^{3-}/AsO_3^{3-})=\varphi^{\ominus}(AsO_4^{3-}/AsO_3^{3-})+\frac{0.059\,2 \text{ V}}{2} \lg \frac{c(AsO_4^{3-})c^2(H^+)}{c(AsO_3^{3-})}$$

$$=0.559 \text{ V}+\frac{0.059\,2 \text{ V}}{2} \lg(1.0 \times 10^{-8})^2=0.085 \text{ V}$$

可见，$AsO_4^{3-}$ 的氧化性随着酸度的降低而显著减弱。反之，随 $H^+$ 浓度增大而增强。同理可推得 $K_2Cr_2O_7$ 的氧化能力随溶液酸度的增大而增强，随溶液酸度的减小而减弱。在实验室里，总是在较强的酸性溶液中用 $K_2Cr_2O_7$ 作氧化剂。

## 9.3　电极电势的应用

### 一、判断氧化剂和还原剂的相对强弱

根据标准电极电势表中 $\varphi^{\ominus}$ 值的大小，可以判断氧化剂和还原剂的相对强弱。

**例 9-10**　根据标准电极电势，在下列电对中找出最强的氧化剂和最强的还原剂，并列出各氧化态物质的氧化能力和各还原态物质还原能力强弱的次序：

$MnO_4^-/Mn^{2+}$，　$Fe^{3+}/Fe^{2+}$，　$I_2/I^-$

**解:** 由附录中查出各电对的标准电极电势为

$$MnO_4^- + 8H^+ + 5e^- \Longrightarrow Mn^{2+} + 4H_2O \qquad \varphi^{\ominus}=1.51 \text{ V}$$

$$Fe^{3+} + e^- \Longrightarrow Fe^{2+} \qquad \varphi^{\ominus}=0.771 \text{ V}$$

$$I_2 + 2e^- \Longrightarrow 2I^- \qquad \varphi^{\ominus}=0.536 \text{ V}$$

电对 $MnO_4^-/Mn^{2+}$ 的 $\varphi^{\ominus}$ 值最大，说明其氧化态物质 $MnO_4^-$ 是最强的氧化剂。电对 $I_2/I^-$ 的 $\varphi^{\ominus}$ 最小，说明其还原态物质是最强的还原剂。

各氧化态物质氧化能力的顺序为：$MnO_4^- > Fe^{3+} > I_2$。

各还原态物质还原能力的顺序为：$I^- > Fe^{2+} > Mn^{2+}$。

**例 9-11**　分析化学中，从含有 $Cl^-, Br^-, I^-$ 的混合溶液中进行 $I^-$ 的定性鉴定时，常用 $Fe_2(SO_4)_3$ 将 $I^-$ 氧化为 $I_2$，再用 $CCl_4$ 将 $I_2$ 萃取出来呈紫红色。说明其原理。

**解:** 　　$I_2 + 2e^- \Longrightarrow 2I^- \qquad\qquad \varphi^{\ominus}=0.536 \text{ V}$

$\qquad\qquad Br_2 + 2e^- \Longrightarrow 2Br^- \qquad\quad \varphi^{\ominus}=1.065 \text{ V}$

$\qquad\qquad Cl_2 + 2e^- \Longrightarrow 2Cl^- \qquad\quad \varphi^{\ominus}=1.358 \text{ V}$

$\qquad\qquad Fe^{3+} + e^- \Longrightarrow Fe^{2+} \qquad\quad \varphi^{\ominus}=0.771 \text{ V}$

由标准电极电势值可看出，$\varphi^{\ominus}(Fe^{3+}/Fe^{2+})$ 大于 $\varphi^{\ominus}(I_2/I^-)$，而小于 $\varphi^{\ominus}(Br_2/Br^-)$ 和 $\varphi^{\ominus}(Cl_2/Cl^-)$，因此可将 $I^-$ 氧化成 $I_2$，而不能将 $Br^-$ 和 $Cl^-$ 氧化，$Br^-$ 和 $Cl^-$ 仍然留在溶液中。其原理就是选择了一种合适的氧化剂，只能氧化 $I^-$，而不能氧化 $Br^-$ 和 $Cl^-$，从而达到鉴定的目的。其反应为

$$2Fe^{3+} + 2I^- \Longrightarrow 2Fe^{2+} + I_2$$

## 二、判断氧化还原反应进行的方向

根据电极电势的大小，可以预测氧化还原反应进行的方向。

**例 9-12** 判断 $2Fe^{3+} + Cu \Longrightarrow 2Fe^{2+} + Cu^{2+}$ 反应在标准状态下的反应方向。

**解：** 查表知

$$Fe^{3+} + e^- \rightleftharpoons Fe^{2+} \qquad \varphi^{\ominus} = 0.771 \text{ V}$$

$$Cu^{2+} + 2e^- \rightleftharpoons Cu \qquad \varphi^{\ominus} = 0.337 \text{ V}$$

由于 $\varphi^{\ominus}(Fe^{3+}/Fe^{2+}) > \varphi^{\ominus}(Cu^{2+}/Cu)$，所以氧化能力 $Fe^{3+} > Cu^{2+}$，还原能力 $Fe^{2+} <$ Cu，因此，$Fe^{3+}$ 是比 $Cu^{2+}$ 更强的氧化剂，Cu 是比 $Fe^{2+}$ 更强的还原剂。故 $Fe^{3+}$ 能将 Cu 氧化，该反应自发向右进行。

例 9-12 是用标准电极电势来判断氧化还原反应进行的方向。如果参加反应的物质的浓度不是 $1.0 \text{ mol} \cdot L^{-1}$，则需按能斯特方程计算出正极和负极的电极反应的电势，然后再判断反应进行的方向。如对反应方向做粗略判断时，也可以直接用 $\varphi^{\ominus}$ 数据。因为在一般情况下，当两个电对的标准电极电势之差 $E^{\ominus} > 0.5 \text{ V}$ 时，不会因浓度变化而使电动势改变符号。当 $E^{\ominus} < 0.2 \text{ V}$ 时，离子浓度的改变，可能会改变氧化还原反应进行的方向。

## 三、判断氧化还原反应进行的程度

滴定分析要求化学反应必须定量地进行，要求反应尽可能进行完全。在氧化还原反应中，平衡常数的大小可以衡量反应进行的完全程度。298.15 K 时，任一氧化还原反应的平衡常数和对应电对的 $\varphi^{\ominus}$ 值的关系可写成如下通式：

$$\lg K^{\ominus} = \frac{n \Delta \varphi^{\ominus}}{0.059 \ 2 \text{ V}}$$

式中 $n$ 是两电对得失电子的最小公倍数。

氧化还原反应平衡常数 $K^{\ominus}$ 值的大小是直接由氧化剂和还原剂两电对的标准电极电势差决定的。电势差越大，$K^{\ominus}$ 值就越大，反应也就越完全。

以上讨论说明由电极电势可以判断氧化还原反应进行的方向和程度。但需指出，由电极电势的大小不能判断反应速率的快慢。一般来说，氧化还原反应的反应速率比中和反应和沉淀反应的反应速率要小一些，特别是对于有结构复杂的含氧酸盐参加的反应更是如此。有的氧化还原反应，两电对的电极电势差足够大，反应似乎应该进行得很完全，但由于反应速率很小，几乎观察不到反应的发生。例如，在酸性 $KMnO_4$ 溶液中，加纯 Zn 粉，虽然电池反应的标准电动势为 2.27 V，但 $KMnO_4$ 的紫色却不容易褪掉。这是由于该反应速率非常慢，只有在溶液中加入少量的 $Fe^{3+}$ 作催化剂时，反应才能迅速进行，其反应如下：

$$2MnO_4^- + 5Zn + 16H^+ \xrightarrow{Fe^{3+}} 2Mn^{2+} + 5Zn^{2+} + 8H_2O$$

工业生产上选择化学反应时，不但要考虑反应进行的方向和程度，还要考虑反应速率的问题。

# 9.4 元素电势图及其应用

### 一、元素电势图

如果一种元素有几种氧化态,就可形成多种氧化还原电对。例如,Cu 具有 0,+1,+2 三种氧化值,就有下列几种电对及相应的标准电极电势:

$$Cu^{2+} + 2e^- \rightleftharpoons Cu \qquad \varphi^\ominus = 0.337 \text{ V}$$
$$Cu^{2+} + e^- \rightleftharpoons Cu^+ \qquad \varphi^\ominus = 0.153 \text{ V}$$
$$Cu^+ + e^- \rightleftharpoons Cu \qquad \varphi^\ominus = 0.521 \text{ V}$$

为了直观地表示一种元素各种氧化态之间标准电极电势的关系,常把同一种元素不同氧化态的物质,按氧化值由大到小的顺序排列成一横行,在相邻两种物质间用直线连接表示一个电对,并在直线上标明此电对的标准电极电势值。这种表示一种元素各种氧化值之间标准电极电势关系的图解叫**元素电势图**,元素电势图在化学中有重要的应用。

$$\varphi^\ominus/\text{V} \quad Cu^{2+} \underset{0.153}{\longrightarrow} Cu^+ \underset{0.521}{\longrightarrow} Cu \quad (0.337)$$

### 二、元素电势图的应用

#### 1. 判断氧化剂的强弱

因为元素电势图将分散在标准电极电势表中同种元素不同价态的电极电势表示在同一图中,使用起来更加方便。以氯元素在酸性介质和碱性介质中的元素电势图为例:

$$\varphi_a^\ominus/\text{V} \quad ClO_4^- \underset{1.19}{\longrightarrow} ClO_3^- \underset{1.21}{\longrightarrow} HClO_2 \underset{1.64}{\longrightarrow} HClO \underset{1.63}{\longrightarrow} Cl_2 \underset{1.358}{\longrightarrow} Cl^- \quad (1.47)$$

$$\varphi_b^\ominus/\text{V} \quad ClO_4^- \underset{0.36}{\longrightarrow} ClO_3^- \underset{0.33}{\longrightarrow} ClO_2^- \underset{0.66}{\longrightarrow} ClO^- \underset{0.49}{\longrightarrow} Cl_2 \underset{1.36}{\longrightarrow} Cl^- \quad (0.48)$$

可见,酸性介质中氯元素的电极电势均为较大的正值,说明氯的氧化值为 +7,+5,+3,+1,0 时的各氧化态物质具有较强的氧化能力,都是较强的氧化剂。而在碱性介质中,氧化值为 +7,+5,+3,+1 时的各氧化态物质的氧化能力都很小,只有电对 $Cl_2/Cl^-$ 的电极电势几乎不受溶液酸碱性的影响,因此,氯气仍为较强的氧化剂。因此,在选用氯的含氧酸盐作为氧化剂时,反应最好是在酸性介质中进行。但欲使低氧化值氯氧化,反应则应在碱性介质中进行。

#### 2. 判断是否发生歧化反应

当一种元素处于中间氧化值时,可同时向较高氧化值和较低氧化值转化,这种反应称为**歧化反应**。由元素电势图可以判断元素处于何种氧化值时,可以发生歧化反应。

同一元素不同氧化值的任何三种物质组成的两个电对按氧化值由高到低排列如下:

$$A \xrightarrow{\quad \varphi_{左}^{\ominus} \quad} B \xrightarrow{\quad \varphi_{右}^{\ominus} \quad} C$$

$$\xrightarrow{\qquad\text{氧化值降低}\qquad}$$

假设 B 物质能发生歧化反应,生成氧化值较低的物质 C 和氧化值较高的物质 A。B 转化为 C 时,B 作为氧化剂,B 转化为 A 时,B 作为还原剂。由于 $\varphi^{\ominus}(氧)-\varphi^{\ominus}(还)>0$ 时反应才能进行,因此,从元素电势图来看,当 $\varphi_{右}^{\ominus}>\varphi_{左}^{\ominus}$ 时,处于中间氧化值的 B 可以发生歧化反应生成 A 和 C:$B \longrightarrow A+C$;反之,当 $\varphi_{左}^{\ominus}>\varphi_{右}^{\ominus}$ 时,处于中间氧化值的 B 不能发生歧化反应,而是可以发生逆歧化反应:$A+C \longrightarrow B$。

**3. 计算标准电极电势**

利用元素电势图,根据相邻电对的已知标准电极电势,可以求算任一未知电对的标准电极电势。假如有以下元素电势图:

$$
\begin{array}{c}
A \xrightarrow[n_1]{\quad \varphi_1^{\ominus} \quad} B \xrightarrow[n_2]{\quad \varphi_2^{\ominus} \quad} C \\
\underbrace{\hphantom{A \xrightarrow{\quad \varphi_1^{\ominus} \quad} B \xrightarrow{\quad \varphi_2^{\ominus} \quad} C}}_{\varphi_3^{\ominus}}
\end{array}
$$

则

$$\varphi_3^{\ominus}=\frac{n_1\varphi_1^{\ominus}+n_2\varphi_2^{\ominus}}{n_1+n_2}$$

若有 $i$ 个相邻电对,则

$$\varphi^{\ominus}=\frac{n_1\varphi_1^{\ominus}+n_2\varphi_2^{\ominus}+\cdots+n_i\varphi_i^{\ominus}}{n_1+n_2+\cdots+n_i}$$

式中 $n_1,n_2,n_i$ 分别代表各电对内转移的电子数。

**例 9-13** 根据下面碱性介质中溴元素的电势图求 $\varphi^{\ominus}(BrO_3^-/Br^-)$ 和 $\varphi^{\ominus}(BrO_3^-/BrO^-)$。

$$
\varphi_b^{\ominus}/V \quad BrO_3^- \xrightarrow{\quad ? \quad} BrO^- \xrightarrow{\ 0.45\ } Br_2 \xrightarrow{\ 1.09\ } Br^-
$$

（上方 0.52，下方 ?）

**解:** 
$$\varphi^{\ominus}(BrO_3^-/Br^-)=\frac{5\times\varphi^{\ominus}(BrO_3^-/Br_2)+1\times\varphi^{\ominus}(Br_2/Br^-)}{6}$$

$$=\frac{5\times0.52\ V+1\times1.09\ V}{6}=0.62\ V$$

$$5\varphi^{\ominus}(BrO_3^-/Br_2)=4\times\varphi^{\ominus}(BrO_3^-/BrO^-)+1\times\varphi^{\ominus}(BrO^-/Br_2)$$

$$\varphi^{\ominus}(BrO_3^-/BrO^-) = \frac{5 \times \varphi^{\ominus}(BrO_3^-/Br_2) - 1 \times \varphi^{\ominus}(BrO^-/Br_2)}{4}$$

$$= \frac{5 \times 0.52\ V - 0.45\ V}{4} = 0.54\ V$$

**例 9-14** 欲保存 $Fe^{2+}$ 溶液,通常加入数枚铁钉,为什么?说明其作用原理。

**解:** 此作用可从元素电势图得到解释。铁的元素电势图为

$$\varphi^{\ominus}/V \qquad Fe^{3+} \xrightarrow{\ 0.771\ } Fe^{2+} \xrightarrow{\ -0.440\ } Fe$$

由元素电势图可见,$Fe^{2+}$ 溶液易被空气中的 $O_2$ 氧化成 $Fe^{3+}$。由于 $\varphi^{\ominus}_{左} > \varphi^{\ominus}_{右}$,所以能发生逆歧化反应。因此配制亚铁盐溶液时,放入少许铁钉,只要溶液中有铁钉存在,即使有 $Fe^{2+}$ 被氧化,$Fe^{3+}$ 也会立即与 Fe 发生逆歧化反应,重新生成 $Fe^{2+}$。反应式为 $2Fe^{3+} + Fe \Longrightarrow 3Fe^{2+}$,由此保持溶液的稳定性。

191

 **想一想**

已知 $\varphi^{\ominus}(Cl_2/Cl^-) = 1.358\ V$ 和酸性溶液中铊的元素电势图为 $Tl^{3+} \xrightarrow{\ 1.25\ V\ } Tl^+ \xrightarrow{\ -0.336\ V\ } Tl$,则水溶液中 $Tl^+$ 是否发生歧化反应?

# 9.5 氧化还原滴定法

氧化还原滴定法是以氧化还原反应为基础的滴定分析法。它的应用很广泛,可以用来直接测定氧化剂和还原剂,也可以用来间接测定一些能和氧化剂或还原剂定量反应的物质。

可以用来进行氧化还原滴定的反应是很多的。根据所要用的氧化剂或还原剂的不同,可以将氧化还原滴定法分为多种。这些方法常以氧化剂来命名,主要有高锰酸钾法、重铬酸钾法、碘量法、溴酸盐法及铈量法等,下面主要介绍高锰酸钾法、重铬酸钾法和碘量法。

## 一、高锰酸钾法

### 1. 概述

高锰酸钾是一种强氧化剂,它的氧化能力和还原产物与溶液的酸度有关(表 9-1)。

表 9-1 $KMnO_4$ 的氧化性与酸度的关系

| 介质 | 反应 | $\varphi^{\ominus}/V$ |
|---|---|---|
| 强酸性 | $MnO_4^- + 8H^+ + 5e^- \Longrightarrow Mn^{2+} + 4H_2O$ | 1.507 |
| 弱酸性、中性、弱碱性 | $MnO_4^- + 2H_2O + 3e^- \Longrightarrow MnO_2 + 4OH^-$ | 0.595 |
| 强碱性 | $MnO_4^- + e^- \Longrightarrow MnO_4^{2-}$ | 0.558 |

在强酸性溶液中,KMnO$_4$氧化能力最强。故一般在强酸性条件下使用。酸化时常采用 H$_2$SO$_4$,因 HCl 具有还原性,干扰滴定;也很少采用 HNO$_3$,因它含有氮氧化物,易产生副反应。在强碱性条件下(浓度大于 2 mol·L$^{-1}$ 的 NaOH 溶液),KMnO$_4$ 与有机物反应比在酸性条件下更快,所以常用 KMnO$_4$ 在强碱性溶液中与有机物反应来测定有机物。

在近中性时,KMnO$_4$ 反应的产物为棕色 MnO$_2$ 沉淀,妨碍终点观察,氧化能力也不及在酸性时强,故很少在中性条件下使用。

高锰酸钾法的优点是氧化能力强,可以直接或间接测定多种无机物和有机物,因此应用广泛;还可借 MnO$_4^-$ 自身的颜色指示终点,不需另加指示剂。缺点是标准溶液不够稳定,反应历程比较复杂,易发生副反应,滴定的选择性比较差。但若标准溶液配制和保管得当,严格控制滴定条件,这些缺点是可以克服的。

**2. 高锰酸钾法示例**

(1) H$_2$O$_2$ 的测定　H$_2$O$_2$ 水溶液俗称**双氧水**,市售双氧水按其质量分数有 6%,12%,30% 三种。

在稀 H$_2$SO$_4$ 介质中,H$_2$O$_2$ 能使 MnO$_4^-$ 褪色,其反应如下:

$$2MnO_4^-(aq)+5H_2O_2(aq)+6H^+(aq) \Longrightarrow 2Mn^{2+}(aq)+5O_2(g)+8H_2O(aq)$$

可用 KMnO$_4$ 标准溶液直接滴定 H$_2$O$_2$。开始时,KMnO$_4$ 褪色较慢,随着反应进行,由于生成的 Mn$^{2+}$ 催化了反应,反应速率自动加快。

H$_2$O$_2$ 不稳定,工业用 H$_2$O$_2$ 中常加入某些有机物(如乙酰苯胺等)作为稳定剂,这些有机物大多能与 KMnO$_4$ 反应而干扰测定,此时最好采用碘量法测定 H$_2$O$_2$。

(2) 钙的测定　一些金属离子能与 C$_2$O$_4^{2-}$ 生成难溶草酸盐沉淀,如果将草酸盐沉淀溶于酸中,再用标准 KMnO$_4$ 溶液来滴定 H$_2$C$_2$O$_4$,就可间接测定这些金属离子。钙离子就用此法测定。

在沉淀 Ca$^{2+}$ 时,如果将沉淀剂(NH$_4$)$_2$C$_2$O$_4$ 加到中性或氨性的 Ca$^{2+}$ 溶液中,此时生成的 CaC$_2$O$_4$ 沉淀颗粒很小,难以过滤,而且含有碱式草酸钙和氢氧化钙,所以,必须适当地选择沉淀 Ca$^{2+}$ 的条件。

正确沉淀 CaC$_2$O$_4$ 的方法是在 Ca$^{2+}$ 的试液中先以盐酸酸化,然后加入(NH$_4$)$_2$C$_2$O$_4$。由于 C$_2$O$_4^{2-}$ 在酸性溶液中大部分以 HC$_2$O$_4^-$ 存在,C$_2$O$_4^{2-}$ 浓度很小,此时即使 Ca$^{2+}$ 浓度相当大,也不会生成 CaC$_2$O$_4$ 沉淀。如果在加入(NH$_4$)$_2$C$_2$O$_4$ 后把溶液加热到 70～80 ℃,滴入稀氨水,由于 H$^+$ 逐渐被中和,C$_2$O$_4^{2-}$ 浓度缓缓增加,结果可以生成粗颗粒结晶的 CaC$_2$O$_4$ 沉淀。最后应控制溶液的 pH 为 3.5～4.5(甲基橙呈黄色),并继续保温约 30 min 使沉淀陈化。这样不仅可避免其他不溶性钙盐的生成,而且所得 CaC$_2$O$_4$ 沉淀又便于过滤和洗涤。放置冷却后,过滤、洗涤,将 CaC$_2$O$_4$ 溶于稀硫酸中,即可用 KMnO$_4$ 标准溶液滴定热溶液中与 Ca$^{2+}$ 定量结合的 C$_2$O$_4^{2-}$。

(3) 某些有机物的测定　利用在强碱性溶液中 KMnO$_4$ 氧化有机物的反应比在强酸性溶液中快的特点,可以测定有机物。以甘油的测定为例,将一定量过量的 KMnO$_4$ 溶液加入含有试样的 2 mol·L$^{-1}$NaOH 溶液中,此时发生下列反应:

$$C_3H_8O_3(aq)(甘油)+14MnO_4^-(aq)+20OH^-(aq) \Longrightarrow 3CO_3^{2-}(aq)+14MnO_4^{2-}(aq)+14H_2O(l)$$

静置,待反应完全后,将溶液酸化,$MnO_4^{2-}$ 歧化为 $MnO_4^-$ 和 $MnO_2$。加入过量的 $FeSO_4$ 标准溶液,所有的高价锰将被还原成 $Mn^{2+}$。最后再以 $KMnO_4$ 标准溶液滴定剩余的 $FeSO_4$。由两次加入的 $KMnO_4$ 的量和 $FeSO_4$ 的量即可计算出甘油的含量。

此法可测定甲醇、羟基乙酸、酒石酸、柠檬酸、苯酚、水杨酸、甲醛及葡萄糖等。

## 二、重铬酸钾法

### 1. 概述

重铬酸钾是常用的氧化剂之一。在酸性溶液中还原为 $Cr^{3+}$：

$$Cr_2O_7^{2-}+14H^++6e^- \Longrightarrow 2Cr^{3+}+7H_2O \qquad \varphi^\ominus=1.33\ V$$

由于其氧化能力比 $KMnO_4$ 弱,应用不及 $KMnO_4$ 广泛。但是重铬酸钾法与高锰酸钾法相比有其独特的优点,主要是:① $K_2Cr_2O_7$ 易制成高纯度的试剂,在 150 ℃下烘干后即可作为基准物质,用直接法配制标准溶液;② $K_2Cr_2O_7$ 溶液非常稳定,只要避免蒸发,其浓度甚至可以数年不变,即使煮沸也不分解;③ 用 $K_2Cr_2O_7$ 作滴定剂时,不仅操作简单,而且与大多数有机物反应较慢,不会发生干扰。

重铬酸钾法常用的指示剂是二苯胺磺酸钠和邻氨基苯甲酸。

### 2. 重铬酸钾法应用示例

重铬酸钾法测定铁矿石中全铁的含量,被公认为标准方法。关于测定的原理,前面已有论述,这里就有关注意事项做一些说明:

(1) 矿石的溶解　铁矿石可以用浓 HCl 加热溶解,由于形成 $FeCl_4^-$,因此能促进矿石的溶解。加热能加速矿石的分解,但不能煮沸,否则可能造成部分 $FeCl_3$ 挥发损失。矿石溶解完全后可能残留白色 $SiO_2$ 残渣,但不妨碍测定。

(2) Fe(Ⅲ)的还原　用 $SnCl_2$ 还原 Fe(Ⅲ)时,应在热溶液中逐滴加入 $SnCl_2$,直到溶液由红棕色变为浅黄色。然后再以 $Na_2WO_4$ 为指示剂,用 $TiCl_3$ 将剩余的 $Fe^{3+}$ 全部还原成 $Fe^{2+}$,当 $Fe^{3+}$ 定量还原为 $Fe^{2+}$ 之后,过量 $1\sim2$ 滴 $TiCl_3$ 溶液,即可使溶液中的 $Na_2WO_4$ 还原为蓝色的五价钨化合物,俗称"钨蓝",故指示溶液呈蓝色,滴入少量 $K_2Cr_2O_7$,使过量的 $TiCl_3$ 氧化,"钨蓝"刚好褪色。此时试液中的 $Fe^{3+}$ 已被全部还原为 $Fe^{2+}$。

$$2Fe^{3+}\ +\ Sn^{2+} \Longrightarrow Sn^{4+}\ +\ 2Fe^{2+}$$
$$Fe^{3+}\ +\ Ti^{3+} \Longrightarrow Fe^{2+}\ +\ Ti^{4+}$$

(3) 滴定条件　滴定前将溶液稀释到约 200 mL,可使生成的 $Cr^{3+}$ 颜色变浅,利于终点观察。在滴定前要加入 $H_2SO_4$-$H_3PO_4$ 混酸,其作用有三个:① 保证滴定反应的酸度;② 使 $Fe^{3+}$ 生成无色的 $Fe(HPO_4)_2^-$,利于终点的观察;③ 降低电对 $Fe^{3+}/Fe^{2+}$ 的电极电势,使二苯胺磺酸钠的变色点($\varphi=0.84\ V$)落在电极电势突跃范围内。

9.5 氧化还原滴定法

**1. 概述**

碘量法是氧化还原法中重要的方法之一,它是以下列反应为基础的:

$$I_3^- + 2e^- \Longrightarrow 3I^- \qquad \varphi^{\ominus} = 0.536 \text{ V}$$

为了简化和强调化学计量关系,通常将 $I_3^-$ 简写成 $I_2$。$I_2$ 是较弱的氧化剂,而 $I^-$ 是中等强度的还原剂。因此,可以用 $I_2$ 标准溶液滴定一些强还原剂,如 $Sn(\text{II})$,$H_2S$,$S_2O_3^{2-}$,$As(\text{III})$,维生素 C 等。例如:

$$I_2 + SO_2 + 2H_2O \Longrightarrow 2I^- + SO_4^{2-} + 4H^+$$

用 $I_2$ 标准溶液直接滴定这类还原性物质,这种方法称为直接碘量法。另一方面,可以用 $I^-$ 的还原作用,与氧化剂如 $MnO_4^-$,$Cr_2O_7^{2-}$,$H_2O_2$,$Cu^{2+}$,$Fe^{3+}$ 等反应,例如:

$$2MnO_4^- + 10I^- + 16H^+ \Longrightarrow 2Mn^{2+} + 5I_2 + 8H_2O$$

定量析出的 $I_2$,用 $Na_2S_2O_3$ 标准溶液滴定:

$$I_2 + 2S_2O_3^{2-} \Longrightarrow 2I^- + S_4O_6^{2-}$$

因而可间接测定氧化性物质,这种方法称为间接碘量法,在工作中使用较普遍。

碘量法采用淀粉作指示剂。在直接碘量法(用碘滴定)中,淀粉可在滴定开始时加入。计量点时,稍过量的 $I_2$ 溶液就能使滴定溶液出现深蓝色。在间接碘量法(碘的滴定)中,到达计量点前,溶液中都有 $I_2$ 存在。因此淀粉必须在接近计量点前加入(可从 $I_2$ 的黄色变浅判断),否则在到达计量点后,仍有少量 $I_2$ 与淀粉粒子结合,造成结果偏低,终点时蓝色消失。

淀粉-碘配合物对温度十分敏感。在 50 ℃ 时,颜色的强度仅及 25 ℃ 时的十分之一。有机溶剂也能降低碘和淀粉的亲和力,明显地降低淀粉指示剂效力。

**2. 间接碘量法**

间接碘量法有两个基本反应:

(1) 被测物(氧化剂)与 $I^-$ 反应生成 $I_2$,该反应常常在较高的酸度下进行。

(2) 用 $Na_2S_2O_3$ 滴定析出的 $I_2$。该反应必须在中性或微酸性中进行,$I_2$ 与 $S_2O_3^{2-}$ 的计量关系为 1:2。若在强酸性中,$S_2O_3^{2-}$ 发生下列反应:

$$S_2O_3^{2-}(aq) + 2H^+(aq) \Longrightarrow H_2SO_3(aq) + S(s)$$

而 $H_2SO_3$ 与 $I_2$ 的反应为

$$H_2SO_3(aq) + I_2(aq) + H_2O(l) \Longrightarrow SO_4^{2-}(aq) + 4H^+(aq) + 2I^-(aq)$$

$I_2$ 与 $SO_3^{2-}$ 的计量关系为 1:1,这必将引起误差。所幸的是 $S_2O_3^{2-}$ 的分解速率比它与 $I_2$ 的反应速率慢得多。因此,只要 $Na_2S_2O_3$ 滴入速度不太快,并充分搅拌,勿使 $S_2O_3^{2-}$ 局部过浓,即使酸度高达 3~4 mol·L$^{-1}$ 时,也能得到满意的结果。

若用 $I_2$ 滴定 $S_2O_3^{2-}$,则不能在酸中进行。因为若溶液 pH 过高,部分 $I_2$ 就会发生歧化,生成 HIO 和 $IO_3^-$,它们可将 $S_2O_3^{2-}$ 氧化成 $SO_4^{2-}$。这样,$I_2$ 与 $SO_4^{2-}$ 的计量关系变为 4:1,这也会引起误差。因此,用 $Na_2S_2O_3$ 滴定 $I_2$ 必须控制 pH<9.0。如果用 $I_2$ 滴定 $Na_2S_2O_3$,pH 的高限可达 11.0。

**3. 间接碘量法应用示例**

很多有氧化性的物质都可以用间接碘量法测定。下面对铜和漂白粉中的"有效氯"的测定做一些说明:

(1) 铜的测定　该法基于 $Cu^{2+}$ 与过量 KI 作用,定量析出 $I_2$,然后用 $Na_2S_2O_3$ 滴定。但因 CuI 表面吸附 $I_2$,将使结果降低。加入 KSCN 使 CuI 转化成 CuSCN,可解析出 CuI 吸附的 $I_2$,从而提高测定的准确度。KSCN 应于接近终点时加入,以避免 $SCN^-$ 使 $I_2$ 还原,造成结果偏低。

(2) 漂白粉中"有效氯"的测定　漂白粉与酸作用放出的氯称为"**有效氯**"。它是漂白粉中氯的氧化能力的一种量度,因此常用 $Cl_2$ 的质量分数表征漂白粉的品质。

用间接碘量法测定有效氯,是在试样的酸液中加入过量 KI,析出的 $I_2$ 用 $Na_2S_2O_3$ 标准溶液滴定:

$$Cl_2(aq) + 2KI(aq) == I_2(aq) + 2KCl(aq)$$

$$I_2(aq) + 2S_2O_3^{2-}(aq) == 2I^-(aq) + S_4O_6^{2-}(aq)$$

根据 $Na_2S_2O_3$ 的量,计算 $Cl_2$ 的质量分数。

**4. 直接碘量法**

由于 $I_2$ 是一种中等强度的氧化剂,故直接碘量法的应用不及间接碘量法广泛。

(1) $I_2$ 标准溶液的制备和标定　由于 $I_2$ 的强挥发性,难以准确称量,故采用间接法配制。先将一定量的 $I_2$ 溶于少量 KI 中,待溶解后再稀释至规定体积,然后标定。基准物质是 $As_2O_3$,它难溶于水,故用 NaOH 溶解成亚砷酸盐。将试液酸化后,加入 $NaHCO_3$ 至 pH≈8.0,用 $I_2$ 滴定至淀粉出现蓝色:

$$AsO_3^{3-}(aq) + I_2(aq) + H_2O(l) == AsO_4^{3-}(aq) + 2I^-(aq) + 2H^+(aq)$$

(2) 直接碘量法的应用示例　作为氧化剂可直接用来滴定还原性物质,也可加入过量的 $I_2$ 标准溶液,待反应完成后,以 $Na_2S_2O_3$ 标准溶液滴定剩余的 $I_2$。例如,测定钢样中的 S 时,将试样与金属锡(作助熔剂)置于瓷坩埚中,于管式炉中加热至 1 300 ℃,同时通入空气使 S 氧化成 $SO_2$,以水将其吸收后,以淀粉为指示剂,用 $I_2$ 标准溶液滴定。

为防止 $SO_2$ 挥发,亦可采用返滴定法。

 **想一想**

用间接碘量法测定 $Cu^{2+}$ 时,加入 KI,它起哪些作用?

### 四、氧化还原滴定结果的计算

氧化还原滴定结果的计算主要依据氧化还原反应式中的化学计量关系。

**例 9-15** 用 30.00 mL $KMnO_4$ 溶液恰能氧化一定质量的 $KHC_2O_4 \cdot H_2O$，同样质量的 $KHC_2O_4 \cdot H_2O$ 又恰能被 25.20 mL 0.200 0 mol·L$^{-1}$ KOH 溶液中和。$KMnO_4$ 溶液的浓度是多少？

**解**：$KMnO_4$ 与 $KHC_2O_4 \cdot H_2O$ 的反应为

$$2MnO_4^- + 5C_2O_4^{2-} + 16H^+ \Longrightarrow 2Mn^{2+} + 10CO_2 \uparrow + 8H_2O$$

所以

$$n(KMnO_4) = \frac{2}{5} n(KHC_2O_4 \cdot H_2O)$$

$KHC_2O_4 \cdot H_2O$ 与 KOH 的反应为

$$HC_2O_4^- + OH^- \Longrightarrow C_2O_4^{2-} + H_2O$$

$$n(KHC_2O_4 \cdot H_2O) = n(KOH)$$

因两个反应中 $KHC_2O_4 \cdot H_2O$ 质量相等，所以

$$n(KMnO_4) = \frac{2}{5} n(KOH)$$

故

$$c(KMnO_4) = \frac{2c(KOH)V(KOH)}{5V(KMnO_4)}$$

$$= \frac{2 \times 0.200\ 0\ \text{mol·L}^{-1} \times 25.20 \times 10^{-3}\ \text{L}}{5 \times 30.00 \times 10^{-3}\ \text{L}}$$

$$= 0.067\ 20\ \text{mol·L}^{-1}$$

**例 9-16** 有一 $K_2Cr_2O_7$ 标准溶液的浓度为 0.016 83 mol·L$^{-1}$，求其对 Fe 和 $Fe_2O_3$ 的滴定度。称取含铁矿样 0.280 1 g，溶解后将溶液中的 $Fe^{3+}$ 还原为 $Fe^{2+}$，然后用上述 $K_2Cr_2O_7$ 标准溶液滴定，用去 25.60 mL。求试样中含铁的质量分数，分别以 $w(Fe)$ 和 $w(Fe_2O_3)$ 表示。

**解**：$K_2Cr_2O_7$ 滴定 $Fe^{2+}$ 的反应为

$$Cr_2O_7^{2-} + 6Fe^{2+} + 14H^+ \Longrightarrow 2Cr^{3+} + 6Fe^{3+} + 7H_2O$$

$$n(K_2Cr_2O_7) = \frac{1}{6} n(Fe)$$

$$T_{Fe/K_2Cr_2O_7} = \frac{m(Fe)}{V(K_2Cr_2O_7)} = \frac{6c(K_2Cr_2O_7)V(K_2Cr_2O_7)M(Fe)}{V(K_2Cr_2O_7)}$$

$$= \frac{6 \times 0.016\ 83\ \text{mol·L}^{-1} \times 0.001\ \text{L} \times 55.85\ \text{g·mol}^{-1}}{1\ \text{mL}}$$

$$= 5.640 \times 10^{-3}\ \text{g·mL}^{-1}$$

$$T_{Fe_2O_3/K_2Cr_2O_7} = \frac{3c(K_2Cr_2O_7)V(K_2Cr_2O_7)M(Fe_2O_3)}{V(K_2Cr_2O_7)}$$

$$= \frac{3 \times 0.016\,83\ mol \cdot L^{-1} \times 0.001\ L \times 159.70\ g \cdot mol^{-1}}{1\ mL}$$

$$= 8.063 \times 10^{-3}\ g \cdot mL^{-1}$$

因此  $w(Fe) = \dfrac{T_{Fe/K_2Cr_2O_7}V(K_2Cr_2O_7)}{m} = \dfrac{5.640 \times 10^{-3}\ g \cdot mL^{-1} \times 25.60\ mL}{0.280\,1\ g} = 0.515\,5$

$w(Fe_2O_3) = \dfrac{T_{Fe_2O_3/K_2Cr_2O_7}V(K_2Cr_2O_7)}{m} = \dfrac{8.063 \times 10^{-3}\ g \cdot mL^{-1} \times 25.60\ mL}{0.280\,1\ g} = 0.736\,9$

✎ 练一练

按国家标准规定,$FeSO_4 \cdot 7H_2O$ 的含量:99.50%～100.5% 为一级;99.00%～100.5% 为二级;98.00%～101.0% 为三级。现用高锰酸钾法测定,称取试样 1.012 g,在酸性介质中用浓度为 0.020 34 $mol \cdot L^{-1}$ 的 $KMnO_4$ 溶液滴定,消耗 35.70 mL 至终点。求此产品中 $FeSO_4 \cdot 7H_2O$ 的含量,并说明符合哪级产品标准[已知 $M(FeSO_4 \cdot 7H_2O) = 278.04\ g \cdot mol^{-1}$]。

## 习    题

第九章习题
解答

### 一、填空题

1. 间接碘量法的基本反应是＿＿＿＿＿＿＿＿,所用的标准溶液是＿＿＿＿＿,选用的指示剂是＿＿＿＿。

2. 用高锰酸钾法测定 $Ca^{2+}$,经过如下几步:$Ca^{2+} \xrightarrow{C_2O_4^{2-}} CaC_2O_4 \downarrow \xrightarrow{H^+} HC_2O_4^- \xrightarrow{MnO_4^-} CO_2 \uparrow$,与 $KMnO_4$ 的物质的量的关系为＿＿＿＿＿＿。

3. 标定硫代硫酸钠一般可选择＿＿＿＿＿＿作基准物质,标定高锰酸钾标准溶液一般选用＿＿＿＿＿＿作基准物质。

4. 在 $KMnO_4$ 标准溶液滴定 $Fe^{2+}$ 时,所用的酸通常是 $H_2SO_4$,因为 $HNO_3$ 有＿＿＿＿＿＿＿,盐酸具有＿＿＿＿＿＿,所以不宜使用。

5. $KMnO_4$ 标准溶液应采用＿＿＿＿＿＿方法配制,$K_2Cr_2O_7$ 应采用＿＿＿＿＿＿方法配制。

6. 氧化还原反应中,获得电子的物质是＿＿＿＿＿＿剂,自身被＿＿＿＿＿＿;失去电子的物质是＿＿＿＿＿＿剂,自身被＿＿＿＿＿＿。

7. 在氧化还原反应中,氧化剂是 $\varphi^\ominus$＿＿＿＿＿＿的电对中的＿＿＿＿＿＿态物质,还原剂是 $\varphi^\ominus$ 值＿＿＿＿＿＿的电对中的＿＿＿＿＿＿态物质。

### 二、选择题

1. 在含有 $Cl^-$,$Br^-$,$I^-$ 的混合溶液中,欲使 $I^-$ 氧化成 $I_2$,而 $Br^-$,$Cl^-$ 不被氧化,根据 $\varphi^\ominus$ 值的大小,应选择下列氧化剂中的(    )。

A. $KMnO_4$      B. $K_2Cr_2O_7$      C. $(NH_4)_2S_2O_8$      D. $FeCl_3$

2. 在 $H_3PO_4$ 中,P 的氧化值是(    )。

A.  $-3$          B.  $+1$          C.  $+3$          D.  $+5$

3. 标定 $Na_2S_2O_3$ 采用的基准物质是(    )。

A.  $Na_2B_4O_7 \cdot 10H_2O$          B.  $Na_2CO_3$

C.  $KBrO_3$          D.  $H_2C_2O_4$

4. 间接碘量法加入淀粉指示剂的时间是(    )。

A. 滴定一开始就加入          B. 近终点时加入

C. 滴定至中途加入          D. 滴定至碘的颜色褪去后加入

### 三、是非题

1. 为了使 $Na_2S_2O_3$ 标准溶液稳定,正确配制的方法是将 $Na_2S_2O_3$ 溶液煮沸 1 h,放置 7 天,过滤后再标定。          (    )

2. 在 $K_2Cr_2O_7$ 测定铁矿石中全铁含量时,把铁还原为 $Fe^{2+}$,应选用的还原剂是 KI。          (    )

3. $KBrO_3$ 是强氧化剂,$Na_2S_2O_3$ 是强还原剂,所以可以用 $KBrO_3$ 直接标定 $Na_2S_2O_3$。          (    )

4. 在氧化还原反应中,氧化剂获得电子后,氧化值升高,还原剂失去电子后,氧化值降低。          (    )

5. 间接碘量法的终点总是从蓝色变为无色。          (    )

6. 重铬酸钾法中的酸性介质只能是硫酸,不能是盐酸。          (    )

### 四、问答题

1. 写出下列物质中各元素的氧化值:

$$Na_3PO_4, \ NaH_2PO_4, \ Cr_2O_7^{2-}, \ O_2^{2-}, \ PbO_2, \ HClO, \ K_2MnO_4$$

2. 下列物质中哪些只能作氧化剂或还原剂?哪些既能作氧化剂又能作还原剂?

$$Na_2S, \ HClO_4, \ KMnO_4, \ I_2, \ Na_2SO_3, \ Zn, \ HNO_2, \ As_2O_3, \ FeSO_4$$

3. 配平下列反应方程式(必要时可自加反应物或生成物):

(1)  $Cu + HNO_3(稀) \longrightarrow Cu(NO_3)_2 + NO\uparrow + H_2O$

(2)  $S + H_2SO_4(浓) \longrightarrow SO_2\uparrow + H_2O$

(3)  $KClO_3 + KI + H_2SO_4 \longrightarrow I_2 + KCl + K_2SO_4 + H_2O$

(4)  $H_2O_2 + KI + H_2SO_4 \longrightarrow K_2SO_4 + I_2 + H_2O$

(5)  $KMnO_4 + H_2O_2 + H_2SO_4 \longrightarrow K_2SO_4 + MnSO_4 + O_2\uparrow + H_2O$

(6)  $K_2Cr_2O_7 + KI + H_2SO_4 \longrightarrow Cr_2(SO_4)_3 + I_2 + K_2SO_4 + H_2O$

(7)  $HNO_3 + Cu \longrightarrow Cu(NO_3)_2 + NO_2\uparrow + H_2O$

### 五、计算题

1. 以 500 mL 容量瓶配制 $c(K_2Cr_2O_7) = 0.020\,00 \ mol \cdot L^{-1}$ 的 $K_2Cr_2O_7$ 标准溶液,应称取 $K_2Cr_2O_7$ 基准物质多少克?

2. 计算下列电池的电动势[已知 $K_{sp}^{\ominus}(Ag_2C_2O_4) = 1.1 \times 10^{-11}$,$\varphi_{SCE} = 0.242 \ V$,$\varphi^{\ominus}(Ag^+/Ag) = 0.799 \ V$]:

$$SCE|Na_2C_2O_4(5.0 \times 10^{-4} \ mol \cdot L^{-1}), Ag_2C_2O_4(饱和)|Ag$$

3. 1.000 g $K_3[Fe(CN)_6]$ 基准物质用过量 KI,HCl 溶液作用 1 min 后,加入足量硫酸锌,析出的碘用 $Na_2S_2O_3$ 溶液滴定至终点,用去 29.30 mL。求 $Na_2S_2O_3$ 的浓度。主要反应(已知 $M_{K_3[Fe(CN)_6]} = 329.25 \ g \cdot mol^{-1}$):

$$2[Fe(CN)_6]^{3-} + 2I^- \Longrightarrow 2[Fe(CN)_6]^{4-} + I_2$$
$$2Zn^{2+} + [Fe(CN)_6]^{4-} \Longrightarrow Zn_2[Fe(CN)_6]\downarrow$$
$$I_2 + 2S_2O_3^{2-} \Longrightarrow 2I^- + S_4O_6^{2-}$$

# 第十章 配位平衡和配位滴定法

**学习目标**

- 掌握配合物的组成、命名、化学式的写法;
- 掌握配位平衡及其有关计算;
- 了解 EDTA 及其与金属离子配合物的特点;
- 理解并掌握金属指示剂的作用原理和指示剂的选择原则;
- 掌握配位滴定的滴定方式及应用;
- 理解 EDTA 滴定法的原理。

配位化学已经成为与物理化学、有机化学、生物化学、固体物理和环境科学相互渗透、交叉的新兴学科。本章将对配位化合物的组成、结构做初步介绍,并从化学平衡角度讨论建立在配位反应基础上的配位滴定法。

# 知识结构框图

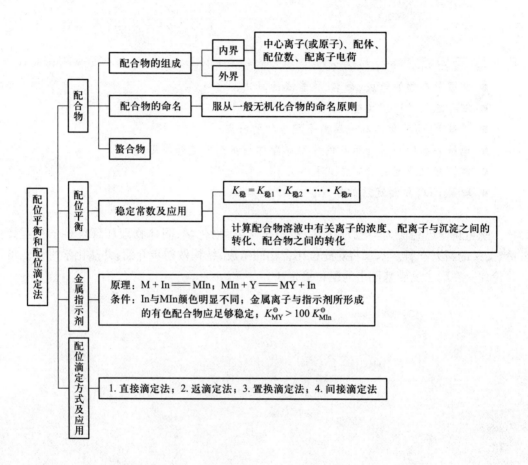

# 10.1　配位化合物

## 一、配位化合物的定义

在很多无机化合物,如 $HCl$,$CaCO_3$,$CuSO_4$ 等的分子中,原子间都有确定的简单整数比,符合经典的化合价理论。另外,还有许多由简单化合物"加合"而成的物质,例如:

$$AgCl + 2NH_3 \Longrightarrow [Ag(NH_3)_2]Cl$$

$$CuSO_4 + 4NH_3 \Longrightarrow [Cu(NH_3)_4]SO_4$$

$$HgI_2 + 2KI \Longrightarrow K_2[HgI_4]$$

在加合过程中,没有电子得失和价态的变化,也没有形成共用电子的共价键。在这类化合物中,都含有能稳定存在的复杂离子,如 $[Ag(NH_3)_2]^+$,$[Cu(NH_3)_4]^{2+}$,$[HgI_4]^{2-}$,称为配离子。凡含有配离子的化合物称为**配位化合物**,简称**配合物**。习惯上,配离子也称配合物。

## 二、配合物的组成

配合物一般可分为两个组成部分,即**内界**和**外界**。在配合物内,提供电子对的分子或离子称为**配体**;接受电子对的离子或原子称为**配位中心离子**(或原子),简称**中心离子**(或原子)。中心离子与配体结合组成配合物的内界,这是配合物的特征部分,通常用方括号括起来。配合物中的其他离子,构成配合物的外界,写在方括号外面。现以 $[Cu(NH_3)_4]SO_4$ 和 $K_4[Fe(CN)_6]$ 为例,说明配合物的组成,图示如下:

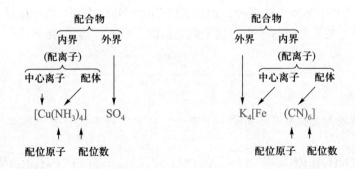

### 1. 中心离子(或原子)

中心离子(或原子)是配合物的形成体,位于配合物的中心位置,是配合物的核心,它能接受孤对电子,通常是金属阳离子或某些金属原子及高氧化值的非金属原子。如 $Fe^{2+}$,$Fe^{3+}$,$Cu^{2+}$,$Co^{2+}$,$Ni^{2+}$,$Zn^{2+}$ 等金属离子及 $[Fe(CO)_5]$,$[Ni(CO)_4]$,$[SiF_6]^{2-}$ 中的 $Fe$,$Ni$,$Si(\text{IV})$ 原子。

### 2. 配体

在配合物中,与中心离子(或原子)以配位键结合的阴离子、原子或分子称为配体。配体位于中心离子周围,它可以是中性分子,如 $NH_3$,$H_2O$ 等,也可以是阴离子,如 $Cl^-$,$CN^-$,$OH^-$ 等。配体中直接与中心离子(或原子)配位的原子称为配位原子。如 $NH_3$ 中的 N,$H_2O$ 和 $OH^-$ 中的 O 及 CO 和 CN 中的 C 等均是配位原子,其结构特点是外围电子层中有能提供给中心离子(或原子)的孤电子对,因此,一般常见的配位原子主要是周期表中电负性较大的非金属元素的原子,如 N,O,S,C,F,Cl,Br,I 等原子。

根据配体所含配位原子的数目,可分为单齿配体和多齿配体。单齿配体只含有一个配位原子且中心离子只形成一个配位键,其组成比较简单。如 $F^-$,$Br^-$,$CN^-$,$NO_2^-$,$NH_3$ 和 $H_2O$ 等。多齿配体含有两个或两个以上的配位原子,它们与中心离子(或原子)可以形成多个配位键,其组成较复杂,多数是有机分子,如 $H_2N—CH_2—CH_2—NH_2$(乙二胺,简写为 en),$C_2O_4^{2-}$ 等。

### 3. 配位数

直接和中心离子(或原子)配位的原子数目称为该中心离子(或原子)的配位数。一般中心离子(或原子)的配位数为偶数,最常见的配位数为 2,4,6,如 $[Ag(NH_3)_2]^+$,$[Cu(NH_3)_4]^{2+}$,$[Co(NH_3)_6]^{3+}$。如果是单齿配体,则配体的数目就是该中心离子(或原子)的配位数,即配体的数目与配位数相等。对多齿配体,如在 $[Cu(en)_2]^{2+}$ 配离子中,en 是双齿配体,所以 $Cu^{2+}$ 的配位数是 4 而不是 2。中心离子(或原子)的实际配位数的多少与中心离子(或原子)、配体的半径、电荷有关,也和配体的浓度、形成配合物的温度等因素有关。但对某一中心离子(或原子)来说,常有一特征配位数。

### 4. 配离子的电荷

配离子的电荷等于中心离子和配体总电荷的代数和。由于配合物作为整体是电中性的,因此,外界离子的电荷总数和配离子的电荷数相等,而符号相反,因此由外界离子的电荷也可以推断出配离子的电荷。例如,在 $[Cu(NH_3)_4]^{2+}$ 中,由于配体 $NH_3$ 是中性分子,所以配离子的电荷就等于中心离子的电荷数,为 $+2$。再如,在 $K_3[Fe(CN)_6]$ 中,配离子电荷为:$3+6\times(-1)=-3$。

---

 **想一想**

配体的个数与配位数是不是同一个概念? 指出下列各配合物中配体的个数及配位数:

(1) $[Co(NH_3)_6]^{2+}$        (2) $[Al(C_2O_4)_3]^{3-}$        (3) $[Ca(edta)]^{2-}$

---

## 三、配合物的命名

配合物的命名方法服从一般无机化合物的命名原则,即阴离子名称在前,阳离子名称在后。

### 1. 配离子为阳离子的配合物

命名次序为:外界阴离子—配体—中心离子。简单外界阴离子和配体之间用"化"字连接,在配体和中心离子之间加"合"字,配体的数目用一、二、三、四等数字表示,中心离子的氧化值用罗马数字写在中心离子名称的后面,并加括弧。例如:

$[Ag(NH_3)_2]Cl$　　　　　　氯化二氨合银(Ⅰ)

$[Cu(NH_3)_4]SO_4$　　　　　硫酸四氨合铜(Ⅱ)

$[Co(NH_3)_6](NO_3)_3$　　　硝酸六氨合钴(Ⅲ)

**2. 配离子为阴离子的配合物**

命名次序为:配体—中心离子—外界阳离子。在中心离子和外界阳离子名称之间加"酸"字。例如:

$K_2[PtCl_6]$　　　　　　　六氯合铂(Ⅳ)酸钾

$K_4[Fe(CN)_6]$　　　　　　六氰合铁(Ⅱ)酸钾

$H_2[SiF_6]$　　　　　　　　六氟合硅(Ⅳ)酸

**3. 有多种配体的配合物**

如果含有多种配体,不同的配体之间要用"·"隔开。其命名顺序为:阴离子—中性分子。

若配体都是阴离子时,则按简单—复杂—有机酸根离子顺序。

若配体都是中性分子时,则按配位原子元素符号的拉丁字母顺序排列。如 $NH_3$ 与 $H_2O$ 同为配体时,$NH_3$ 排列在前,$H_2O$ 排列在后。例如:

$[CoCl_2(NH_3)_4]Cl$　　　　氯化二氯·四氨合钴(Ⅲ)

$[PtCl_3(NH_3)]^-$　　　　　三氯·一氨合铂(Ⅱ)离子

$[Co(NH_3)_5(H_2O)]Cl_3$　　氯化五氨·一水合钴(Ⅲ)

**4. 没有外界的配合物**

命名方法与前面的相同。例如:

$[Ni(CO)_4]$　　　　　　　四羰基合镍

$[PtCl_2(NH_3)_2]$　　　　　二氯·二氨合铂(Ⅱ)

$[CoCl_3(NH_3)_3]$　　　　　三氯·三氨合钴(Ⅲ)

另外,有些配合物有其习惯上沿用的名称。例如,$K_4[Fe(CN)_6]$ 称为亚铁氰化钾(黄血盐);$H_2[SiF_6]$ 称为氟硅酸。

 **练一练**

命名下列各配合物:

(1) $(NH_4)_3[SbCl_6]$　　　　(2) $[Co(en)_3]Cl_3$　　　　　(3) $[PtCl_2(NH_3)_2]$

(4) $K_3[Fe(CN)_6]$　　　　　(5) $[CoCl(SCN)(en)_2]NO_2$　(6) $[CrCl_2(H_2O)_4]Cl$

**四、螯合物**

螯合物是多齿配体通过两个或两个以上的配位原子与同一中心离子形成的具有环状结构的配合物。可将配体比作螃蟹的螯钳,牢牢地钳住中心离子,所以形象地称为**螯合物**。能与中心离子形成螯合物的配体称为**螯合剂**。最常见的螯合剂是一些胺、羧酸类的化合物。如乙二胺四乙酸和它的二钠盐,是最典型的螯合剂,可简写为

EDTA。乙二胺四乙酸的结构为

$$HOOCH_2C \diagdown N - CH_2 - CH_2 - N \diagup CH_2COOH$$
$$HOOCH_2C \diagup \qquad\qquad \diagdown CH_2COOH$$

环状结构是螯合物的特征。螯合物中的环一般是五元环或六元环。其他环则较少见到,亦不稳定。螯合物中成环越多,其稳定性就越强。从结构看,乙二胺四乙酸为六齿配体,可提供 6 个配位原子,其中 2 个氨基氮原子和 4 个羧基氧原子都可以提供电子对,与中心离子结合成 6 个配位数,形成 5 个五元环的螯合物。

有些金属离子与螯合剂所形成的螯合物具有特殊的颜色,可用于金属元素的分离或鉴定。如 1,10-二氮菲,一般称邻二氮杂菲,与 $Fe^{2+}$ 可生成橙红色螯合物,可用以鉴定 $Fe^{2+}$ 的存在。

## 10.2 配 位 平 衡

一般来说,配合物的配离子和外界是以离子键结合的,与强电解质相似,可认为配合物在水溶液完全解离为配离子和外界离子。如 $[Cu(NH_3)_4]SO_4$ 的解离:

$$[Cu(NH_3)_4]SO_4 \Longrightarrow [Cu(NH_3)_4]^{2+} + SO_4^{2-}$$

解离出的配离子在水溶液中则和弱电解质相似,会发生部分解离,存在着解离平衡,也称**配位平衡**。

$$[Cu(NH_3)_4]^{2+} \underset{配位}{\overset{解离}{\rightleftharpoons}} Cu^{2+} + 4NH_3$$

那么,如何衡量配离子在水溶液中解离的难易程度呢?

### 一、配合物的稳定常数

配离子的稳定常数是该配离子形成反应达到平衡时的平衡常数,并且在溶液中配离子的形成是分步进行的。而且,每一步都有一个稳定常数。通常称为逐级稳定常数(或分步稳定常数)。例如:

$$Cu^{2+} + NH_3 \Longrightarrow [Cu(NH_3)]^{2+}$$

$$K_{稳1}^{\ominus} = \frac{[Cu(NH_3)^{2+}]}{[Cu^{2+}][NH_3]} = 10^{4.13}$$

$$[Cu(NH_3)]^{2+} + NH_3 \Longrightarrow [Cu(NH_3)_2]^{2+}$$

$$K_{稳2}^{\ominus} = \frac{[Cu(NH_3)_2^{2+}]}{[Cu(NH_3)^{2+}][NH_3]} = 10^{3.48}$$

$$[Cu(NH_3)_2]^{2+} + NH_3 \Longrightarrow [Cu(NH_3)_3]^{2+}$$

$$K_{稳3}^{\ominus} = \frac{[Cu(NH_3)_3^{2+}]}{[Cu(NH_3)_2^{2+}][NH_3]} = 10^{2.87}$$

$$[Cu(NH_3)_3]^{2+} + NH_3 \rightleftharpoons [Cu(NH_3)_4]^{2+}$$

$$K_{稳4}^{\ominus} = \frac{[Cu(NH_3)_4^{2+}]}{[Cu(NH_3)_3^{2+}][NH_3]} = 10^{2.11}$$

逐级稳定常数的乘积等于该配离子的总稳定常数：

$$Cu^{2+} + 4NH_3 \rightleftharpoons [Cu(NH_3)_4]^{2+}$$

$$K_{稳}^{\ominus} = K_{稳1}^{\ominus} \cdot K_{稳2}^{\ominus} \cdot K_{稳3}^{\ominus} \cdot K_{稳4}^{\ominus} = \frac{[Cu(NH_3)_4^{2+}]}{[Cu^{2+}][NH_3]^4} = 10^{12.59}$$

$K_{稳}^{\ominus}$ 值越大，表示该配离子在水中越稳定。从 $K_{稳}^{\ominus}$ 的大小可以判断配位反应完成的程度及是否可用于滴定分析。

一般配离子的逐级稳定常数彼此相差不大，因此在计算解离度时必须考虑各级配离子的存在。但在实际工作中，一般总是加入过量配位剂，这时金属离子大部分处在最高级配离子的状态，故其他较低级配离子可忽略不计。如果只求简单金属离子的浓度，只需按总的 $K_{稳}^{\ominus}$ 计算，这样计算就大为简化了。

必须注意，在 $[Cu(NH_3)_4]^{2+}$ 溶液中总存在有各级低配位离子（即 $[Cu(NH_3)_3]^{2+}$，$[Cu(NH_3)_2]^{2+}$，$[Cu(NH_3)]^{2+}$ 离子），因此不能认为溶液中 $[Cu^{2+}]$ 与 $[NH_3]$ 之比是 1：4 的关系。

此外还必须指出，用 $K_{稳}^{\ominus}$ 值的大小比较配离子的稳定性时，只有在相同类型的情况下才行。两种同类型配合物稳定性的不同，决定了配合物形成的先后次序。例如，若在含有 $NH_3$ 和 $CN^-$ 的溶液中，加入 $Ag^+$，则必定首先形成很稳定的 $[Ag(CN)_2]^-$ 配离子，只有在 $CN^-$ 与 $Ag^+$ 的配位反应进行完全后，才可能形成 $[Ag(NH_3)_2]^+$ 配离子。同样，两种金属离子能与同一配位剂形成两种同类型配合物时，其配位先后次序也是这样。但必须指出，只有当两者的稳定常数相差足够大时（$10^5$ 倍以上），才能完全分步配位。

**二、配离子稳定常数的应用**

配离子 $[ML_x]^{(n-x)+}$、金属离子 $M^{n+}$ 和配体 $L^-$ 在水溶液中存在下列配位平衡：

$$M^{n+} + xL^- \rightleftharpoons [ML_x]^{(n-x)+}$$

如果向溶液中加入各种试剂（包括酸、碱、沉淀剂、氧化还原剂或其他配位剂），由于这些试剂与 $M^{n+}$ 或 $L^-$ 可能发生各种化学反应必将导致上述配位平衡移动，其结果是原溶液中各组分的浓度发生变动。此过程涉及的就是配位平衡与其他化学平衡相互联系的多重平衡。

**1. 计算配合物溶液中有关离子的浓度**

**例 10-1** 计算溶液中与 $1.0 \times 10^{-3}$ mol·L$^{-1}$ $[Cu(NH_3)_4]^{2+}$ 和 $1.0$ mol·L$^{-1}$ NH$_3$ 处于平衡状态时的游离 $Cu^{2+}$ 浓度。

**解：**
$$Cu^{2+} + 4NH_3 \rightleftharpoons [Cu(NH_3)_4]^{2+}$$

平衡浓度/(mol·L$^{-1}$) $\qquad\qquad$ $x$ $\qquad$ $1.0$ $\qquad$ $1.0 \times 10^{-3}$

已知$[Cu(NH_3)_4]^{2+}$的$K_稳^\ominus = 10^{12.59} = 3.89 \times 10^{12}$，将上述各项代入稳定常数表达式得

$$K_稳^\ominus = \frac{[Cu(NH_3)_4^{2+}]}{[Cu^{2+}][NH_3]^4} = \frac{1.0 \times 10^{-3}}{x(1.0)^4} = 3.89 \times 10^{12}$$

$$x = \frac{1.0 \times 10^{-3}}{1.0 \times 3.89 \times 10^{12}} = 2.57 \times 10^{-16}$$

即$Cu^{2+}$的浓度为$2.57 \times 10^{-16}$ mol·L$^{-1}$。

**2. 配离子与沉淀之间的转化**

**例 10-2** 在 1.0 L 例 10-1 所述的溶液中加入 0.001 mol NaOH，有无 $Cu(OH)_2$ 沉淀生成？若加入 0.001 mol $Na_2S$ 后，有无 CuS 沉淀生成？

**解：**(1) 当加入 0.001 mol NaOH 后，溶液中的 $[OH^-] = 0.001$ mol·L$^{-1}$，$K_{sp}^\ominus\{Cu(OH)_2\} = 2.2 \times 10^{-20}$，该溶液中有关离子浓度乘积：

$$Q = [Cu^{2+}][OH^-]^2 = 2.57 \times 10^{-16} \times (10^{-3})^2 = 2.57 \times 10^{-22}$$
$$Q < K_{sp}^\ominus\{Cu(OH)_2\}$$

加入 0.001 mol NaOH 后无 $Cu(OH)_2$ 沉淀生成。

(2) 若加入 0.001 mol $Na_2S$ 后，溶液中的 $[S^{2-}] = 0.001$ mol·L$^{-1}$（未考虑 $S^{2-}$ 的水解），已知 $K_{sp}^\ominus(CuS) = 6.3 \times 10^{-36}$，则溶液中有关离子浓度乘积：

$$Q = [Cu^{2+}][S^{2-}] = 2.57 \times 10^{-16} \times 1.0 \times 10^{-3} = 2.57 \times 10^{-19}$$
$$Q > K_{sp}^\ominus(CuS)$$

加入 0.001 mol $Na_2S$ 后有 CuS 沉淀生成。

有关配位平衡与沉淀平衡之间的相互关系，可用下述实验说明之。

在一只烧杯中放入少量 $AgNO_3$ 溶液，加入数滴 KCl 溶液，立即产生白色 AgCl 沉淀。然后再向烧杯中滴加氨水，由于生成$[Ag(NH_3)_2]^+$，AgCl 沉淀不断溶解。继续滴加氨水直至 AgCl 沉淀完全溶解。若再加入少量 KBr 溶液，则 $Br^-$ 可与银氨溶液中的 $Ag^+$ 生成乳黄色 AgBr 沉淀。若再滴加 $Na_2S_2O_3$ 溶液，则 AgBr 又将溶解于 $Na_2S_2O_3$ 溶液中。此时如再向溶液中加入 KI 溶液，则又将析出溶解度更小的黄色 AgI 沉淀。若再向溶液中滴加 KCN 溶液，由于生成更稳定的$[Ag(CN)_2]^-$，AgI 沉淀又溶解。再加入 $Na_2S$ 溶液，则又析出 $Ag_2S$ 沉淀。$Ag_2S$ 沉淀溶解度极小，至今还未找到可以显著溶解 $Ag_2S$ 的配位试剂。

与沉淀生成和溶解相对应的是配合物的解离和形成，决定上述各反应的是 $K_稳^\ominus$ 和 $K_{sp}^\ominus$ 的相对大小，以及配位剂与沉淀的浓度。配合物的 $K_稳^\ominus$ 值越大，就越易形成相应配合物，沉淀也就越易溶解；而沉淀的 $K_{sp}^\ominus$ 越小，则配合物就越易解离生成沉淀。

### 3. 配合物之间的转化

判断配离子之间转化的可能性,反应向着生成更稳定的配离子方向进行;两种配离子的稳定常数相差越大,转化就越完全。

**例 10-3** 向含有 $[Ag(NH_3)_2]^+$ 的溶液中分别加入 KCN 和 $Na_2S_2O_3$,此时发生下列反应:

$$[Ag(NH_3)_2]^+ + 2CN^- \rightleftharpoons [Ag(CN)_2]^- + 2NH_3 \qquad (1)$$

$$[Ag(NH_3)_2]^+ + 2S_2O_3^{2-} \rightleftharpoons [Ag(S_2O_3)_2]^{3-} + 2NH_3 \qquad (2)$$

在相同情况下,判断哪个反应进行得较完全?

**解:** 反应(1)平衡常数表示为

$$K_1^\ominus = \frac{[Ag(CN)_2^-][NH_3]^2}{[Ag(NH_3)_2^+][CN^-]^2}$$

分子分母同乘 $[Ag^+]$ 后可得

$$K_1^\ominus = \frac{[Ag(CN)_2^-][NH_3]^2[Ag^+]}{[Ag(NH_3^+)_2][CN^-]^2[Ag^+]} = \frac{K_稳^\ominus\{[Ag(CN)_2]^-\}}{K_稳^\ominus\{[Ag(NH_3)_2]^+\}} = \frac{10^{21.1}}{10^{7.4}} = 10^{13.7}$$

同理可求出反应(2)的平衡常数:

$$K_2^\ominus = 10^{6.41}$$

由计算得知,反应(1)的平衡常数 $K^\ominus$ 值比反应(2)的平衡常数 $K^\ominus$ 值大,说明反应(1)比反应(2)进行得完全。

 **练一练**

在含有 $2.5 \times 10^{-3}$ mol·$L^{-1}$ $AgNO_3$ 和 0.41 mol·$L^{-1}$ NaCl 的溶液中,如果不使 $AgNO_3$ 沉淀生成,溶液中最少应加入 KCN 的浓度为多少?

## 10.3 EDTA 及其与金属离子的配位化合物

### 一、EDTA

目前配位滴定中最重要的和应用最广泛的是乙二胺四乙酸及其二钠盐。乙二胺四乙酸为四元弱酸,常用 $H_4Y$ 表示,其分子的结构式为

$$\text{HOOCH}_2\text{C} \diagdown \quad \diagup \text{CH}_2\text{COOH}$$
$$\text{N—CH}_2\text{—CH}_2\text{—N}$$
$$\text{HOOCH}_2\text{C} \diagup \quad \diagdown \text{CH}_2\text{COOH}$$

由于它在水中的溶解度很小(室温下,100 mL 水中能溶解 0.02 g),故常用它的二钠

盐($Na_2H_2Y\cdot2H_2O$,相对分子质量为 372.26),也简称 EDTA。后者溶解度较大(室温下,100 mL 水中能溶解 11.2 g),饱和水溶液的浓度约为 0.3 $mol\cdot L^{-1}$,pH 约为 4.4。

当 $H_4Y$ 溶解于酸度很高的溶液中时,它的两个羧基可再接受 $H^+$ 而形成 $H_6Y^{2+}$,这样 EDTA 就相当于六元酸。

在水溶液中,EDTA 有六级解离平衡:

$$H_6Y^{2+} \Longrightarrow H^+ + H_5Y^+, \qquad K_{a1}^{\ominus} = \frac{[H^+][H_5Y^+]}{[H_6Y^{2+}]} = 10^{-0.9}$$

$$H_5Y^+ \Longrightarrow H^+ + H_4Y, \qquad K_{a2}^{\ominus} = \frac{[H^+][H_4Y]}{[H_5Y^+]} = 10^{-1.6}$$

$$H_4Y \Longrightarrow H^+ + H_3Y^-, \qquad K_{a3}^{\ominus} = \frac{[H^+][H_3Y^-]}{[H_4Y]} = 10^{-2.0}$$

$$H_3Y^- \Longrightarrow H^+ + H_2Y^{2-}, \qquad K_{a4}^{\ominus} = \frac{[H^+][H_2Y^{2-}]}{[H_3Y^-]} = 10^{-2.67}$$

$$H_2Y^{2-} \Longrightarrow H^+ + HY^{3-}, \qquad K_{a5}^{\ominus} = \frac{[H^+][HY^{3-}]}{[H_2Y^{2-}]} = 10^{-6.16}$$

$$HY^{3-} \Longrightarrow H^+ + Y^{4-}, \qquad K_{a6}^{\ominus} = \frac{[H^+][Y^{4-}]}{[HY^{3-}]} = 10^{-10.26}$$

由于分步解离,EDTA 在水溶液中总是以 $H_6Y^{2+}$,$H_5Y^+$,$H_4Y$,$H_3Y^-$,$H_2Y^{2-}$,$HY^{3-}$,$Y^{4-}$ 七种形式存在。在不同 pH 时各种存在形式的分配情况如图 10-1 所示。

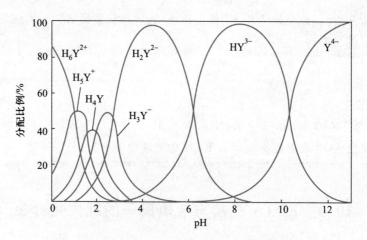

图 10-1　EDTA 各种形式在不同 pH 时的分配情况

从图 10-1 中可以看出,在不同酸度下,各种存在形式的浓度是不相同的。酸度越高,$[Y^{4-}]$ 就越小;酸度越低,$[Y^{4-}]$ 就越大。在 pH<1 的强酸性溶液中,EDTA 主要以 $H_6Y^{2+}$ 形式存在;在 pH 为 1~1.6 的溶液中,主要以 $H_5Y^+$ 形式存在;在 pH 为 1.6~2 的溶液中,主要以 $H_4Y$ 形式存在;在 pH 为 2~2.67 的溶液中,主要以 $H_3Y^-$ 形式存在;在 pH 为 2.67~6.16 的溶液中,主要以 $H_2Y^{2-}$ 形式存在;在 pH 很大($\geqslant$12.0)时才几乎完全以 $Y^{4-}$ 形式存在。

## 二、EDTA 与金属离子形成的螯合物

EDTA 能通过两个 N 原子、四个 O 原子共六个配位原子与金属离子结合,形成很稳定的螯合物,甚至能和很难形成配合物的、半径大的碱土金属离子(如 $Ca^{2+}$)形成稳定的螯合物。一般情况下,EDTA 与一至四价金属离子都能形成 1:1 的易溶于水的螯合物:

$$Ca^{2+} + Y^{4-} \Longrightarrow CaY^{2-}$$
$$Zn^{2+} + Y^{4-} \Longrightarrow ZnY^{2-}$$
$$Fe^{3+} + Y^{4-} \Longrightarrow FeY^{-}$$
$$Sn^{2+} + Y^{4-} \Longrightarrow SnY^{2-}$$

这样就不存在分步配位现象,而且由于配位比很简单,因而用作配位滴定反应,其分析结果的计算就十分方便。

EDTA 与金属离子形成的螯合物都比较稳定,所以配位反应比较完全。

无色金属离子与 EDTA 形成的螯合物仍为无色,这有利于用指示剂确定终点。有色金属与 EDTA 形成的螯合物的颜色将加深。

以上特点说明 EDTA 和金属离子的配位反应能符合滴定分析的要求。

由于金属离子与 EDTA 形成 1:1 的螯合物,为讨论方便,可略去式中的电荷,简写为

$$M + Y \Longrightarrow MY$$

其稳定常数为

$$K_{MY}^{\ominus} = \frac{[MY]}{[M][Y]}$$

螯合物的稳定性,主要取决于金属离子和配体的性质。在一定条件下,每一种螯合物都有其特有的稳定常数。一些常见金属离子与 EDTA 的螯合物的稳定常数参见表 10-1。

**表 10-1　EDTA 与各种常见金属离子的螯合物的稳定常数**

(溶液离子强度 $I = 0.1 \text{ mol} \cdot kg^{-1}$,温度 20 ℃)

| 阳离子 | $\lg K_{MY}^{\ominus}$ | 阳离子 | $\lg K_{MY}^{\ominus}$ | 阳离子 | $\lg K_{MY}^{\ominus}$ | 阳离子 | $\lg K_{MY}^{\ominus}$ |
|---|---|---|---|---|---|---|---|
| $Na^{+}$ | 1.66 | $Ca^{2+}$ | 10.69 | $Zn^{2+}$ | 16.50 | $Th^{4+}$ | 23.20 |
| $Li^{+}$ | 2.79 | $Mn^{2+}$ | 14.04 | $Pb^{2+}$ | 18.04 | $Cr^{3+}$ | 23.40 |
| $Ag^{+}$ | 7.32 | $Fe^{2+}$ | 14.33 | $Ni^{2+}$ | 18.67 | $Fe^{3+}$ | 25.10 |
| $Ba^{2+}$ | 7.76 | $Ce^{3+}$ | 15.98 | $Cu^{2+}$ | 18.80 | $V^{3+}$ | 25.90 |
| $Sr^{2+}$ | 8.63 | $Co^{2+}$ | 16.30 | $Hg^{2+}$ | 21.80 | $Bi^{3+}$ | 27.94 |
| $Mg^{2+}$ | 8.69 | $Al^{3+}$ | 16.10 | $Y^{3+}$ | 23.00 | $Co^{3+}$ | 36.00 |

表 10-1 所列数据是指配位反应达平衡时 EDTA 全部成为 $Y^{4-}$ 的情况下的稳定常数,而未考虑 EDTA 可能还有其他形式存在。但只有在强碱性溶液(pH>12)中,$[Y]_总$ 才等于 $[Y^{4-}]$;而且在金属离子的浓度未受其他条件影响时,上式才适用。

由表 10-1 可见,金属离子与 EDTA 螯合物的稳定性,随金属离子的不同,差别较大。碱金属离子的螯合物最不稳定;碱土金属离子的螯合物,$\lg K_{MY}^{\ominus} = 8 \sim 11$;过渡元素、

稀土元素、$Al^{3+}$ 的螯合物，$lgK_{MY}^{\ominus}=15\sim19$；三价、四价金属离子，$Hg^{2+}$ 的螯合物，$lgK_{MY}^{\ominus}>20$。这些螯合物稳定性的差别，主要取决于金属离子本身的离子电荷、离子半径和电子层结构。

 想一想

EDTA 具有什么结构特点？EDTA 与金属离子形成的配合物有哪些特点？

### 三、副反应和条件稳定常数

在 EDTA 滴定中，被测金属离子 M 与 EDTA 配位，生成配合物 MY，这时主反应物 M，Y 及反应产物 MY 也可能与溶液中其他组分发生副反应，从而使 MY 配合物的稳定性受到影响，其平衡关系如下：

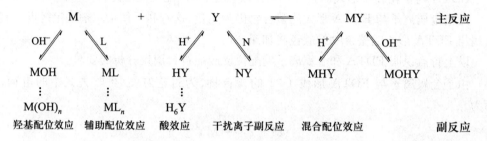

这些副反应的发生都将影响主反应进行的程度。反应物（M，Y）发生副反应不利于主反应的进行，而反应产物（MY）发生副反应则有利于主反应的进行。

## 10.4 金属指示剂

在配位滴定中，可用各种方法指示终点，使用最广泛的是金属指示剂。

### 一、金属指示剂的作用原理

EDTA 滴定法中用的指示剂为**金属指示剂**。它是一种可与金属离子生成配合物的有机染料。利用金属指示剂自身颜色与其形成的配合物具有不同的颜色，来指示配位滴定终点。

金属指示剂与待测金属离子反应，可表示如下：

$$M+ In \rightleftharpoons MIn$$

甲色　　乙色

随着滴定剂的加入，EDTA 与溶液中游离的金属离子配位，形成稳定的配合物 M-EDTA。在临近终点时，M 离子浓度已降到很低。继续加入 EDTA，由于 $K_{MY}^{\ominus}>K_{MIn}^{\ominus}$，EDTA 就会从 MIn 中夺取 M，并与之配合，而释放出指示剂，显示出指示剂自身的颜色，指示终点的到达。反应可表示如下：

$$MIn + Y \rightleftharpoons MY + In$$
$$乙色 \qquad\qquad 甲色$$

金属指示剂一般为有机弱酸,它与金属离子所形成的配合物的稳定常数 $K_{MIn}^{\ominus}$ 随溶液酸度的变化而变化。在选择指示剂时,必须要考虑体系的酸度,使指示剂变色点的 pM 与化学计量点的 pM 一致,或在化学计量点附近的 pM 突跃范围内。现以铬黑 T 为例加以说明。

铬黑 T 属偶氮染料,简称 EBT,化学名称是 1-(1-羟基-2-萘偶氮基)-6-硝基-2-萘酚-4-磺酸钠。

铬黑 T 溶于水时,磺酸基上的 $Na^+$ 全部解离。铬黑 T 为二元弱酸,以 $H_2In^-$ 表示,在水溶液中有如下平衡:

$$H_2In^- \xrightleftharpoons{pK_{a2}=6.3} HIn^{2-} \xrightleftharpoons{pK_{a3}=11.6} In^{3-}$$
$$紫红 \qquad\qquad 蓝 \qquad\qquad 橙$$

铬黑 T 与二价金属离子所形成的配合物都显红色。由于指示剂在 pH<6.3 和 pH>11.6 的溶液中呈现的颜色与 MY 的颜色接近,滴定终点时颜色的变化不明显,所以使用铬黑 T 作指示剂的最适宜的酸度为 pH=6.3~11.6。在 pH=10 的缓冲溶液中用 EDTA 可直接滴定 $Mg^{2+}$,$Zn^{2+}$,$Cd^{2+}$,$Pb^{2+}$ 和 $Hg^{2+}$ 等离子。终点由红色变为纯蓝色。对滴定 $Ca^{2+}$ 不够灵敏,但在有 $Mg^{2+}$ 存在时可改善滴定终点。

滴定时,在 $M^{2+}$ 溶液中加入铬黑 T,溶液呈现 $MIn^-$ 的红色。

$$M^{2+} + HIn^{2-} \rightleftharpoons MIn^- + H^+$$

终点时,溶液变为指示剂本身的蓝色。

$$MIn^- + H_2Y^{2-} \rightleftharpoons MY^{2-} + HIn^{2-} + H^+$$

### 二、金属指示剂应具备的条件

金属指示剂大多是水溶性的有机染料。它必须具备下列基本条件:

(1) 金属离子与指示剂形成配合物(MIn)的颜色与指示剂(In)本身的颜色有明显的区别,这样达到终点时的颜色变化才明显。

(2) 金属离子与指示剂所形成的有色配合物应足够稳定,在金属离子浓度很小时,仍能呈现明显的颜色。如果它的稳定性差而解离程度大,则在到达化学计量点前,就会显示出指示剂本身的颜色,使终点提前出现,颜色变化也不明显。

(3) MIn 配合物的稳定性,应小于 M-EDTA 配合物的稳定性,两者稳定常数应相差 100 倍以上,即

$$K_{MY}^{\ominus} > 100\ K_{MIn}^{\ominus}$$

这样才能使 EDTA 滴定到化学计量点时,将指示剂从 MIn 配合物中取代出来。否则,滴定过了化学计量点指示剂也不变色。

此外,指示剂与金属离子形成的配合物应易溶于水,如果生成胶体或沉淀,就会影响颜色反应的可逆性,使颜色不明显。指示剂应比较稳定,便于贮藏和使用。

### 三、常用金属指示剂

由于金属指示剂与几乎所有离子形成配合物的有关常数不齐全,所以多数都采用实验的方法来选择指示剂。即先试验滴定终点时颜色变化是否敏锐,再检查滴定结果是否准确,这样就可以确定该指示剂是否符合要求。常用金属指示剂及其应用范围列于表 10-2 中。

表 10-2  常用的金属指示剂

| 指示剂 | 使用的适宜 pH 范围 | 颜色变化 | | 直接滴定的离子 | 指示剂配制 | 注意事项 |
|---|---|---|---|---|---|---|
| | | In | MIn | | | |
| 铬黑 T(简称 EBT 或 BT) | 8~10 | 蓝 | 红 | $pH=10$, $Mg^{2+}$, $Zn^{2+}$, $Cd^{2+}$, $Pb^{2+}$, $Mn^{2+}$, 稀土元素离子 | 1:100 NaCl (固体) | $Fe^{3+}$, $Al^{3+}$, $Cu^{2+}$, $Ni^{2+}$ 等离子封闭 EBT |
| 酸性铬蓝 K | 8~13 | 蓝 | 红 | $pH=10$, $Mg^{2+}$, $Zn^{2+}$, $Mn^{2+}$<br>$pH=13$, $Ca^{2+}$ | 1:100 NaCl (固体) | |
| 二甲酚橙 (简称 XO) | <6 | 亮黄 | 红 | $pH<1$, $ZrO^{2+}$<br>$pH=1~3.5$, $Bi^{3+}$, $Tb^{4+}$<br>$pH=5~6$, $Tl^{3+}$, $Zn^{2+}$, $Pb^{2+}$, $Cd^{2+}$, $Hg^{2+}$, 稀土元素离子 | 0.5%水溶液 | $Fe^{3+}$, $Al^{3+}$, $Cu^{2+}$, $Ni^{2+}$, $Ti(IV)$ 等离子封闭 XO |
| 磺基水杨酸 (简称 ssal) | 1.5~2.5 | 无色 | 紫红 | $pH=1.5~2.5$, $Fe^{3+}$ | 5%水溶液 | ssal 本身无色, $FeY^-$ 呈黄色 |
| 钙指示剂 (简称 NN) | 12~13 | 蓝 | 红 | $pH=12~13$, $Ca^{2+}$ | 1:100 NaCl (固体) | $Fe^{3+}$, $Al^{3+}$, $Cu^{2+}$, $Ni^{2+}$, $Co^{2+}$, $Mn^{2+}$, $Ti(IV)$ 等离子封闭 NN |
| PAN | 2~12 | 黄 | 紫红 | $pH=2~3$, $Th^{4+}$, $Bi^{3+}$<br>$pH=4~5$, $Cu^{2+}$, $Ni^{2+}$, $Pb^{2+}$, $Cd^{2+}$, $Zn^{2+}$, $Mn^{2+}$, $Fe^{2+}$ | 0.1%乙醇溶液 | MIn 在水中溶解度小,为防止 PAN 僵化,滴定时须加热 |

 **练一练**

若配制 EDTA 溶液的水中含有 $Ca^{2+}$, $Mg^{2+}$, 在 pH=5~6 时,以二甲酚橙作指示剂,用 $Zn^{2+}$ 标定该 EDTA 溶液,其标定结果是偏高还是偏低?

## 10.5  配位滴定方式及其应用

在配位滴定中,采用不同的滴定方式,可以扩大配位滴定的应用范围,并能提高配位滴定的选择性。现结合具体应用阐述如下：

## 一、直接滴定法

金属离子与 EDTA 的配位反应如能满足滴定分析对反应的要求并有合适的指示剂，就可以用 EDTA 标准溶液直接进行滴定。这种方法是将待测组分的溶液调节至所需的酸度，加入必要的辅助试剂和指示剂，用 EDTA 标准溶液滴定。直接滴定法操作简单，准确度较高。

**测定实例——水中硬度的测定**

水的硬度是指水中除碱金属外的全部金属离子浓度的总和。由于 $Ca^{2+}$ 和 $Mg^{2+}$ 含量远比其他金属离子含量高，所以水中硬度通常以 $Ca^{2+}$，$Mg^{2+}$ 含量表示。$Ca^{2+}$，$Mg^{2+}$ 主要以碳酸氢盐、硫酸盐、氯化物等形式存在，含有这类盐的水称为硬水。

水的硬度对工业及生活用水影响很大，如使锅炉产生锅垢、使印染中的织物变脆、使洗衣时多消耗肥皂等。所以水的硬度是衡量生活用水和工业水质的一项重要指标，测定水的硬度有很重要的实际意义。

按 GB 5749—2006《生活饮用水卫生标准》规定，总硬度（以碳酸钙计）不得超过 $450\ mg \cdot L^{-1}$。各种工业用水根据工艺过程对硬度的要求而定。

各国对水的硬度表示方法不同，我国通常是把水中 $Ca^{2+}$，$Mg^{2+}$ 总量折合成 $CaCO_3$ 的质量来表示水的硬度，即以每升水中含 $CaCO_3$ 的质量（mg）来表示，单位为 $mg \cdot L^{-1}$。水的硬度还可以用"度"来表示，即每升水中含有 10 mg CaO 为 $1°$（1 度）。

水的硬度可分为：钙盐含量表示水的钙硬度；镁盐含量表示水的镁硬度；$Ca^{2+}$，$Mg^{2+}$ 总量表示水的总硬度。

**1. 总硬度测定**

利用氨缓冲溶液控制水样 pH=10.0，加铬黑 T 作指示剂，这时水中 $Mg^{2+}$ 与指示剂生成红色配合物，$K^{\ominus}_{MgIn} > K^{\ominus}_{CaIn}$：

$$Mg^{2+} + HIn^{2-} \Longrightarrow MgIn^- + H^+$$

用 EDTA 标准溶液滴定时，EDTA 先与水中 $Ca^{2+}$ 配位，再与 $Mg^{2+}$ 配位，$K^{\ominus}_{CaY} > K^{\ominus}_{MgY}$，则

$$Ca^{2+} + Y^{4-} \Longrightarrow CaY^{2-}$$
$$Mg^{2+} + Y^{4-} \Longrightarrow MgY^{2-}$$

到达化学计量点时，EDTA 夺取 $MgIn^-$ 中的 $Mg^{2+}$，使指示剂游离出来而显纯蓝色，$K^{\ominus}_{MgY} > K^{\ominus}_{MgIn}$，则

$$\underset{\text{红色}}{MgIn^-} + Y^{4-} + H^+ \Longrightarrow MgY^{2-} + \underset{\text{蓝色}}{HIn^{2-}}$$

根据 EDTA 的用量计算水的硬度：

$$总硬度(mg \cdot L^{-1}) = \frac{c \times V \times M(CaCO_3)}{V_水} \times 1\ 000\ mg/g$$

$$总硬度(°) = \frac{c \times V \times M(CaO)}{V_水 \times 10} \times 1\ 000\ mg/g$$

式中 $c$ 为 EDTA 标准溶液的质量浓度(基本单位以 $Na_2H_2Y$ 计,$mol \cdot L^{-1}$),$V$ 为测总硬度时消耗 EDTA 的体积(L),$V_{水}$ 为测定时水样的体积(L),$M(CaCO_3)$ 为 $CaCO_3$ 的摩尔质量($g \cdot mol^{-1}$),$M(CaO)$ 为 CaO 的摩尔质量($g \cdot mol^{-1}$)。

水样中含有 $Fe^{3+}$,$Cu^{2+}$ 时,对铬黑 T 有封闭作用,可加入 $Na_2S$ 使 $Cu^{2+}$ 成为 CuS 沉淀;在碱性溶液中加入三乙醇胺掩蔽 $Fe^{3+}$、$Al^{3+}$。$Mn^{2+}$ 存在时,在碱性条件下可被空气氧化成 Mn(Ⅳ),它能将铬黑 T 氧化褪色,可在水样中加入盐酸羟胺防止指示剂被氧化。

**2. 钙硬度测定**

用 NaOH 调节水样 pH=12,$Mg^{2+}$ 形成 $Mg(OH)_2$ 沉淀,以钙指示剂确定终点,用 EDTA 标准溶液滴定,终点时溶液由红色变成蓝色。其各步反应为

$$Ca^{2+} + HIn^{2-} \rightleftharpoons CaIn^- + H^+$$
$$Ca^{2+} + H_2Y^{2-} \rightleftharpoons CaY^{2-} + 2H^+$$
$$CaIn^- + H_2Y^{2-} \rightleftharpoons CaY^{2-} + HIn^{2-} + H^+$$

红色            蓝色

水样中含有 $Ca(HCO_3)_2$,当加碱调节 pH=12.0 时,$Ca(HCO_3)_2$ 形成 $CaCO_3$ 而使结果偏低,应先加入 HCl 酸化并煮沸使 $Ca(HCO_3)_2$ 完全分解。

$$Ca(HCO_3)_2 + 2NaOH \Longrightarrow CaCO_3 + Na_2CO_3 + 2H_2O$$
$$Ca(HCO_3)_2 + 2HCl \Longrightarrow CaCl_2 + 2H_2O + 2CO_2$$

以 NaOH 调节溶液酸度时,用量不宜过多,否则一部分 $Ca^{2+}$ 被 $Mg(OH)_2$ 吸附,致使钙硬度测定结果偏低。

**3. 镁硬度测定**

由总硬度减去钙硬度,即为镁硬度。

**二、返滴定法**

如果被测金属离子与 EDTA 的反应速率太慢;在滴定条件下被测离子发生副反应;采用直接滴定法缺乏符合要求的指示剂;待测离子对指示剂有封闭作用等情况下,通常采用返滴定法进行测定。

返滴定法是在试液中先加入一定量过量的 EDTA 标准溶液,待与金属离子完全反应后,再用另一种标准溶液滴定剩余的 EDTA,根据两种标准溶液的浓度和用量,即可求得待测物质的含量。

> **例 10-4** 测定铝盐中铝含量时,称取试样 0.2500 g,溶解后加入 0.05000 $mol \cdot L^{-1}$ EDTA 溶液25.00 mL,煮沸后调节溶液的 pH 为 5~6,加入二甲酚橙指示剂,用 0.02000 $mol \cdot L^{-1}$ $Zn(Ac)_2$ 溶液回滴至红色,消耗 $Zn(Ac)_2$ 21.50 mL,求铝的含量[已知 $M(Al) = 26.98$ $g \cdot mol^{-1}$]。
>
> **解:** 此例是返滴定法。
>
> $$w(Al) = \frac{[c(EDTA)V(EDTA) - c(Zn^{2+})V(Zn^{2+})]M(Al)}{m_s} \times 100\%$$
>
> $$= \frac{[(0.05000 \times 25.00 - 0.02000 \times 21.50) \times 10^{-3}] \text{ mol} \times 26.98 \text{ g} \cdot \text{mol}^{-1}}{0.2500 \text{ g}} \times 100\%$$
>
> $$= 8.85\%$$

### 三、置换滴定法

利用置换反应置换出一定物质的量的金属离子或 EDTA,然后用标准溶液进行滴定,这就是置换滴定法。置换滴定法的方式灵活多样,不仅能扩大配位滴定的应用范围,同时还可以提高配位滴定的选择性。

**1. 置换出金属离子**

当待测离子 M 与 EDTA 反应不完全,或形成的配合物不稳定,可使 M 置换出另一配合物 NL 中的 N,再用 EDTA 滴定 N,从而求得 M 的含量。

$$M + NL \longrightarrow ML + N$$

例如,$Ag^+$ 与 EDTA 生成的配合物不稳定,不能用 EDTA 直接滴定。若将 $Ag^+$ 加入 $[Ni(CN)_4]^{2-}$ 溶液中,则

$$2Ag^+ + [Ni(CN)_4]^{2-} \longrightarrow 2[Ag(CN)_2]^- + Ni^{2+}$$

在 pH=10 的氨性溶液中,以紫脲酸铵作指示剂,用 EDTA 滴定置换出来的 $Ni^{2+}$,即可求得 $Ag^+$ 的含量。

**2. 置换出 EDTA**

将待测离子 M 与干扰离子全部用 EDTA 配位,加入选择性高的配位剂 L 以夺取 M,并放出 EDTA。

$$MY + L \longrightarrow ML + Y$$

再用另一标准溶液滴定释放出来的 EDTA,可测出 M 的含量。

例如,测定锡青铜中的 Sn 时,可于试液中加入过量的 EDTA,将可能存在的 $Pb^{2+}$,$Zn^{2+}$,$Cd^{2+}$,$Bi^{3+}$ 等与 $Sn^{4+}$ 一起配位,再用 $Zn^{2+}$ 标准溶液滴定剩余的 EDTA。然后加入 $NH_4F$,选择性地将 SnY 中的 EDTA 释放出来。最后用 $Zn^{2+}$ 标准溶液滴定释放出来的 EDTA,从而求得 $Sn^{4+}$ 的含量。

利用置换滴定的原理,还可以改善指示剂检测滴定终点的敏锐性。例如,铬黑 T 与 $Mg^{2+}$ 显色灵敏,但与 $Ca^{2+}$ 显色的灵敏度较差。为此,在 pH=10 的溶液中用 EDTA 滴定 $Ca^{2+}$ 时,常于溶液中先加入少量 MgY,此时发生如下置换反应:

$$MgY^{2-} + Ca^{2+} \longrightarrow CaY^{2-} + Mg^{2+}$$

置换出的 $Mg^{2+}$ 与铬黑 T 显很深的红色。滴定时 EDTA 先与 $Ca^{2+}$ 配位,当此配位反应完成后,EDTA 再夺取 Mg-铬黑 T 配合物中的 $Mg^{2+}$,形成 MgY,指示剂游离出来显蓝色即为终点。滴定前加入的 MgY 和最后生成的 MgY 的量是相等的,因此不影响滴定结果。

### 四、间接滴定法

有些金属离子(如 $Li^+$,$Na^+$,$K^+$ 等)和非金属离子(如 $SO_4^{2-}$,$PO_4^{3-}$ 等)不能和 EDTA 配位,或与 EDTA 生成的配合物不稳定,不便于配位滴定。这时可采用间接滴定法。

例如,$Na^+$ 的测定是将 $Na^+$ 沉淀为醋酸铀酰锌 $\{NaAc \cdot Zn(Ac)_2 \cdot 3UO_2(Ac)_2 \cdot 9H_2O\}$,分离沉淀,洗净并将它溶解。然后用 EDTA 标准溶液滴定 $Zn^{2+}$,从而求得试样中 $Na^+$ 的含量。

间接滴定手续较繁,引入误差的机会也较多,不是一种理想的方法。

> ✏️ **练一练**
>
> 在配位滴定中,为什么常使用缓冲溶液?

## 习　题

### 一、填空题

1. 配合物 $[CoCl(NH_3)_5]Cl_2$ 的内界是＿＿＿＿＿＿＿＿,外界是＿＿＿＿＿＿＿。中心离子的配位数是＿＿＿＿＿＿＿,配体是＿＿＿＿＿＿＿。

2. 配位数相同的配离子,若 $K_稳^\ominus$ 越＿＿＿＿＿＿＿,则该离子就越稳定,若 $K_稳^\ominus$ 越小,则表示该配离子的解离程度就越＿＿＿＿＿＿＿。

3. 填充下表:

| 配合物的化学式 | 命名 | 中心离子 | 配离子电荷 | 配体 | 配位数 |
|---|---|---|---|---|---|
| $[Ag(NH_3)_2]NO_3$ | | | | | |
| $K_4[Fe(CN)_6]$ | | | | | |
| $K_3[Fe(CN)_6]$ | | | | | |
| $H_2[PtCl_6]$ | | | | | |
| $[Zn(NH_3)_4](OH)_2$ | | | | | |
| $[Co(NH_3)_6]Cl_3$ | | | | | |

4. 配体中具有＿＿＿＿＿＿＿,直接与＿＿＿＿＿＿结合的原子叫配位原子。如 $NH_3$ 中的＿＿＿＿＿＿＿原子是配位原子。在配离子中与中心离子直接结合的数目叫＿＿＿＿＿＿＿的配位数。

### 二、选择题

1. AgCl 在下列溶液中(浓度均为 1 $mol \cdot L^{-1}$),溶解度最大的是(　　)。

A. $NH_3$ 　　　　B. $Na_2S_2O_3$ 　　　　C. KI 　　　　D. NaCN

2. 用 EDTA 直接滴定有色金属离子 M,终点所呈现的颜色是(　　)。

A. 游离指示剂的颜色 　　　　　　　　B. EDTA-M 配合物的颜色

C. 指示剂-M 配合物的颜色 　　　　　　D. 上述 A+B 的混合色

3. 一般情况下,EDTA 与金属离子形成的配合物的配位比是(　　)。

A. 1:1 　　　　B. 2:1 　　　　C. 1:3 　　　　D. 1:2

4. 用 EDTA 法测定自来水的硬度,已知水中含有少量 $Fe^{3+}$,某学生用 $NH_3 \cdot H_2O-NH_4Cl$ 调 pH=9.6,选铬黑 T 为指示剂,用 EDTA 标准溶液滴定,溶液一直是红色的,找不到终点,这是由于(　　)。

A. pH 太低 　　　　　　　　　　　　B. pH 太高

C. 指示剂失效 　　　　　　　　　　　D. $Fe^{3+}$ 封闭了指示剂

### 三、是非题

1. 一种配离子在任何情况下都可以转化为另一种配离子。　　　　　　　　　　　(　　)

2. 只要金属离子能与 EDTA 形成配合物,都能用 EDTA 直接滴定。 ( )

3. 游离金属指示剂本身的颜色一定要和与金属离子形成的配合物的颜色有差别。 ( )

4. 配合物在水溶液中可以全部解离为外界离子和配离子,配离子也能全部解离为中心离子和配体。 ( )

5. 配体的数目就是该中心离子(或原子)的配位数。 ( )

6. 配离子的电荷数等于配合物中中心离子、配体和外界离子电荷的代数和。 ( )

## 四、问答题

1. 写出下列配合物的化学式,并指出中心离子的配体、配位原子和配位数。

(1) 氯化二氯·一水·三氨合铬(Ⅲ)　　　(2) 硫酸四氨合镍(Ⅱ)

(3) 四硫氰·二氨合铬(Ⅲ)酸铵　　　　　(4) 六氰合铁(Ⅱ)酸钾

2. $PtCl_4$ 和氨水反应,生成的配合物的化学式为 $[Pt(NH_3)_4]Cl_4$。将 1 mol 此配合物用 $AgNO_3$ 处理,得到 2 mol AgCl。试推断此配合物的结构式。

## 五、计算题

1. 取 100.0 mL 水样,以铬黑 T 为指示剂,在 pH=10 时用 0.010 60 mg·$L^{-1}$ EDTA 溶液滴定,消耗 31.30 mL。另取 100.0 mL 水样,加 NaOH 使呈碱性,$Mg^{2+}$ 生成 $Mg(OH)_2$ 沉淀,用 EDTA 溶液 19.20 mL 滴定至钙指示剂变色为终点。计算水的总硬度[以 CaO 含量(mg·$L^{-1}$)表示]及水中钙和镁的含量[以 CaO 含量(mg·$L^{-1}$)和 MgO 含量(mg·$L^{-1}$)表示]。

2. 氯化锌试样 0.250 0 g,溶于水后控制溶液的酸度 pH=6,以二甲酚橙为指示剂,用 0.102 4 mg·$L^{-1}$ EDTA 溶液 17.90 mL 滴定至终点。计算 $ZnCl_2$ 的含量。

3. 称取 1.032 g 氧化铝试样,溶解后移入 250 mL 容量瓶中稀释至刻度。吸取 25.00 mL,加入 $T_{Al_2O_3/EDTA}$ =1.505 mg·$mL^{-1}$ EDTA 溶液 10.00 mL,以二甲酚橙为指示剂,用 $Zn(Ac)_2$ 标准溶液 12.20 mL 滴定至终点。已知 20.00 mL $Zn(Ac)_2$ 溶液相当于 13.62 mL EDTA 溶液。试计算试样中 $Al_2O_3$ 的含量。

# 第十一章　吸光光度法

学习目标

- 了解吸光光度法的特点；
- 理解并掌握吸光光度法的原理,掌握朗伯-比尔定律的数学表达式及其意义并能进行有关计算；
- 了解显色反应的要求,掌握显色反应条件的选择；
- 掌握测量条件的选择；
- 了解吸光光度法和分光光度计基本原理和结构。

许多物质本身具有明显的颜色,如 $KMnO_4$ 溶液呈紫红色, $K_2Cr_2O_7$ 溶液呈橙色。另外,有些物质本身并无颜色,或者虽有颜色,但不甚明显,可是当它与某些化学试剂反应后,却可生成具有明显颜色的物质。例如,浅黄色的 $Fe^{3+}$ 与 $SCN^-$ 作用,生成血红色的 $[Fe(SCN)_3]$ ;浅蓝色的 $Cu^{2+}$ 与 $NH_3 \cdot H_2O$ 反应,形成深蓝色 $[Cu(NH_3)_4]^{2+}$ 配离子,等等。当这些有色物质溶液的浓度改变时,溶液颜色的深浅也随之改变,也就是说,溶液颜色的深浅与有色物质的含量有关。因此,在分析实践中,把这种基于比较有色物质溶液的颜色深浅以确定物质含量的分析方法,称为**比色分析法**。

随着现代测试仪器的发展,目前已普遍使用分光光度计,应用分光光度计的分析方法,称为**吸光光度法**,吸光光度法不仅可应用于可见光区,还可扩展到紫外和红外光区。本章仅讨论紫外和可见光区的吸光光度法。

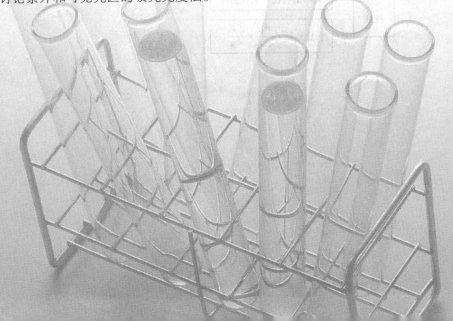

# 知识结构框图

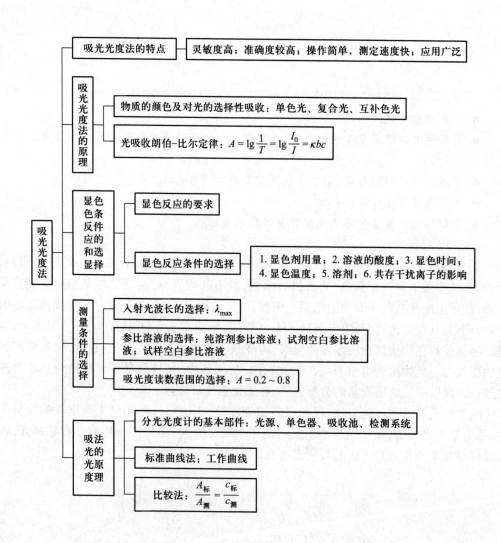

吸光光度法

吸光光度法的特点 ——— 灵敏度高；准确度较高；操作简单，测定速度快；应用广泛

吸光光度法的原理
- 物质的颜色及对光的选择性吸收：单色光、复合光、互补色光
- 光吸收朗伯-比尔定律：$A = \lg \dfrac{1}{T} = \lg \dfrac{I_0}{I} = \kappa bc$

显色反应的条件和选择
- 显色反应的要求
- 显色反应条件的选择 ——— 1. 显色剂用量；2. 溶液的酸度；3. 显色时间；4. 显色温度；5. 溶剂；6. 共存干扰离子的影响

测量条件的选择
- 入射光波长的选择：$\lambda_{\max}$
- 参比溶液的选择：纯溶剂参比溶液；试剂空白参比溶液；试样空白参比溶液
- 吸光度读数范围的选择：$A = 0.2 \sim 0.8$

吸光光度法的原理
- 分光光度计的基本部件：光源、单色器、吸收池、检测系统
- 标准曲线法：工作曲线
- 比较法：$\dfrac{A_{标}}{A_{测}} = \dfrac{c_{标}}{c_{测}}$

## 11.1 吸光光度法的特点

吸光光度法是基于物质对光的选择性吸收而建立起来的分析方法,包括比色分析法、可见吸光光度法、紫外吸光光度法和红外吸光光度法。比色分析法、可见吸光光度法及紫外吸光光度法用于定量测定,红外吸光光度法主要用于物质的结构分析。比色分析法和紫外-可见吸光光度法与滴定分析法相比,具有以下特点:

(1) 灵敏度高    比色分析法和紫外-可见吸光光度法具有较高的灵敏度,适宜于测定微量物质。测定的最低浓度可达 $10^{-6} \sim 10^{-5}$ mol·$L^{-1}$,相当于含量 0.000 1% $\sim$ 0.001% 的微量组分。

(2) 准确度较高    一般比色分析法的相对误差为 $\pm(5\% \sim 20\%)$,吸光光度法的相对误差为 $\pm(2\% \sim 5\%)$,其准确度虽不如滴定分析法,但对微量组分来说,还是令人满意的。

(3) 操作简单,测定速度快    比色分析法和吸光光度法的仪器设备均不复杂,操作简便。

(4) 应用广泛    几乎所有的无机离子和大多数的有机化合物都可直接或间接地用比色分析法和吸光光度法进行测定。例如,有一试样含铁 0.01 mg·$g^{-1}$,用 $1.81 \times 10^{-3}$ mol·$L^{-1}$ $KMnO_4$ 溶液滴定,需 0.02 mL,而滴定管的读数误差就有 0.02 mL,所以必须采用吸光光度法进行测定。

## 11.2 吸光光度法的原理

### 一、物质的颜色及对光的选择性吸收

具有同一波长的光称为单色光,由不同波长的光组成的光称为复合光。人为地将光按照波长的大小划分不同的区域,把人眼能产生颜色感觉的光区域称为可见光区,其波长范围为 400~760 nm。200~400 nm 区域的射线称为近紫外线,760 nm~300 $\mu m$ 区域的射线称为红外线。由于受人的视觉分辨能力的限制,人们所看见的各种颜色,如红色、黄色等,实际上是可见光中含一定波长范围的各种色光,是一种复合光。如果把适当的两种光按一定强度混合,可称为白光,这两种色光称为互补色光。如图 11-1 所示,处于对角线两端的两种色光为互补色光,如绿色光和紫色光互补,蓝色光和黄色光互补,两者按一定比例混合可以组成白光。

当光束照射到物质上时,由于物质对不同波长的光的吸收、透射、反射、折射程度的不同,使物质呈现不同的颜色。溶液呈现不同的颜色是由于溶液中的质点(离子或分子)对不同波长的光具有选择性吸收而引起的。当白光通过某种溶液时,如果溶液选择性地吸收了白光中的某种光,则溶液呈现透射光的颜

图 11-1    互补色光示意图

色,也就是说,溶液呈现的颜色是它所吸收光的互补色光的颜色。例如,$KMnO_4$ 溶液吸收绿色波长的光,通过紫红色的光,因而 $KMnO_4$ 溶液呈现紫红色。物质呈现的颜色与吸收光波长的关系见表 11–1。

表 11–1　物质呈现的颜色和吸收光波长的关系

| 物质呈现的颜色 | 吸收光 | |
|---|---|---|
| | 颜色 | 波长范围/nm |
| 黄绿 | 紫 | >400～450 |
| 黄 | 蓝 | >450～480 |
| 橙 | 绿蓝 | >480～490 |
| 红 | 蓝绿 | >490～500 |
| 紫红 | 绿 | >500～560 |
| 紫 | 黄绿 | >560～580 |
| 蓝 | 黄 | >580～600 |
| 绿蓝 | 橙 | >600～650 |
| 蓝绿 | 红 | >650～760 |

如果将各种波长的单色光依次通过某一有色溶液,测量每一波长下的有色溶液对该波长的光的吸收程度(吸光度),以波长为横坐标、以吸光度为纵坐标作图,得到一条曲线,这种曲线称为光吸收曲线。

图 11–2 是四种不同浓度 $KMnO_4$ 溶液的光吸收曲线。由图可见:

(1) 在可见光范围内,$KMnO_4$ 溶液对波长为 525 nm 的绿色光吸收能力最大,此波长称为**最大吸收波长**,以 $\lambda_{max}$ 或 $\lambda_{最大}$ 表示,对紫光和红光吸收很少,所以 $KMnO_4$ 溶液呈现紫红色。

(2) 不同浓度的 $KMnO_4$ 溶液的光吸收曲线形状相似,而最大吸收波长不变。

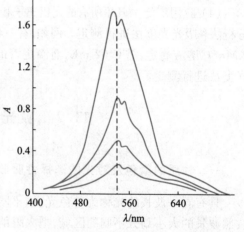

图 11–2　四种不同浓度 $KMnO_4$ 溶液的
光吸收曲线

(3) 浓度不同的同种物质的溶液,在一定波长下的吸光度随溶液浓度的增大而增大,这个特性可作为物质定量分析的依据。在最大吸收处测定吸光度,灵敏度高,光吸收曲线是吸光光度法中选择入射光波长的主要依据。

**想一想**

硫酸铜溶液呈蓝色是由于它吸收了白光中的什么光?

## 二、光吸收定律

当一束平行单色光通过液层厚度为 $b$ 的有色溶液时,溶质吸收了光能,光的强度就

动画:

光吸收定律

要减弱。溶液的浓度越大,通过的液层厚度越大,入射光越强,则光被吸收得就越多,光强度的减弱也就越显著。1760 年朗伯和比尔分别研究了光的吸收与有色溶液层的厚度和溶液组成的定量关系,称为**朗伯-比尔定律**。朗伯-比尔定律的数学表达式为

$$A = \lg \frac{I_0}{I} = Kbc \tag{11-1}$$

式中 $I_0$,$I$ 分别为入射光强度和透射光强度;$b$ 为光通过的液层的厚度(cm);$c$ 为物质的浓度($mol \cdot L^{-1}$);$K$ 为与入射光波长、物质的性质和溶液的温度有关的常数,其值随 $c$,$b$ 所取的单位不同而不同。当 $c$ 的单位是 $g \cdot L^{-1}$,$b$ 的单位是 cm 时,$K$ 用 $a$ 表示,$a$ 称为吸光系数,此时式(11-1)变为

$$A = abc \tag{11-2}$$

但如果 $c$ 的单位是 $mol \cdot L^{-1}$,$b$ 的单位是 cm,则常数 $K$ 用 $\kappa$ 表示,$\kappa$ 称为摩尔吸收系数,单位是 $L \cdot mol^{-1} \cdot cm^{-1}$。此时式(11-2)变为

$$A = \kappa bc \tag{11-3}$$

吸光系数 $a$ 和摩尔吸收系数 $\kappa$ 是吸光物质在一定波长和溶剂中的特征常数。同一物质与不同显色剂反应,生成不同的有色化合物,具有不同的 $\kappa$ 值,同一化合物在不同波长处的 $\kappa$ 也可能不同。$\kappa$ 值越大,表示该有色化合物对入射光的吸收能力就越强,显色反应也就越灵敏。因此,在测定时,为了提高测定的灵敏度,必须选择 $\kappa$ 值大的有色化合物,并选择最大吸收波长处的摩尔吸收系数。通常所说的 $\kappa$,就是指最大吸收波长处的摩尔吸收系数,常以 $\kappa_{max}$ 表示。

一般在测定时,液层厚度 $b$ 是固定的,因此 $A$ 与溶液浓度 $c$ 成正比。式(11-2)和式(11-3)是朗伯-比尔定律的数学表达式。其物理意义是:当一束平行单色光通过单一的、均匀的、非色散的吸光物质溶液时,溶液的吸光度与溶液浓度和液层厚度的乘积成正比。

朗伯-比尔定律不仅适用于可见光区,也适用于紫外区和红外区,不仅适用于溶液,也适用于其他均匀的、非散射的固体和气体,是各类吸光光度法的定量依据。

$I/I_0$ 是透射光强度与入射光强度之比,表示入射光透过溶液的程度,称为透射比(透光度,透光率),以 $T$ 表示(%):

$$T = \frac{I}{I_0} \quad , \quad A = \lg \frac{1}{T}$$

从以上可知,当入射光通过一定液层厚度时,吸光度与溶液中的吸光物质的浓度成正比,而与透射比不成比例。

**例 11-1** 含 $Fe^{2+}$ 质量浓度为 $5.0 \times 10^{-4}\ g \cdot L^{-1}$ 的溶液,与 $1,10$-邻二氮菲反应,生成橙红色化合物,该化合物在波长 508 nm 处,比色皿厚度为 2 cm 时,测得吸光度 $A = 0.19$。计算此化合物的 $a$ 和 $\kappa$。

**解:** 已知铁的摩尔质量为 $55.85\ g \cdot mol^{-1}$,根据朗伯-比尔定律得

$$a = \frac{A}{bc} = \frac{0.19}{2\ cm \times 5.0 \times 10^{-4}\ g \cdot L^{-1}} = 190\ L \cdot g^{-1} \cdot cm^{-1}$$

$$\kappa = M \times a = 55.85\ g \cdot mol^{-1} \times 190\ L \cdot g^{-1} \cdot cm^{-1} = 1.1 \times 10^4\ L \cdot mol^{-1} \cdot cm^{-1}$$

**想一想**

　　(1) 什么是透射比？什么是吸光度？两者之间的关系是什么？
　　(2) 摩尔吸收系数的物理意义是什么？其大小和哪些因素有关？

## 11.3　显色反应和显色条件的选择

　　有色物质本身有颜色,如 $KMnO_4$ 溶液,可以直接用于比色分析。但大多数的物质,如 $Fe^{3+}$,$Al^{3+}$ 等本身无色或者颜色很浅,需要加入一种适当的试剂,把待测组分转变为有色化合物,这种反应称为显色反应。与待测组分形成有色化合物的试剂称为显色剂。在分析工作中选择合适的显色反应,并严格控制反应的条件是十分重要的。

### 一、显色反应的要求

显色反应必须符合下列条件:

**1. 显色反应的灵敏度高**

　　生成的有色化合物颜色越深,即反应的灵敏度越高,测定的物质的浓度就可以越低。摩尔吸收系数 $\kappa$ 的大小是显色反应灵敏度高低的重要指标,因此应当选择生成有色化合物的 $\kappa$ 值较大的显色反应。如钼酸铵可与磷、硅等生成黄色配合物,但黄色较浅,灵敏度不高,若用适当的试剂进一步把黄色配合物中的钼进一步还原为钼蓝,则蓝色很深,大大提高了灵敏度。一般来说,当 $\kappa$ 值为 $10^4 \sim 10^5$ $L \cdot mol^{-1} \cdot cm^{-1}$ 时,可认为该反应灵敏度高。

**2. 选择性好**

　　显色剂仅与一种组分发生显色反应。实际上,这样的显色剂很少,一般在实际操作中要选择显色反应尽可能少的显色剂。若有其他组分可与显色剂生成有色化合物,则需加掩蔽剂或采用其他方法,消除干扰,必要时可把干扰组分预先进行分离。

**3. 形成的有色化合物颜色和显色剂本身的颜色要有足够大的差别**

　　这样的话,试剂空白值小,可以提高测定的灵敏度。通常把两种有色物质的最大吸收波长差值称为"对比度",一般要求显色剂和有色化合物的对比度在 60 nm 以上。

**4. 形成的有色化合物组成恒定、化学性质稳定**

　　生成的有色化合物应具有固定的组成,这样被测物质和有色化合物之间才有一定的定量关系。例如,测定 $Fe^{3+}$ 时,常采用在 $pH=8 \sim 11.5$ 的氨性溶液中,加入磺基水杨酸为显色剂,生成黄色的三磺基水杨酸铁配合物。该配合物组成固定,试剂用量和溶液的 pH 略有变动时均无妨碍。而且 $Fe^{3+}$ 与磺基水杨酸生成的配合物很稳定,在测定过程中吸光度基本不变,否则会影响测定的准确度和再现性。若用 $NH_4SCN$ 作显色剂,随 $SCN^-$ 用量的变化,$Fe^{3+}$ 与 $SCN^-$ 形成 $[Fe(SCN)]^{2+}$,$[Fe(SCN)_2]^+$,$[Fe(SCN)_3]$,$[Fe(SCN)_4]^-$,$[Fe(SCN)_5]^{2-}$,$[Fe(SCN)_6]^{3-}$ 等一系列配位数不同的配合物,它们的颜色不尽相同,因而会产生测定误差。

**5. 显色反应的条件要易于掌握**

这样便于测定者操作，容易得到推广应用。

## 二、显色反应条件的选择

现对显色反应的主要条件讨论如下。

**1. 显色剂用量**

为使显色反应尽可能完全，一般应加入适当过量的显色剂，当显色剂过量较多时，有时会生成不同配位数的配合物。在这种情况下，显色剂加入量就要严格控制，使标准溶液和试样溶液生成的有色配合物的组成相同。

在拟定新的比色方法时，显色剂和其他试剂的加入量，都必须通过实验确定。其方法是：在固定浓度的试液中，加入不同量的显色剂，在相同条件下，分别测定其吸光度，如果显色剂用量在某范围内所测的吸光度不变，即可认为在此范围内确定显色剂的加入量。

**2. 溶液的酸度**

显色反应通常必须在合适的酸度下进行。同一金属离子和同一试剂在不同的酸度下作用，往往会生成不同组成的有色配合物。例如，$Fe^{3+}$ 用磺基水杨酸（$H_2ssal$）显色时，在 $pH=1.8\sim2.5$ 的溶液中，生成紫红色的 $[Fe(ssal)]^+$ 配离子，在 $pH=4\sim8$ 的溶液中，生成橙色 $[Fe(ssal)_2]^-$ 配离子；在 $pH=8\sim11.5$ 的溶液中，生成黄色 $[Fe(ssal)_3]^{3-}$ 配离子。此外大部分金属离子都易水解，在酸度较低时，会产生氢氧化物沉淀，如 $Fe^{3+}$ 和 $Al^{3+}$ 等会生成 $Fe(OH)_3$ 和 $Al(OH)_3$ 沉淀。因此，必须控制合适的酸度，才能获得准确的分析结果。在比色分析中，通常采用缓冲溶液来控制酸度。

对某一显色反应的最适宜酸度必须通过实验确定。可以取若干份浓度相同的被测离子溶液，在不同 pH 的缓冲溶液中进行显色，分别测定其吸光度，以吸光度为纵坐标、pH 为横坐标作图，曲线上的平直部分（即吸光度不变）所对应的 pH 区间，即为最合适的酸度范围。

**3. 显色时间**

有些显色反应要经过一定时间才能完成；也有些有色物质在放置的过程中，受到空气中氧气的氧化或发生化学反应，会使颜色减弱。因此，应根据具体情况，掌握适当的显色时间，在颜色稳定的时间内进行比色分析。

为确定适当的显色时间，可做显色实验，从加入显色剂开始计时，每隔一定时间测定吸光度一次，以吸光度对时间作图，曲线上平直部分所对应的时间，即为测定吸光度的最佳显色时间。

**4. 显色温度**

不同的显色反应对温度的要求是不同的。一般显色反应可在室温下完成。但是有的显色反应要加温后才能完成，有的有色物质在高温下容易分解。例如，用钼蓝比色分析法测定磷，用抗坏血酸作还原剂时，由于显色反应慢，需在沸水浴中加热。又如，异硫氰酸铁配合物不宜加热，因加热容易分解。因此，应根据不同情况选择适当的温度进行显色。

温度对光的吸收与颜色的深浅也有一定的影响，因此标准样品和试样的显色温度应保持一致。合适的显色温度必须通过实验确定,可作吸光度-温度曲线求得。

**5. 溶剂**

有机溶剂可以降低有色化合物的解离度,从而提高测定的灵敏度。如三氯偶氮氯膦显色剂,当加入含 $Bi^{3+}$ 的溶液中,在 $H_2SO_4$ 溶液中显色时,摩尔吸收系数 $\kappa$ 为 $9.0 \times 10^4$ $L \cdot mol^{-1} \cdot cm^{-1}$,如果加入乙醇,摩尔吸收系数 $\kappa$ 可升高到 $1.1 \times 10^5$ $L \cdot mol^{-1} \cdot cm^{-1}$,灵敏度提高了 22%。

**6. 共存干扰离子的影响**

共存干扰离子的影响主要是因为:其一,共存离子本身有颜色,会干扰比色测定;其二,共存离子会和显色剂发生反应。消除共存离子的方法有如下几种:

(1) 控制溶液的酸度　如在用磺基水杨酸作显色剂测定 $Fe^{3+}$ 时,$Cu^{2+}$ 会有干扰,控制溶液的 pH=2.5,就可以消除其干扰。

(2) 添加掩蔽剂　如果 $Fe^{3+}$ 对测定有干扰,可加入 $NH_4F$,使之生成 $[FeF_6]^{3-}$ 配离子,这个配离子无色,对比色无影响。

(3) 利用氧化还原反应,改变干扰离子的价态　如用铬天青 S 作显色剂测定 $Al^{3+}$ 时,$Fe^{3+}$ 有干扰,可以通过加入抗坏血酸,把 $Fe^{3+}$ 还原为 $Fe^{2+}$,消除其干扰。

(4) 利用参比溶液消除显色剂和干扰离子的干扰　如测定 $Al^{3+}$ 时,显色剂本身颜色深,以及 $Co^{2+}$ 和 $Ni^{2+}$ 干扰。所以在测定时取一定量的试液,加入少量的 $NH_4F$,使生成 $[AlF_6]^{3-}$ 配离子,$Al^{3+}$ 不会和铬天青 S 反应,再加入显色剂和其他试剂,以此溶液作为参比溶液,就可消除 $Co^{2+}$,$Ni^{2+}$ 及显色剂的干扰。

(5) 选择合适的测定波长和适当的分离方法消除干扰　干扰离子和有色化合物的最大吸收波长不同,就可通过选择合适的入射波长消除干扰。最后还可采用预先分离干扰离子的方法。

 **想一想**

吸光光度法对显色反应有什么要求? 影响显色反应的因素有哪些?

## 11.4　测量条件的选择

要使吸光光度法有较高的准确度和灵敏度,除了要注意选择和控制适当的显色反应条件外,还应注意选择适当的吸光度测量条件。

### 一、入射光波长的选择

为使测定有较高的灵敏度,一般情况下,入射光的波长应根据吸收曲线,选择被测溶液有最大吸收的波长,因为在 $\lambda_{max}$ 处的摩尔吸收系数 $\kappa$ 最大,测定的灵敏度较高,同时在 $\lambda_{max}$ 附近的吸光度值随波长的变化不大,由非单色光引起的对朗伯-比尔定律的偏离较小,结果较准确。如果在 $\lambda_{max}$ 处有干扰,可选择另一无干扰、灵敏度稍低的波长作入射光。虽然灵敏度有所下降,但消除了干扰,提高了准确度和选择性。

## 二、参比溶液的选择

在进行吸光度测量时,溶液的反射、溶剂对光的吸收,会使透射光减弱。为了使透射光减弱的程度仅与溶液中的待测物质的浓度有关,需对上述影响进行校正,可以采用光学性质相同、厚度相同的比色皿贮放参比溶液(无待测离子的溶液),调节仪器使透过比色皿的吸光度为零,以通过参比皿的光强度作为入射光的强度,测到的吸光度才真实地反映待测物质对光的吸收,因其扣除了表面反射、溶剂吸收等影响。因此,在测量时参比溶液的选择相当重要,选择参比溶液的原则如下:

(1) 显色剂及所有其他试剂在测定波长处无吸收时,可用纯溶剂作参比溶液(如蒸馏水)。

(2) 当试液无吸收,而显色剂或其他试剂在测定波长处有吸收时,可用不加试样的"试剂空白"作参比溶液。

(3) 待测溶液本身在测量波长处有吸收,而显色剂等无吸收,则采用不加显色剂的"试样空白"作参比溶液。

(4) 如果显色剂和试液在测量波长处均有吸收,可将一份试样溶液加入适当的掩蔽剂,将待测组分掩蔽起来,使之不再与显色剂反应,然后按相同步骤加入显色剂和其他试剂,所得的溶液作为参比溶液。

在进行试样显色溶液吸光度测量时,先将参比溶液装入吸收池中,在测定波长处利用吸光光度计的 $T=100\%$ 按钮将透射比调至 $100\%(A=0)$ 处,然后进行试样显色溶液的吸光度测量。

## 三、吸光度读数范围的选择

任何光度分析仪器都有一定的测量误差。但对于给定的吸光光度计,透射比和吸光度的读数误差是衡量测定结果的主要因素。对于给定的光度计,透射比读数误差 $\Delta T$ 为常数,不同的生产厂家、不同型号的仪器,$\Delta T$ 也是不同的。一般为 $\pm(0.2\%\sim2\%)$,但是当透射比不同时,同样大小的 $\Delta T$ 所引起的组成浓度误差 $\Delta c$ 是不同的,可用下式表示:

$$\frac{\Delta c}{c}=\frac{0.434\Delta T}{T\lg T}$$

$\Delta c/c$ 是浓度相对误差,假定 $\Delta T=0.5\%$,计算出不同透射比时的 $\Delta c/c$,以 $\Delta c/c$ 对 $T$ 作图(图 11-3),可以发现不同的吸光度读数范围,误差也不同。当透射比 $T=36.8\%$ 或吸光度 $A=0.434$ 处,测量的误差最小。一般要求测量的相对误差小于等于 $\pm5\%$,为满足分析要求,$0.2\sim0.8$ 的吸光度范围是适宜的测量范围。吸光度过高或过低,误差都很大,因此吸光光度法不适宜高含量或极低含量组分的测定分析。在测定时,必须调节比色皿厚度 $b$ 或被测溶液的浓度 $c$,使吸光度值 $A$ 落在此测量范围内。

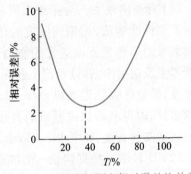

图 11-3　透射比与测定相对误差的关系

**想一想**
如何根据实际情况选择适宜的参比溶液？

## 11.5 吸光光度法的方法和仪器

### 一、目视比色法

用肉眼比较被测溶液,并同标准溶液比较颜色深浅,以确定被测物质含量的方法,称为目视比色法。最常用的目视比色法是标准系列法。就是在一组质料相同、形状大小相同的比色管中,逐一加入不同体积的标准溶液,并加入相同体积的试剂,最后稀释到同一刻度,即配成颜色由浅到深的标准色阶。另取一定量的试样溶液置于另一支比色管中,在相同的条件下显色,并稀释到同一刻度。然后从管口垂直向下观察或从比色管侧面平行观察与标准色阶比较,若试液与色阶中某一溶液的颜色深度相同,则说明两者的组成量度相等;若被测溶液颜色深度介于两标准色阶之间,则被测溶液的组成量度介于此两标准溶液的组成量度之间。

标准系列法的优点是仪器简单、操作简便,而且可在复合光(日光)下进行测定。因测定条件完全相同,对于某些不完全符合吸收定律的显色反应,也可用目视比色法进行测定。其主要缺点是准确度不高,如果待测试液中存在第二种有色物质,那么甚至会无法测定。配制标准色阶比较费时,由于某些有色溶液不够稳定,常常现用现配,因是用眼睛观察,准确度不高,相对误差为±(5%～20%)。

### 二、吸光光度法

#### 1. 吸光光度法的原理和特点

吸光光度法的基本原理是比较有色溶液对某一波长光的吸收程度。由光源发出的复合光(白光),经过单色器,得到一定波长宽度的近似单色光,让单色光通过有色溶液,透过光投射到光电池(光电管)上,把光信号转变为电信号,产生光电流,所产生的光电流与透过光的强度成正比。光电流的大小用灵敏检流计测量,在检流计的读数标尺上可读出相应的透射比或吸光度。测得吸光度后,可通过以下方法求得待测溶液的含量。

(1)标准曲线法　与标准系列法一样,配制一系列标准溶液,用相同厚度的比色皿,在同样波长的单色光下以适宜的空白溶液调节仪器零点及透射比,并分别测出各标准溶液的吸光度,然后以吸光度为纵坐标,以组成量度为横坐标,即得一条通过原点的直线,称为标准曲线或工作曲线,如图11-4所示。

(2)比较法　根据朗伯-比尔定律,在入射光波长一定和液层厚度相等的条件下,溶液

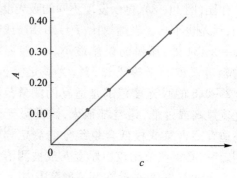

图11-4　标准曲线

的吸光度与溶液的组成量度成正比。即

$$A_标 = \kappa_1 b c_标$$
$$A_测 = \kappa_2 b c_测$$

由于标准溶液与被测溶液的性质一致、温度一致、入射光波长一致,故 $\kappa_1 = \kappa_2$。两式相比,得

$$\frac{A_标}{A_测} = \frac{c_标}{c_测} \tag{11-4}$$

应当注意,利用式(11-4)进行计算时,只有当 $c_测$ 与 $c_标$ 相接近时,结果才可靠,否则会有较大误差。

**2. 光度计的基本部件**

尽管光度计种类和型号众多,但它们都是由光源、单色器、吸收池和检测系统基本部件组成。

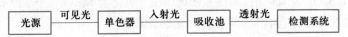

现分别介绍如下:

(1)光源 一般采用钨灯($350 \sim 2\,500$ nm,可见光用)、氘灯($190 \sim 400$ nm,紫外线用),电源经变压器供给。为了保持光源强度的稳定,以获得准确的测定结果,电源电压必须稳定。

(2)单色器 将光源发出的连续光谱分解为单色光的装置,称为单色器。单色器由棱镜或光栅等色散元件及狭缝组成。

(3)吸收池(比色皿) 比色皿用于盛待测溶液,是用透光无色的光学玻璃制成,常用的比色皿为方形或长方形。一般光度计中都配有厚度为 0.5 cm,1 cm,2 cm,3 cm 和 5 cm 的一套比色皿,以供选用。同种规格的比色皿的厚度必须相等。同样厚度比色皿之间的透射比相差应小于 0.5%。为了减少入射光的反射和造成光程差,应注意比色皿放置的位置,使其透光面垂直于光束方向。指纹、油腻或皿壁上的沉积物都会影响其透光特性,因此应注意保持比色皿的光洁。

(4)检测系统 测量吸光度时,并非直接测量透过吸收池的光强度,而是将光强度转化为电流进行测量,这种光电转化装置称为检测器。因此,要求检测器对测定波长范围内的光有快速、灵敏的响应,最重要的是产生的光电流应与照射到检测器的光强度成正比。

 **想一想**

什么是吸收光谱曲线?什么是标准曲线?它们有何实际意义?利用标准曲线进行定量分析时可否使用透射比 $T$ 和浓度 $c$ 为坐标?

视频:

可见分光光度计的使用

11.5 吸光光度法的方法和仪器

# *11.6 吸光光度法的应用

## 一、应用示例

### 1. 邻二氮菲法测定微量铁

试样经分解、分离干扰后,在试液中加入盐酸羟胺将铁全部还原为 $Fe^{2+}$,加入邻二氮菲显色剂,并加入 HAc-NaAc 缓冲溶液,pH 为 4.0～5.0,显色 3～5 min 后,以试剂空白为参比溶液,于 510 nm 波长处测定 $A$ 值,在工作曲线上查得其含量,即可求得测定结果。

### 2. 钢铁中锰的分析

锰是钢铁中的有益元素,在钢铁中是良好的脱氧剂和脱硫剂。它以金属熔体 MnS 状态存在。试样用硝酸溶解,用磷酸与 $Fe^{3+}$ 配合成 $Fe(HPO_4)_2^-$,在催化剂 $AgNO_3$ 的作用下,以 $(NH_4)_2S_2O_8$ 为氧化剂,加热煮沸时 $Mn^{2+}$ 氧化为 $MnO_4^-$,于 530 nm 波长下测定吸光度,在工作曲线上查得含量,即可计算锰的含量。

## 二、分析结果计算示例

**例 11-2** 用磺基水杨酸比色法测定铁的含量,加入标准铁溶液及有关试剂后,在 50 mL 容量瓶中稀释至刻度,测得下列数据:

| 标准铁溶液质量浓度/$(\mu g \cdot mL^{-1})$ | 2.0 | 4.0 | 6.0 | 8.0 | 10.0 | 12.0 |
|---|---|---|---|---|---|---|
| 吸光度 $A$ | 0.097 | 0.200 | 0.304 | 0.408 | 0.510 | 0.613 |

在相同条件下测得试样的吸光度为 0.413,求试样溶液中铁的含量。

**解:** 以吸光度 $A$ 为纵坐标、标准铁溶液浓度为横坐标作图(图略)。从曲线上可查得吸光度为 0.413 时铁的质量浓度为 8.2 $\mu g \cdot mL^{-1}$。

**例 11-3** 用磺基水杨酸比色法测定铁的含量,工作曲线数据同例 11-2,称取矿样 0.386 6 g,分解后移入 100 mL 容量瓶中,吸取 5.0 mL 试样置于 50 mL 容量瓶中,在与工作曲线相同条件下显色,测得溶液的吸光度 $A=0.250$,求矿样中铁的质量分数。

**解:** 从曲线上可查得吸光度为 0.250 时铁的质量浓度为 5.0 $\mu g \cdot mL^{-1}$。由于试样是在与工作曲线相同的条件下显色测定的,则 0.386 6 g 矿样中铁的质量分数为

$$w_{Fe} = \frac{5.0\ \mu g \times \dfrac{100\ mL}{5.0\ mL} \times 10^{-6}\ g \cdot \mu g^{-1}}{0.386\ 6\ g} \times 100\% = 0.026\%$$

> ✏ **练一练**
>
> 　某有色溶液,用 1.0 cm 吸收池在 527 nm 处测得其透射比 $T=60\%$,如果浓度加倍,则
>
> 　(1) $T$ 值为多少?
>
> 　(2) $A$ 值为多少?
>
> 　(3) 用 5.0 cm 吸收池时,要获得 $T=60\%$,则该溶液的浓度应为原来浓度的多少倍?

# 习　　题

## 一、填空题

1. 吸光光度法测定溶液的吸光度与_____、_____、_____有关。

2. 分光光度计一般都由_____、_____、_____、_____基本部件组成。

3. 有甲、乙两种不同浓度的同一有色物质溶液,在相同条件下,测得的吸光度,甲为 0.20,乙为 0.30,若甲的浓度为 $4.0\times10^{-4}$ mol·$L^{-1}$,则乙的浓度为_____$\times10^{-4}$ mol·$L^{-1}$。

4. 在吸光光度法中,宜选用的吸光度读数范围为_____。

5. 若某一溶液的透射比为 22.0%,则与此相当的吸光度是_____。

## 二、选择题

1. 吸光光度法中,吸光系数与(　　)有关。

　A. 光的强度　　　　　　　　　　　　B. 溶液的浓度

　C. 入射光的波长　　　　　　　　　　D. 液层的厚度

2. 有两种不同有色溶液均符合朗伯-比尔定律,测定时若比色皿厚度、入射光强度、溶液浓度都相等,以下说法正确的是(　　)。

　A. 透射光强度相等　　　　　　　　　B. 吸光度相等

　C. 吸光系数相等　　　　　　　　　　D. 以上说法都不对

3. 硫酸铜溶液呈蓝色是由于它吸收了白光中的(　　)。

　A. 蓝色光　　　　　B. 绿色光　　　　　C. 黄色光　　　　　D. 青色光

4. 测定水中 Fe 含量,取 3.00 $\mu g\cdot mL^{-1}$ 的 Fe 标准溶液 10.00 mL,显色后稀释至 50.00 mL,测得其吸光度为 0.460,另取水样 25.00 mL,显色后也稀释至 50.00 mL,测得其吸光度为 0.410,则水样中的 Fe 含量为(　　)。

　A. 1.07 $\mu g\cdot L^{-1}$　　　　B. 1.07 mg·$L^{-1}$　　　　C. 10.7 $\mu g\cdot L^{-1}$　　　　D. 10.7 mg·$L^{-1}$

5. 下列说法正确的是(　　)。

　A. 透射比与液层厚度成正比　　　　　B. 透射比与溶液的组成量度成正比

　C. 透射比与吸光度成正比　　　　　　D. 上述说法均错误

## 三、是非题

1. 入射光波长选择的原则是吸光系数要最大。　　　　　　　　　　　　　　　　　　(　　)

2. 吸光度由 0.434 增加到 0.514 时,则透射比 $T$ 增加了。　　　　　　　　　　　　(　　)

3. 比色分析时,待测溶液注到比色皿的四分之三高度处。　　　　　　　　　　　　(　　)

4. 不同浓度的高锰酸钾溶液,它们的最大吸收波长也不同。　　　　　　　　　　　(　　)

5. 用分光光度计进行比色测定时,必须选择最大的吸收波长进行比色,这样灵敏度高。　(　　)

## 四、问答题

1. 符合朗伯-比尔定律的有色溶液,当溶液的浓度增大后,$\lambda_{max}$,$T$,$A$ 和 $\kappa$ 有无变化? 有什么变化?

第十一章 习题解答

2. 什么是光吸收曲线？什么是标准曲线？

3. 参比溶液分为几类？如何选择参比溶液？

**五、计算题**

1. 在进行水中微量铁的测定时，所应用的标准溶液含 $Fe_2O_3$ 0.035 0 $mg \cdot mL^{-1}$，测得其吸光度为 0.370。将试液稀释 5 倍后，在同样的条件下显色，测得其吸光度为 0.410，求原试液中 Fe 的含量。

2. 用双硫腙光度法测定 $Pb^{2+}$，$Pb^{2+}$ 的含量为 0.08 $mg \cdot (50\ mL)^{-1}$，用 2 cm 比色皿在 520 nm 下测得 $T = 53\%$，求 $\kappa$。

3. 某含有 0.088 mg $Fe^{3+}$ 的溶液用 $SCN^-$ 显色后，用水稀释到 50.00 mL，以 1.0 cm 的吸收池在 480 nm 处测得吸光度为 0.740，计算 $[Fe(SCN)]^{2+}$ 配合物的摩尔吸收系数。

4. 用磺基水杨酸法测定微量铁。标准溶液是由 0.216 0 g $NH_4Fe(SO_4)_2 \cdot 12H_2O$ 溶于水中稀释至 500 mL 制成的。根据下列数据，绘制标准曲线：

| 标准铁溶液的体积/mL | 0.0 | 2.0 | 4.0 | 6.0 | 8.0 | 10.0 |
|---|---|---|---|---|---|---|
| 吸光度 | 0.0 | 0.165 | 0.320 | 0.480 | 0.630 | 0.790 |

某试液 5.00 mL，稀释至 250 mL。取此稀释液 2.00 mL，在与绘制标准曲线相同的条件下显色和测定吸光度。测得 $A = 0.500$。求试液中的铁含量，以 $mg \cdot mL^{-1}$ 表示（铁铵矾的相对分子质量为 482.178）。

# 附　录

# appendix

## 附录 1　一些常用量的符号与名称

| 符号 | 名称 | 符号 | 名称 | 符号 | 名称 |
|---|---|---|---|---|---|
| $c$ | 物质的量浓度 | $q$ | 电荷(量) | $E_a$ | 活化能 |
| $d_i$ | 偏差 | $Q$ | 热量,反应商 | $E$ | 能量,误差 |
| $H$ | 焓 | $r$ | 粒子半径 | $\alpha$ | 副反应系数,键角,解离度 |
| $I$ | 离子强度,电离能 | $R$ | 核间距 | $\gamma$ | 活度系数 |
| $k$ | 速率常数 | $s$ | 标准偏差,溶解度 | $\varepsilon$ | 介电常数 |
| $K$ | 平衡常数 | $T$ | 热力学温度,滴定度 | $\mu$ | 键矩,偶极矩 |
| $l$ | 键长 | $U$ | 热力学能,晶格能 | $\rho$ | 密度 |
| $m$ | 质量 | $V$ | 体积 | $\delta$ | 分布系数 |
| $M$ | 摩尔质量 | $w$ | 质量分数 | $\sigma$ | 转化率,标准偏差 |
| $n$ | 物质的量 | $W$ | 功 | $\varphi$ | 电极电势 |
| $N_A$ | 阿伏伽德罗常数 | $\chi$ | 电负性 | $\psi$ | 波函数,原子(分子)轨道 |
| $p$ | 压力 | $x_i$ | 摩尔分数 | | |

## 附录 2　一些物质的标准热力学常数(298.15 K)

| 物质<br>(状态) | $\Delta_f H_m^{\ominus}$<br>$kJ \cdot mol^{-1}$ | $\Delta_f G_m^{\ominus}$<br>$kJ \cdot mol^{-1}$ | $S_m^{\ominus}$<br>$kJ \cdot mol^{-1}$ | 物质<br>(状态) | $\Delta_f H_m^{\ominus}$<br>$kJ \cdot mol^{-1}$ | $\Delta_f G_m^{\ominus}$<br>$kJ \cdot mol^{-1}$ | $S_m^{\ominus}$<br>$kJ \cdot mol^{-1}$ |
|---|---|---|---|---|---|---|---|
| $Ag(s)$ | 0 | 0 | 42.55 | $Al_2(SO_4)_2(s)$ | $-3\,440.8$ | $-3\,099.9$ | 239.3 |
| $Ag^+(aq)$ | 105.8 | 77.11 | 72.68 | $Al(OH)_3(s)$ | $-1\,285.0$ | $-1\,306.0$ | 71.0 |
| $AgCl(s)$ | $-127.0$ | $-109.8$ | 96.2 | $As(s)$ | 0 | 0 | 35.1 |
| $AgBr(s)$ | $-100.4$ | $-96.9$ | 107.1 | $As_4O_6(s)$ | $-1\,313.9$ | $-1\,152.4$ | 214.2 |
| $AgI(s)$ | $-61.8$ | $-66.2$ | 115.5 | $As_2O_3(s)$ | $-169.0$ | $-168.6$ | 163.6 |
| $Ag_2O(s)$ | $-31.1$ | $-11.2$ | 121.3 | $B(s)$ | 0 | 0 | 5.86 |
| $AgNO_3(s)$ | $-124.4$ | $-33.4$ | 140.9 | $BCl_3(g)$ | $-403.8$ | $-388.7$ | 290.1 |
| $Ag_2CrO_4(s)$ | $-731.7$ | $-641.8$ | 217.6 | $BF_3(g)$ | $-1\,137.0$ | $-1\,120.3$ | 254.1 |
| $Ag_2S(s)$ | $-32.59$ | $-40.69$ | 144.01 | $B_2O_3(s)$ | $-1\,272.8$ | $-1\,193.7$ | 53.97 |
| $Al(s)$ | 0 | 0 | 28.8 | $Ba(s)$ | 0 | 0 | 62.8 |
| $Al^{3+}(aq)$ | $-538.4$ | $-485.0$ | $-325.0$ | $Ba(g)$ | 180 | 146 | 170.1 |
| $AlCl_3(s)$ | $-704.2$ | $-628.8$ | 110.7 | $Ba^{2+}(aq)$ | $-537.6$ | $-560.7$ | 9.6 |
| $Al_2O_3(s)$ | $-1\,675.7$ | $-1\,582.3$ | 50.9 | $BaCl_2(s)$ | $-858.6$ | $-810.4$ | 123.7 |

| 物质<br>(状态) | $\Delta_f H_m^\ominus$<br>$kJ\cdot mol^{-1}$ | $\Delta_f G_m^\ominus$<br>$kJ\cdot mol^{-1}$ | $S_m^\ominus$<br>$kJ\cdot mol^{-1}$ | 物质<br>(状态) | $\Delta_f H_m^\ominus$<br>$kJ\cdot mol^{-1}$ | $\Delta_f G_m^\ominus$<br>$kJ\cdot mol^{-1}$ | $S_m^\ominus$<br>$kJ\cdot mol^{-1}$ |
|---|---|---|---|---|---|---|---|
| $BaO(s)$ | −553.5 | −525.1 | 70.42 | $CaSO_4(s)$ | −1 425.2 | −1 313.4 | 108.4 |
| $BaS(s)$ | −460.0 | −456.0 | 78.2 | $Cd(s)$ | 0 | 0 | 51.76 |
| $BaSO_4(s)$ | −1 473.2 | −1 362.2 | 132.2 | $Cd^{2+}(aq)$ | −75.9 | −77.61 | −73.2 |
| $Ba(OH)_2(s)$ | −944.7 | — | — | $Ca(OH)_2(s)$ | −560.7 | −473.6 | 96 |
| $Ba(NO_3)_2(s)$ | −992.1 | −796.7 | 213.8 | $CdS(s)$ | −161.9 | −156.5 | 64.9 |
| $BaCO_3(s)$ | −1 216.3 | −1 137.6 | 112.1 | $Cl_2(g)$ | 0 | 0 | 223.0 |
| $Be(s)$ | 0 | 0 | 9.50 | $Cl_2(aq)$ | −23.4 | 6.90 | 121 |
| $Be^{2+}(aq)$ | −382.8 | −379.7 | −129.7 | $Cl^-(aq)$ | −167.1 | −131.3 | 56.6 |
| $BeCl_2(s)$ | −490.4 | −445.6 | 82.68 | $ClO^-(aq)$ | −107.1 | −36.8 | 42.0 |
| $BeO(s)$ | −609.6 | −580.3 | 14.14 | $ClO_3^-(aq)$ | −103.97 | −7.95 | 162.3 |
| $Be(OH)_2(s)$ | −902.5 | −815.0 | 51.9 | $ClO_4^-(aq)$ | −129.3 | −8.52 | 182.0 |
| $Bi^{3+}(aq)$ | — | 82.8 | — | $Co(s)$ | 0 | 0 | 30.04 |
| $BiCl_3(s)$ | −379.1 | −315.0 | 117.0 | $Co^{2+}(aq)$ | −58.2 | −54.4 | −113.0 |
| $Bi_2S_3(s)$ | −143.1 | −140.6 | 200.4 | $Co^{3+}(aq)$ | −92.0 | 134.0 | −305.0 |
| $Br_2(l)$ | 0 | 0 | 152.2 | $CoCl_2(s)$ | −312.5 | −269.8 | 109.2 |
| $Br_2(g)$ | 30.9 | 3.1 | 245.5 | $Co(NH_3)_6^{3+}(aq)$ | −584.9 | −157.0 | 146 |
| $Br_2(aq)$ | −2.59 | 3.93 | 130.5 | $Cr(s)$ | 0 | 0 | 23.77 |
| $Br^-(aq)$ | −121.5 | −104.0 | 82.84 | $CrCl_3(s)$ | −556.5 | −486.1 | 123.0 |
| $HBr(g)$ | −36.40 | −53.42 | 198.59 | $Cr_2O_3(s)$ | −1 139.7 | −1 058.1 | 81.2 |
| $C(s,石墨)$ | 0 | 0 | 5.74 | $CrO_4^{2-}(aq)$ | −881.2 | −727.8 | 50.2 |
| $C(s,金刚石)$ | 1.895 | 2.900 | 2.377 | $Cr_2O_7^{2-}(aq)$ | −1 490.3 | −1 301.2 | 261.9 |
| $CH_4(g)$ | −74.81 | −50.72 | 186.3 | $Cs(s)$ | 0 | 0 | 85.23 |
| $C_2H_2(g)$ | 22.67 | 209.2 | 86.6 | $Cs^+(aq)$ | −258.3 | −292.0 | 133.05 |
| $CH_3COOH(l)$ | −484.5 | −389.9 | 124.3 | $CsCl(s)$ | −443.04 | −414.5 | 101.2 |
| $CH_3COOH(aq)$ | −485.8 | −396.5 | 178.7 | $CsF(s)$ | −553.5 | −525.5 | 92.80 |
| $CCl_4(l)$ | −135.44 | −65.21 | 216.40 | $Cu(s)$ | 0 | 0 | 33.15 |
| $C_2H_5OH(l)$ | −277.7 | −174.8 | 160.8 | $Cu^+(aq)$ | 71.67 | 49.98 | 40.6 |
| $C_2H_5OH(aq)$ | 288.3 | −181.6 | 148.5 | $Cu^{2+}(aq)$ | 64.77 | 65.49 | −99.6 |
| $CO(g)$ | −110.5 | −137.2 | 197.6 | $CuBr(s)$ | −104.6 | −100.8 | 96.11 |
| $CO_2(g)$ | −393.5 | −394.4 | 213.6 | $CuCl(s)$ | −137.2 | −119.9 | 86.2 |
| $CO_2(aq)$ | −413.8 | −385.9 | 117.6 | $CuI(s)$ | −67.8 | −69.5 | 96.7 |
| $C_2O_4^{2-}(aq)$ | −825.1 | −673.9 | 45.6 | $CuO(s)$ | −157.3 | −129.7 | 42.63 |
| $CS_2(l)$ | 89.70 | 65.27 | 151.3 | $Cu_2O(s)$ | −168.6 | −146.0 | 93.14 |
| $Ca(s)$ | 0 | 0 | 41.4 | $CuS(s)$ | −53.1 | −53.6 | 66.5 |
| $Ca^{2+}(aq)$ | −542.3 | −553.5 | −53.1 | $CuSO_4(s)$ | −771.4 | −661.8 | 109 |
| $CaCl_2(s)$ | −795.8 | −748.1 | 104.6 | $CuSO_4\cdot5H_2O(s)$ | −2 277.9 | −1 879.9 | 305.4 |
| $CaCO_3(方解石)$ | −1 206.9 | −1 128.8 | 92.9 | $Cu(NH_3)_4^{2+}(aq)$ | −348.5 | −111.1 | 273.6 |
| $CaCO_3(文石)$ | −1 207.0 | −1 127.7 | 88.7 | $F^-(aq)$ | −332.6 | −278.8 | −13.8 |
| $CaO(s)$ | −635.1 | −604.0 | 39.75 | $F_2(g)$ | 0 | 0 | 202.8 |
| $CaF_2(s)$ | −1 219.6 | −1 167.3 | 68.87 | $Fe(s)$ | 0 | 0 | 27.28 |
| $Ca(OH)_2(s)$ | −986.1 | −898.5 | 83.39 | $Fe^{2+}(aq)$ | −81.9 | −78.9 | −137.7 |

| 物质<br>(状态) | $\Delta_f H_m^\ominus$<br>$kJ \cdot mol^{-1}$ | $\Delta_f G_m^\ominus$<br>$kJ \cdot mol^{-1}$ | $S_m^\ominus$<br>$kJ \cdot mol^{-1}$ | 物质<br>(状态) | $\Delta_f H_m^\ominus$<br>$kJ \cdot mol^{-1}$ | $\Delta_f G_m^\ominus$<br>$kJ \cdot mol^{-1}$ | $S_m^\ominus$<br>$kJ \cdot mol^{-1}$ |
|---|---|---|---|---|---|---|---|
| $Fe^{3+}(aq)$ | $-48.5$ | $-4.7$ | $-315.9$ | $HgI_2(s)$ | $-105.4$ | $-101.7$ | 180 |
| $FeCl_2(s)$ | $-341.8$ | $-302.3$ | 117.9 | $HgI_4^{2-}(aq)$ | $-235.6$ | $-211.7$ | 360 |
| $FeCl_3(s)$ | $-399.5$ | $-334.0$ | 142.3 | $HgO(s)$ | $-90.83$ | $-58.54$ | 70.29 |
| $Fe_2O_3(s)$ | $-824.2$ | $-742.2$ | 87.4 | $HgS(s)$ | $-58.2$ | $-50.6$ | 82.4 |
| $Fe_3O_4(s)$ | $-1118.4$ | $-1015.4$ | 146.4 | $I^-(aq)$ | $-55.19$ | $-51.57$ | 111.3 |
| $FeS(s)$ | $-178.2$ | $-166.9$ | 52.93 | $I_2(s)$ | 0 | 0 | 116.14 |
| $FeSO_4 \cdot 7H_2O(s)$ | $-3014.6$ | $-2509.9$ | 409.2 | $I_2(g)$ | 62.44 | 19.33 | 260.7 |
| $H_2(g)$ | 0 | 0 | 130.7 | $I_2(aq)$ | 22.6 | 16.42 | 137.2 |
| $H^+(aq)$ | 0 | 0 | 0 | $I_3^-(aq)$ | $-51.5$ | $-51.4$ | 239.3 |
| $H_3AsO_3(aq)$ | $-742.2$ | $-639.8$ | 195.0 | $IO_3^-(aq)$ | $-221.3$ | $-128.0$ | 118.4 |
| $H_3AsO_4(aq)$ | $-902.5$ | $-766.0$ | 184 | $K(s)$ | 0 | 0 | 64.18 |
| $H_3BO_3(s)$ | $-1094.3$ | $-968.9$ | 88.83 | $K^+(aq)$ | $-252.4$ | $-283.3$ | 102.5 |
| $H_3BO_3(aq)$ | $-1072.3$ | $-968.75$ | 162.3 | $KBr(s)$ | $-393.8$ | $-380.7$ | 95.9 |
| $HBr(g)$ | $-36.40$ | $-53.45$ | 198.7 | $KCl(s)$ | $-436.7$ | $-409.1$ | 82.59 |
| $HCl(g)$ | $-92.31$ | $-95.30$ | 186.91 | $KClO_3(s)$ | $-397.7$ | $-296.3$ | 143.1 |
| $HClO(g)$ | $-78.7$ | $-66.1$ | 236.7 | $KClO_4(s)$ | $-432.8$ | $-303.1$ | 151.0 |
| $HClO(aq)$ | $-120.9$ | $-79.9$ | 142 | $KCN(s)$ | $-113.0$ | $-101.9$ | 128.5 |
| $HCN(aq)$ | 107.1 | 119.7 | 124.7 | $K_2CO_3(s)$ | $-1151.0$ | $-1063.5$ | 155.5 |
| $H_2CO_3(aq)$ | $-699.7$ | $-623.1$ | 187.4 | $K_2Cr_2O_7(s)$ | $-2061.5$ | $-1881.8$ | 291.2 |
| $HF(aq)$ | $-320.1$ | $-296.8$ | 88.7 | $K_2CrO_4(s)$ | $-1403.7$ | $-1295.7$ | 200.12 |
| $HF(g)$ | $-271.1$ | $-273.2$ | 173.8 | $KF(s)$ | $-567.3$ | $-537.75$ | 66.57 |
| $HI(g)$ | 26.48 | 1.70 | 206.5 | $K_3[Fe(CN)_6](s)$ | $-249.8$ | $-129.6$ | 426.1 |
| $HNO_3(l)$ | $-174.1$ | $-80.71$ | 155.6 | $K_4[Fe(CN)_6](s)$ | $-594.1$ | $-450.3$ | 418.8 |
| $H_3PO_4(s)$ | $-1279.0$ | $-1119.1$ | 110.5 | $KI(s)$ | $-327.9$ | $-324.9$ | 106.3 |
| $HS^-(aq)$ | $-17.06$ | 12.08 | 62.8 | $KIO_3(s)$ | $-501.4$ | $-418.4$ | 151.5 |
| $H_2S(aq)$ | $-39.7$ | $-27.83$ | 121 | $KMnO_4(s)$ | $-837.2$ | $-737.6$ | 171.7 |
| $H_2S(l)$ | $-20.63$ | $-33.56$ | 205.8 | $KNO_3(s)$ | $-494.6$ | $-394.9$ | 133.1 |
| $H_2O(l)$ | $-285.8$ | $-237.2$ | 69.91 | $KOH(s)$ | $-424.8$ | $-379.1$ | 78.9 |
| $H_2O(g)$ | $-241.8$ | $-228.6$ | 188.7 | $KSCN(s)$ | $-200.2$ | $-178.3$ | 124.3 |
| $H_2SO_3(aq)$ | $-608.8$ | $-537.8$ | 232.2 | $K_2SO_4(s)$ | $-1437.8$ | $-1321.4$ | 175.6 |
| $H_2SO_4(l)$ | $-831.9$ | $-609.0$ | 156.9 | $Li(s)$ | 0 | 0 | 29.12 |
| $H_2SiO_3(aq)$ | $-1182.8$ | $-1079.4$ | 109.0 | $Li^+(aq)$ | $-278.5$ | $-293.3$ | 13.4 |
| $H_2O_2(l)$ | $-187.8$ | $-120.4$ | 109.6 | $Li_2CO_3(s)$ | $-1215.9$ | $-1132.1$ | 90.37 |
| $H_2O_2(aq)$ | $-191.2$ | $-134.0$ | 143.9 | $LiF(s)$ | $-615.97$ | $-587.7$ | 35.65 |
| $Hg(l)$ | 0 | 0 | 76.02 | $Li_2O(s)$ | $-597.9$ | $-561.2$ | 37.57 |
| $Hg(g)$ | 61.32 | 31.82 | 174.96 | $Li_2SO_4(s)$ | $-1436.5$ | $-1321.7$ | 115.1 |
| $Hg^{2+}(aq)$ | 171.1 | 164.4 | $-32.2$ | $Mg(s)$ | 0 | 0 | 32.68 |
| $Hg_2^{2+}(aq)$ | 172.4 | 153.5 | 84.5 | $Mg^{2+}(aq)$ | $-466.9$ | $-454.8$ | $-138.1$ |
| $HgCl_2(aq)$ | $-216.3$ | $-173.2$ | 155 | $MgCl_2(s)$ | $-641.3$ | $-591.8$ | 89.62 |
| $Hg_2Cl_2(s)$ | $-265.22$ | $-210.7$ | 192.5 | $MgCO_3(s)$ | $-1095.8$ | $-1012.1$ | 65.7 |

| 物质<br>（状态） | $\Delta_f H_m^{\ominus}$<br>$kJ \cdot mol^{-1}$ | $\Delta_f G_m^{\ominus}$<br>$kJ \cdot mol^{-1}$ | $S_m^{\ominus}$<br>$kJ \cdot mol^{-1}$ | 物质<br>（状态） | $\Delta_f H_m^{\ominus}$<br>$kJ \cdot mol^{-1}$ | $\Delta_f G_m^{\ominus}$<br>$kJ \cdot mol^{-1}$ | $S_m^{\ominus}$<br>$kJ \cdot mol^{-1}$ |
|---|---|---|---|---|---|---|---|
| $MgSO_4(s)$ | −1 284.9 | −1 170.6 | 91.6 | $NaF(s)$ | −573.6 | −543.5 | 51.46 |
| $MgO(s)$ | −606.7 | −569.4 | 26.94 | $NaH(s)$ | −56.28 | −33.46 | 40.02 |
| $Mg(OH)_2(s)$ | −924.5 | −833.5 | 63.18 | $NaI(s)$ | −287.8 | −286.1 | 98.53 |
| $Mn(s)$ | 0 | 0 | 32.01 | $NaNO_2(s)$ | −358.7 | −284.6 | 103.8 |
| $Mn^{2+}(aq)$ | −220.8 | −228.1 | −73.6 | $NaNO_3(s)$ | −467.9 | −367.0 | 116.5 |
| $MnCl_2(s)$ | −481.3 | −440.6 | 118.2 | $Na_2O(s)$ | −414.2 | −375.5 | 75.06 |
| $MnO_2(s)$ | −520.0 | −466.1 | 53.05 | $NaOH(s)$ | −425.6 | −379.5 | 64.46 |
| $MnO_4^-(aq)$ | −541.4 | −447.2 | 191.2 | $Na_3PO_4(s)$ | −1 917.4 | −1 788.8 | 173.8 |
| $MnO_4^{2-}(aq)$ | −653 | −500.7 | 59.0 | $NaH_2PO_4(s)$ | −1 536.8 | −1 386.1 | 127.5 |
| $MnS(s)$ | −214.2 | −218.4 | 78.2 | $Na_2HPO_4(s)$ | −1 478.1 | −1 608.2 | 150.5 |
| $MnSO_4(s)$ | −1 065.3 | −957.4 | 112.1 | $Na_2S(s)$ | −364.8 | −349.8 | 83.7 |
| $N_2(g)$ | 0 | 0 | 191.6 | $Na_2SO_3(s)$ | −1 100.8 | −1 012.5 | 145.9 |
| $NH_3(g)$ | −46.11 | −16.45 | 192.45 | $Na_2SO_4(s)$ | −1 387.1 | −1 270.2 | 149.6 |
| $NH_3(aq)$ | −80.29 | −26.50 | 111.3 | $Na_2SiO_3(s)$ | −1 554.9 | −1 462.8 | 113.9 |
| $NH_4^+(aq)$ | −132.5 | −79.31 | 113.4 | $Na_2SiF_6(s)$ | −2 909.6 | −2 754.2 | 207.1 |
| $N_2H_4(l)$ | 50.63 | 149.3 | 121.2 | $Ni(s)$ | 0 | 0 | 29.87 |
| $N_2H_4(g)$ | 95.40 | 159.4 | 238.5 | $Ni^{2+}(aq)$ | −54.0 | −45.6 | −128.9 |
| $N_2H_4(aq)$ | 34.31 | 128.1 | 138.0 | $NiCl_2(s)$ | −305.3 | −259.0 | 97.65 |
| $NH_4Cl(s)$ | −314.4 | −202.9 | 94.6 | $NiO(s)$ | −239.7 | −211.7 | 37.99 |
| $NH_4HCO_3(s)$ | −849.4 | −665.9 | 120.9 | $NiSO_4(s)$ | −872.9 | −759.7 | 92 |
| $(NH_4)_2CO_3(s)$ | −33.5 | −197.3 | 104.6 | $NiS(s)$ | −82.0 | −79.5 | 52.97 |
| $NH_4NO_3(s)$ | −365.6 | −183.9 | 151.1 | $O_2(g)$ | 0 | 0 | 205.1 |
| $(NH_4)_2SO_4(s)$ | −1 180.5 | −901.7 | 220.1 | $O_3(g)$ | 142.7 | 163.2 | 238.9 |
| $NO(g)$ | 90.25 | 86.55 | 210.8 | $O_3(aq)$ | 125.9 | 174.6 | 146.0 |
| $NO_2(g)$ | 33.18 | 51.31 | 240.1 | $OH^-(aq)$ | −229.99 | −157.2 | −10.75 |
| $NO_2^-(aq)$ | −104.6 | −32.0 | 123.0 | $P(白磷)$ | 0 | 0 | 41.09 |
| $NO_3^-(aq)$ | −205.0 | −108.7 | 146.4 | $P(红磷)$ | −17.6 | −121.1 | 22.80 |
| $N_2O_4(l)$ | −19.50 | 97.54 | 209.2 | $PH_3(g)$ | 5.4 | 13.4 | 210.2 |
| $N_2O_4(g)$ | 9.16 | 97.89 | 304.3 | $PO_4^{3-}(aq)$ | −1 277.4 | −1 018.7 | −222.0 |
| $N_2O_5(s)$ | −43.1 | 113.9 | 178.2 | $P_4O_{10}(s)$ | −2 984.0 | −2 697.7 | 228.9 |
| $N_2O_5(g)$ | 11.3 | 115.1 | 355.7 | $Pb(s)$ | 0 | 0 | 64.81 |
| $Na(s)$ | 0 | 0 | 51.21 | $Pb^{2+}(aq)$ | −1.7 | −24.43 | 10.5 |
| $Na^+(aq)$ | −240.1 | −261.9 | 59.0 | $PbCl_2(s)$ | −359.4 | −314.1 | 136.0 |
| $NaAc(s)$ | −708.8 | −607.2 | 123.0 | $PbCO_3(s)$ | −699.1 | −625.5 | 131.0 |
| $Na_2B_4O_7(s)$ | −3 291.1 | −3 096.0 | 189.5 | $PbI_2(s)$ | −175.48 | −173.6 | 174.9 |
| $Na_2B_4O_7 \cdot 10H_2O(s)$ | −6 288.6 | −5 516.0 | 586.0 | $PbO_2(s)$ | −277.4 | −217.3 | 68.6 |
| $NaBr(s)$ | −361.1 | −348.98 | 86.82 | $PbS(s)$ | −100.4 | −98.7 | 91.2 |
| $NaCl(s)$ | −411.2 | −384.1 | 72.13 | $PbSO_4(s)$ | −919.9 | −813.1 | 148.6 |
| $Na_2CO_3(s)$ | −1 130.7 | −1 044.4 | 134.98 | $S(s)$ | 0 | 0 | 31.80 |
| $NaHCO_3(s)$ | −950.8 | −851.0 | 101.7 | $S^{2-}(aq)$ | 33.1 | 85.8 | −14.6 |

| 物质<br>(状态) | $\Delta_f H_m^{\ominus}$<br>$kJ \cdot mol^{-1}$ | $\Delta_f G_m^{\ominus}$<br>$kJ \cdot mol^{-1}$ | $S_m^{\ominus}$<br>$kJ \cdot mol^{-1}$ | 物质<br>(状态) | $\Delta_f H_m^{\ominus}$<br>$kJ \cdot mol^{-1}$ | $\Delta_f G_m^{\ominus}$<br>$kJ \cdot mol^{-1}$ | $S_m^{\ominus}$<br>$kJ \cdot mol^{-1}$ |
|---|---|---|---|---|---|---|---|
| $SO_2(g)$ | $-296.8$ | $-300.2$ | $248.2$ | $SnCl_4(l)$ | $-511.3$ | $-440.1$ | $258.6$ |
| $SO_2(aq)$ | $-322.98$ | $-300.7$ | $161.9$ | $SnS(s)$ | $-100.0$ | $-98.3$ | $77.0$ |
| $SO_3(g)$ | $-395.7$ | $-371.1$ | $256.8$ | $Sr(s)$ | $0$ | $0$ | $52.3$ |
| $SO_3^{2-}(aq)$ | $-635.5$ | $-486.5$ | $-29$ | $Sr^{2+}(aq)$ | $-545.8$ | $-559.5$ | $-32.6$ |
| $SO_4^{2-}(aq)$ | $-909.3$ | $-744.5$ | $20.1$ | $SrCl_2(s)$ | $-828.9$ | $-781.1$ | $114.9$ |
| $S_2O_3^{2-}(aq)$ | $-648.5$ | $-522.5$ | $67.0$ | $SrCO_3(s)$ | $-1\,220.1$ | $-1\,140.1$ | $97.1$ |
| $S_4O_6^{2-}(aq)$ | $-1\,224.2$ | $-1\,040.4$ | $257.3$ | $SrO(s)$ | $-592.0$ | $-561.9$ | $54.5$ |
| $SbCl_3(s)$ | $-382.1$ | $-323.7$ | $184.1$ | $SrSO_4(s)$ | $-1\,453.1$ | $-1\,340.9$ | $117.0$ |
| $Sb_2S_3(s)$ | $-174.9$ | $-173.6$ | $182.0$ | $Ti(s)$ | $0$ | $0$ | $30.63$ |
| $SCN^-(aq)$ | $76.44$ | $92.71$ | $144.3$ | $TiCl_3(s)$ | $-720.9$ | $-653.5$ | $139.7$ |
| $Si(s)$ | $0$ | $0$ | $18.83$ | $TiCl_4(l)$ | $-804.2$ | $-737.2$ | $252.3$ |
| $SiC(s)$ | $-65.3$ | $-62.8$ | $16.61$ | $TiO_2(s)$(锐钛矿) | $-939.7$ | $-884.5$ | $49.92$ |
| $SiCl_4(l)$ | $-680.7$ | $-619.8$ | $239.7$ | $TiO_2(s)$(金红石) | $-944.7$ | $-889.5$ | $50.33$ |
| $SiCl_4(g)$ | $-657.0$ | $-616.98$ | $330.7$ | $XeF_4(s)$ | $-261.5$ | — | — |
| $SiF_4(g)$ | $-1\,614.9$ | $-1\,572.7$ | $282.5$ | $Zn(s)$ | $0$ | $0$ | $41.63$ |
| $SiF_6^{2-}(g)$ | $-2\,389.1$ | $-2\,199.4$ | $122.2$ | $Zn^{2+}(aq)$ | $-153.9$ | $-147.1$ | $-112.1$ |
| $SiH_4(g)$ | $34.3$ | $56.9$ | $204.6$ | $ZnCl_2(s)$ | $-415.1$ | $-396.4$ | $111.5$ |
| $SiO_2(s)$ | $-910.5$ | $-856.6$ | $41.84$ | $ZnS$(闪锌矿) | $-205.98$ | $-201.3$ | $57.7$ |
| $Sn(OH)_2(s)$ | $-561.1$ | $-491.6$ | $155.0$ | $Zn(OH)_2(s)$ | $-641.9$ | $-553.5$ | $81.2$ |
| $SnCl_2(aq)$ | $-329.7$ | $-299.5$ | $172$ | $ZnSO_4(s)$ | $-982.8$ | $-871.5$ | $110.5$ |

注：s 表示固体；l 表示液体；g 表示气体；aq 表示水溶液．数据摘自[美]国家标准局.NBS 化学热力学性质表.刘天河，赵梦月，译.北京：中国标准出版社，1998.

237

## 附录 3　一些弱酸、弱碱在水溶液中的解离常数（298 K）

| 弱电解质 | 解离常数 | 弱电解质 | 解离常数 |
|---|---|---|---|
| $H_3AsO_4$ | $K_1 = 6.32 \times 10^{-3}$ | $H_2C_2O_4$ | $K_1 = 5.90 \times 10^{-2}$ |
| | $K_2 = 1.05 \times 10^{-7}$ | | $K_2 = 6.40 \times 10^{-5}$ |
| | $K_3 = 3.17 \times 10^{-12}$ | HCN | $4.93 \times 10^{-10}$ |
| $H_3BO_3$ | $K_1 = 5.76 \times 10^{-10}$ | HClO | $3.17 \times 10^{-8}$ |
| | $K_2 = 1.84 \times 10^{-13}$ | $H_2CrO_4$ | $K_1 = 1.80 \times 10^{-1}$ |
| | $K_3 = 1.59 \times 10^{-14}$ | | $K_2 = 3.20 \times 10^{-7}$ |
| HBrO | $2.06 \times 10^{-9}$ | HF | $3.53 \times 10^{-4}$ |
| $H_2CO_3$ | $K_1 = 4.30 \times 10^{-7}$ | $HIO_3$ | $1.69 \times 10^{-1}$ |
| | $K_2 = 5.61 \times 10^{-11}$ | HIO | $2.3 \times 10^{-11}$ |

附录 3　一些弱酸、弱碱在水溶液中的解离常数（298 K）

| 弱电解质 | 解离常数 | 弱电解质 | 解离常数 |
|---|---|---|---|
| $HNO_2$ | $4.6 \times 10^{-4}$ | $NH_4^+$ | $5.64 \times 10^{-10}$ |
| $H_3PO_4$ | $K_1 = 7.52 \times 10^{-3}$ | $CH_2ClCOOH$ | $1.4 \times 10^{-3}$ |
| | $K_2 = 6.23 \times 10^{-8}$ | $CHCl_2COOH$ | $3.32 \times 10^{-2}$ |
| | $K_3 = 2.2 \times 10^{-13}$ | 乙二胺 | $K_1 = 8.57 \times 10^{-5}$ |
| $H_2S$ | $K_1 = 9.1 \times 10^{-8}$ | | $K_2 = 7.12 \times 10^{-8}$ |
| | $K_2 = 1.1 \times 10^{-12}$ | $AgOH$ | $1.0 \times 10^{-2}$ |
| $HAc$ | $1.76 \times 10^{-5}$ | $Al(OH)_3$ | $K_1 = 5.0 \times 10^{-9}$ |
| $HCOOH$ | $1.77 \times 10^{-4}$ | | $K_2 = 2.0 \times 10^{-10}$ |
| $H_2SiO_3$ | $K_1 = 1.71 \times 10^{-10}$ | $Be(OH)_2$ | $K_1 = 1.78 \times 10^{-6}$ |
| | $K_2 = 1.59 \times 10^{-12}$ | | $K_2 = 2.5 \times 10^{-9}$ |
| $H_2SO_3$ | $K_1 = 1.26 \times 10^{-2}$ | $Ca(OH)_2$ | $K_2 = 6.0 \times 10^{-2}$ |
| | $K_2 = 6.36 \times 10^{-8}$ | $Zn(OH)_2$ | $K_1 = 8.0 \times 10^{-7}$ |
| $H_2O_2$ | $2.4 \times 10^{-12}$ | $NH_3 \cdot H_2O$ | $K_1 = 1.8 \times 10^{-5}$ |

238

## 附录 4 常见难溶电解质的溶度积(298 K)

| 物质 | 溶度积($K_{sp}^{\ominus}$) | p$K_{sp}^{\ominus}$ | 物质 | 溶度积($K_{sp}^{\ominus}$) | p$K_{sp}^{\ominus}$ |
|---|---|---|---|---|---|
| $AgBr$ | $5.0 \times 10^{-13}$ | 12.30 | $Al_2S_3$ | $2.0 \times 10^{-7}$ | 6.7 |
| $AgBrO_3$ | $5.5 \times 10^{-5}$ | 4.26 | $AuCl$ | $2.0 \times 10^{-13}$ | 12.7 |
| $AgCN$ | $2.2 \times 10^{-16}$ | 15.66 | $AuI$ | $1.6 \times 10^{-23}$ | 22.8 |
| $Ag_2CO_3$ | $8.1 \times 10^{-12}$ | 11.09 | $AuCl_3$ | $3.2 \times 10^{-25}$ | 24.5 |
| $Ag_2C_2O_4$ | $3.4 \times 10^{-11}$ | 10.47 | $AuI_3$ | $1.0 \times 10^{-46}$ | 46 |
| $AgCl$ | $1.8 \times 10^{-10}$ | 9.74 | $Au(OH)_3$ | $3.0 \times 10^{-6}$ | 5.5 |
| $Ag_2CrO_4$ | $1.2 \times 10^{-12}$ | 11.92 | $BaCO_3$ | $5.0 \times 10^{-9}$ | 8.30 |
| $Ag_2Cr_2O_7$ | $2.0 \times 10^{-7}$ | 6.70 | $BaC_2O_4$ | $1.0 \times 10^{-6}$ | 6.0 |
| $AgI$ | $8.3 \times 10^{-17}$ | 16.08 | $BaIO_3$ | $1.5 \times 10^{-9}$ | 8.82 |
| $AgIO_3$ | $3.1 \times 10^{-8}$ | 7.51 | $BaCrO_4$ | $2.1 \times 10^{-10}$ | 9.68 |
| $AgNO_2$ | $6.0 \times 10^{-4}$ | 3.22 | $BaF_2$ | $1.7 \times 10^{-6}$ | 5.77 |
| $Ag_2O$ | $3.8 \times 10^{-16}$ | 15.42 | $BaHPO_4$ | $3.2 \times 10^{-7}$ | 6.5 |
| $Ag_3PO_4$ | $2.8 \times 10^{-18}$ | 17.55 | $Ba(NO_3)_2$ | $4.5 \times 10^{-3}$ | 2.35 |
| $Ag_2S$ | $8.0 \times 10^{-51}$ | 50.1 | $Ba(OH)_2$ | $5.0 \times 10^{-3}$ | 2.3 |
| $AgSCN$ | $1.1 \times 10^{-12}$ | 11.96 | $Ba_3(PO_4)_2$ | $3.4 \times 10^{-23}$ | 22.47 |
| $Ag_2SO_3$ | $1.5 \times 10^{-14}$ | 13.82 | $BaSO_3$ | $8.0 \times 10^{-7}$ | 6.1 |
| $Ag_2SO_4$ | $1.5 \times 10^{-5}$ | 4.82 | $BaSO_4$ | $1.1 \times 10^{-10}$ | 9.96 |
| $Al(OH)_3$ | $3.0 \times 10^{-34}$ | 33.52 | $BaS_2O_3$ | $1.6 \times 10^{-5}$ | 4.81 |
| $AlPO_4$ | $6.3 \times 10^{-19}$ | 18.20 | $BeCO_3 \cdot 4H_2O$ | $1.0 \times 10^{-3}$ | 3 |

| 物质 | 溶度积($K_{sp}^{\ominus}$) | p$K_{sp}^{\ominus}$ | 物质 | 溶度积($K_{sp}^{\ominus}$) | p$K_{sp}^{\ominus}$ |
|---|---|---|---|---|---|
| Be(OH)$_2$(无定形) | $1.6 \times 10^{-22}$ | 21.8 | CuCO$_3$ | $1.4 \times 10^{-10}$ | 9.85 |
| BiI$_3$ | $8.1 \times 10^{-19}$ | 18.09 | CuC$_2$O$_4$ | $2.3 \times 10^{-8}$ | 7.64 |
| Bi(OH)$_3$ | $4.0 \times 10^{-30}$ | 29.4 | Cu$_2$S | $2.5 \times 10^{-48}$ | 47.6 |
| BiOBr | $3.0 \times 10^{-7}$ | 6.52 | CuCrO$_4$ | $3.6 \times 10^{-6}$ | 5.44 |
| BiOCl | $1.8 \times 10^{-31}$ | 30.74 | Cu$_2$[Fe(CN)$_6$] | $1.3 \times 10^{-16}$ | 15.89 |
| BiO(NO$_2$) | $4.9 \times 10^{-7}$ | 6.31 | Cu(IO$_3$)$_2$ | $7.4 \times 10^{-8}$ | 7.13 |
| BiO(NO$_3$) | $2.8 \times 10^{-3}$ | 2.55 | Cu(OH)$_2$ | $2.2 \times 10^{-20}$ | 19.66 |
| BiOOH | $4.0 \times 10^{-10}$ | 9.4 | Cu$_3$(PO$_4$)$_2$ | $1.3 \times 10^{-37}$ | 36.9 |
| BiPO$_4$ | $1.3 \times 10^{-23}$ | 22.89 | CuS | $6.3 \times 10^{-36}$ | 35.2 |
| Bi$_2$S$_3$ | $1.0 \times 10^{-97}$ | 97 | FeCO$_3$ | $3.2 \times 10^{-11}$ | 10.49 |
| CaCO$_3$ | $2.8 \times 10^{-9}$ | 8.55 | Fe(OH)$_2$ | $8.0 \times 10^{-16}$ | 15.1 |
| CaC$_2$O$_4 \cdot$H$_2$O | $4.0 \times 10^{-9}$ | 8.4 | FeS | $6.3 \times 10^{-18}$ | 17.2 |
| CaCrO$_4$ | $7.1 \times 10^{-4}$ | 3.15 | Fe(OH)$_3$ | $4.0 \times 10^{-38}$ | 37.4 |
| CaF$_2$ | $3.9 \times 10^{-11}$ | 10.41 | FePO$_4$ | $1.3 \times 10^{-22}$ | 21.89 |
| CaHPO$_4$ | $2.6 \times 10^{-7}$ | 6.59 | Hg$_2$Br$_2$ | $5.6 \times 10^{-23}$ | 22.25 |
| Ca(OH)$_2$ | $6.5 \times 10^{-6}$ | 5.19 | Hg$_2$(CN)$_2$ | $5.0 \times 10^{-40}$ | 39.3 |
| Ca$_3$(PO$_4$)$_2$ | $2.0 \times 10^{-29}$ | 28.70 | Hg$_2$CO$_3$ | $8.9 \times 10^{-17}$ | 16.05 |
| CaSO$_3$ | $6.8 \times 10^{-8}$ | 7.17 | Hg$_2$C$_2$O$_4$ | $2.0 \times 10^{-13}$ | 12.7 |
| CaSO$_4$ | $2.4 \times 10^{-5}$ | 4.62 | Hg$_2$Cl$_2$ | $1.3 \times 10^{-18}$ | 17.89 |
| Ca[SiF$_6$] | $8.1 \times 10^{-4}$ | 3.09 | Hg$_2$I$_2$ | $4.5 \times 10^{-29}$ | 28.35 |
| CaSiO$_3$ | $2.5 \times 10^{-8}$ | 7.60 | Hg$_2$(OH)$_2$ | $2.0 \times 10^{-24}$ | 23.7 |
| CdCO$_3$ | $1.8 \times 10^{-14}$ | 13.74 | Hg$_2$S | $1.0 \times 10^{-47}$ | 47.0 |
| CdC$_2$O$_4 \cdot$3H$_2$O | $9.1 \times 10^{-8}$ | 7.04 | Hg$_2$(SCN)$_2$ | $2.0 \times 10^{-20}$ | 19.7 |
| Cd$_3$(PO$_4$)$_2$ | $2.5 \times 10^{-33}$ | 32.6 | Hg$_2$SO$_3$ | $1.0 \times 10^{-27}$ | 27.0 |
| CdS | $8.0 \times 10^{-27}$ | 26.1 | Hg$_2$SO$_4$ | $7.4 \times 10^{-7}$ | 6.13 |
| CeF$_3$ | $8.0 \times 10^{-16}$ | 15.1 | Hg(OH)$_2$ | $3.0 \times 10^{-26}$ | 25.52 |
| CeO$_2$ | $8.0 \times 10^{-37}$ | 36.1 | HgS(红色) | $4.0 \times 10^{-53}$ | 52.4 |
| Ce(OH)$_3$ | $1.6 \times 10^{-20}$ | 19.8 | HgS(黑色) | $1.6 \times 10^{-52}$ | 51.8 |
| CePO$_4$ | $1.0 \times 10^{-23}$ | 23 | KIO$_4$ | $8.3 \times 10^{-4}$ | 3.08 |
| Ce$_2$S$_3$ | $6.0 \times 10^{-11}$ | 10.22 | K$_2$[PtCl$_6$] | $1.1 \times 10^{-5}$ | 4.96 |
| CoCO$_3$ | $1.4 \times 10^{-13}$ | 12.85 | Li$_2$CO$_3$ | $2.5 \times 10^{-2}$ | 1.60 |
| CoHPO$_4$ | $2.0 \times 10^{-7}$ | 6.7 | LiF | $3.8 \times 10^{-3}$ | 2.42 |
| Co(OH)$_2$(新制备) | $1.6 \times 10^{-15}$ | 14.8 | Li$_3$PO$_4$ | $3.2 \times 10^{-9}$ | 8.5 |
| Co(OH)$_3$ | $1.6 \times 10^{-44}$ | 43.8 | MgCO$_3$ | $3.5 \times 10^{-8}$ | 7.46 |
| Co$_3$(PO$_4$)$_2$ | $2.0 \times 10^{-35}$ | 34.7 | MgF$_2$ | $6.5 \times 10^{-9}$ | 8.19 |
| $\alpha$-CoS | $4.0 \times 10^{-21}$ | 20.4 | Mg(OH)$_2$ | $1.8 \times 10^{-11}$ | 10.74 |
| $\beta$-CoS | $2.0 \times 10^{-25}$ | 24.7 | MgSO$_3$ | $3.2 \times 10^{-3}$ | 2.5 |
| Cr(OH)$_2$ | $2.0 \times 10^{-16}$ | 15.7 | MnCO$_3$ | $1.8 \times 10^{-11}$ | 10.74 |
| CrF$_3$ | $6.6 \times 10^{-11}$ | 10.18 | Mn(OH)$_2$ | $1.9 \times 10^{-13}$ | 12.72 |
| Cr(OH)$_3$ | $6.3 \times 10^{-31}$ | 30.2 | MnS(无定形) | $2.5 \times 10^{-10}$ | 9.6 |
| CuBr | $5.3 \times 10^{-9}$ | 8.28 | MnS(晶状) | $2.5 \times 10^{-13}$ | 12.6 |
| CuCl | $1.2 \times 10^{-6}$ | 5.92 | Na$_3$AlF$_6$ | $4.0 \times 10^{-10}$ | 9.4 |
| CuCN | $3.2 \times 10^{-20}$ | 19.49 | NiCO$_3$ | $6.6 \times 10^{-9}$ | 8.18 |
| CuI | $1.1 \times 10^{-12}$ | 11.96 | NiC$_2$O$_4$ | $4.0 \times 10^{-10}$ | 9.4 |
| CuOH | $1.0 \times 10^{-15}$ | 15.0 | Ni(OH)$_2$(新制备) | $2.0 \times 10^{-15}$ | 14.7 |
| CuSCN | $4.8 \times 10^{-15}$ | 14.32 | $\alpha$-NiS | $3.2 \times 10^{-19}$ | 18.5 |

附录 4 常见难溶电解质的溶度积（298 K）

| 物质 | 溶度积($K_{sp}^{\ominus}$) | p$K_{sp}^{\ominus}$ | 物质 | 溶度积($K_{sp}^{\ominus}$) | p$K_{sp}^{\ominus}$ |
|---|---|---|---|---|---|
| $\beta-NiS$ | $1.0\times10^{-24}$ | 24.0 | $PbS_2O_3$ | $4.0\times10^{-7}$ | 6.4 |
| $\gamma-NiS$ | $2.0\times10^{-26}$ | 25.7 | $Pb(OH)_4$ | $3.2\times10^{-66}$ | 65.5 |
| $PbAc_2$ | $1.8\times10^{-3}$ | 2.74 | $Pd(OH)_2$ | $1.0\times10^{-31}$ | 31.0 |
| $PbBr_2$ | $4.0\times10^{-5}$ | 4.4 | $Sc(OH)_3$ | $8.0\times10^{-31}$ | 30.1 |
| $PbCO_3$ | $7.4\times10^{-14}$ | 13.13 | $Sn(OH)_2$ | $1.4\times10^{-28}$ | 27.85 |
| $PbC_2O_4$ | $4.8\times10^{-10}$ | 9.32 | $SnS$ | $1.0\times10^{-25}$ | 25.0 |
| $PbCl_2$ | $1.6\times10^{-5}$ | 4.8 | $Sn(OH)_4$ | $1.0\times10^{-56}$ | 56 |
| $PbCrO_4$ | $2.8\times10^{-13}$ | 12.55 | $SrCO_3$ | $1.1\times10^{-10}$ | 9.96 |
| $PbF_2$ | $2.7\times10^{-8}$ | 7.57 | $SrC_2O_4 \cdot H_2O$ | $1.6\times10^{-7}$ | 6.8 |
| $PbI_2$ | $7.1\times10^{-9}$ | 8.15 | $SrCrO_4$ | $2.2\times10^{-5}$ | 4.66 |
| $Pb(IO_3)_2$ | $3.2\times10^{-13}$ | 12.49 | $SrF_2$ | $2.5\times10^{-9}$ | 8.60 |
| $Pb(OH)_2$ | $1.2\times10^{-15}$ | 14.92 | $SrSO_3$ | $4.0\times10^{-8}$ | 7.4 |
| $PbOHBr$ | $2.0\times10^{-15}$ | 14.7 | $SrSO_4$ | $3.2\times10^{-7}$ | 6.49 |
| $PbOHCl$ | $2.0\times10^{-14}$ | 13.7 | $Ti(OH)_3$ | $1.0\times10^{-40}$ | 40 |
| $PbOHNO_3$ | $2.8\times10^{-4}$ | 3.55 | $ZnCO_3$ | $1.4\times10^{-11}$ | 10.85 |
| $Pb_3(PO_4)_2$ | $8.0\times10^{-43}$ | 42.10 | $ZnC_2O_4$ | $2.7\times10^{-8}$ | 7.57 |
| $PbS$ | $1.3\times10^{-28}$ | 27.9 | $Zn(OH)_2$ | $1.2\times10^{-17}$ | 16.92 |
| $Pb(SCN)_2$ | $2.0\times10^{-5}$ | 4.7 | $\alpha-ZnS$ | $1.6\times10^{-24}$ | 23.8 |
| $PbSO_4$ | $1.6\times10^{-8}$ | 7.8 | $\beta-ZnS$ | $2.5\times10^{-22}$ | 21.6 |

## 附录5　常用缓冲溶液的 pH 范围

| 缓冲溶液 | p$K_a^{\ominus}$ | pH 有效范围 |
|---|---|---|
| 盐酸-甘氨酸 | 2.4 | 1.4~3.4 |
| 盐酸-邻苯二甲酸氢钾 | 3.1 | 2.2~4.0 |
| 柠檬酸-氢氧化钠 | 2.9, 4.1, 5.8 | 2.2~6.5 |
| 甲酸-氢氧化钠 | 3.8 | 2.8~4.6 |
| 醋酸-醋酸钠 | 4.74 | 3.6~5.6 |
| 邻苯二甲酸氢钾-氢氧化钾 | 5.4 | 4.0~6.2 |
| 琥珀酸氢钠-琥珀酸钠 | 5.5 | 4.8~5.3 |
| 柠檬酸氢二钠-氢氧化钠 | 5.8 | 5.0~6.3 |
| 磷酸二氢钾-氢氧化钠 | 7.2 | 5.8~8.0 |
| 磷酸二氢钾-硼砂 | 7.2 | 5.8~9.2 |
| 磷酸二氢钾-磷酸氢二钾 | 7.2 | 5.9~8.0 |
| 硼酸-硼砂 | 9.2 | 7.2~9.2 |
| 硼酸-氢氧化钠 | 9.2 | 8.0~10.0 |
| 甘氨酸-氢氧化钠 | 9.7 | 8.2~10.1 |
| 氯化铵-氨水 | 9.3 | 8.3~10.3 |
| 碳酸氢钠-碳酸钠 | 10.3 | 9.2~11.0 |
| 磷酸氢二钠-氢氧化钠 | 12.4 | 11.0~12.0 |

# 附录 6  标准电极电势(298 K)

## 一、在酸性溶液中

| 电极反应 | $\varphi_A^\ominus/V$ | 电极反应 | $\varphi_A^\ominus/V$ |
|---|---|---|---|
| $Li^+ + e^- \rightleftharpoons Li$ | $-3.045$ | $TlBr + e^- \rightleftharpoons Tl + Br^-$ | $-0.658$ |
| $K^+ + e^- \rightleftharpoons K$ | $-2.925$ | $TlCl + e^- \rightleftharpoons Tl + Cl^-$ | $-0.557$ |
| $Rb^+ + e^- \rightleftharpoons Rb$ | $-2.925$ | $Sb + 3H^+ + 3e^- \rightleftharpoons SbH_3$ | $-0.510$ |
| $Cs^+ + e^- \rightleftharpoons Cs$ | $-2.923$ | $H_3PO_3 + 3H^+ + 3e^- \rightleftharpoons P + 3H_2O$ | $-0.502$ |
| $Ra^{2+} + 2e^- \rightleftharpoons Ra$ | $-2.916$ | $TiO_2 + 4H^+ + 2e^- \rightleftharpoons Ti^{2+} + 2H_2O$ | $-0.502$ |
| $Ba^+ + 2e^- \rightleftharpoons Ba$ | $-2.906$ | $2CO_2 + 2H^+ + 2e^- \rightleftharpoons H_2C_2O_4$ | $-0.49$ |
| $Sr^{2+} + 2e^- \rightleftharpoons Sr$ | $-2.888$ | $SiO_3^{2-} + 6H^+ + 4e^- \rightleftharpoons Si + 3H_2O$ | $-0.455$ |
| $Ca^{2+} + 2e^- \rightleftharpoons Ca$ | $-2.866$ | $H_3PO_3 + 3H^+ + 3e^- \rightleftharpoons P + 3H_2O$ | $-0.454$ |
| $Na^+ + e^- \rightleftharpoons Na$ | $-2.714$ | $Fe^{2+} + 2e^- \rightleftharpoons Fe$ | $-0.440$ |
| $La^{3+} + 3e^- \rightleftharpoons La$ | $-2.522$ | $Cr^{3+} + e^- \rightleftharpoons Cr^{2+}$ | $-0.408$ |
| $Ce^{3+} + 3e^- \rightleftharpoons Ce$ | $-2.483$ | $Cd^{2+} + 2e^- \rightleftharpoons Cd$ | $-0.403$ |
| $Y^{3+} + 3e^- \rightleftharpoons Y$ | $-2.372$ | $Ti^{3+} + e^- \rightleftharpoons Ti^{2+}$ | $-0.368$ |
| $Mg^{2+} + 2e^- \rightleftharpoons Mg$ | $-2.363$ | $PbSO_4 + 2e^- \rightleftharpoons Pb + SO_4^{2-}$ | $-0.359$ |
| $H_2 + 2e^- \rightleftharpoons 2H^-$ | $-2.25$ | $Tl^+ + e^- \rightleftharpoons Tl$ | $-0.336$ |
| $Sc^{3+} + 3e^- \rightleftharpoons Sc$ | $-2.077$ | $PbBr_2 + 2e^- \rightleftharpoons Pb + 2Br^-$ | $-0.284$ |
| $Be^{2+} + 2e^- \rightleftharpoons Be$ | $-1.847$ | $Co^{2+} + 2e^- \rightleftharpoons Co$ | $-0.277$ |
| $Ti^{2+} + 2e^- \rightleftharpoons Ti$ | $-1.628$ | $H_3PO_4 + 2H^+ + 2e^- \rightleftharpoons H_3PO_3 + H_2O$ | $-0.276$ |
| $Al^{3+} + 3e^- \rightleftharpoons Al$ | $-1.622$ | $PbCl_2 + 2e^- \rightleftharpoons Pb + 2Cl^-$ | $-0.268$ |
| $Ti^{3+} + 3e^- \rightleftharpoons Ti$ | $-1.21$ | $V^{3+} + e^- \rightleftharpoons V^{2+}$ | $-0.256$ |
| $V^{2+} + 2e^- \rightleftharpoons V$ | $-1.186$ | $Ni^{2+} + 2e^- \rightleftharpoons Ni$ | $-0.250$ |
| $Mn^{2+} + 2e^- \rightleftharpoons Mn$ | $-1.180$ | $VO_2^+ + 4H^+ + 5e^- \rightleftharpoons V + 2H_2O$ | $-0.25$ |
| $Cr^{2+} + 2e^- \rightleftharpoons Cr$ | $-0.913$ | $CO_2 + 2H^+ + 2e^- \rightleftharpoons HCOOH$ | $-0.199$ |
| $BeO_2^{2-} + 4H^+ + 2e^- \rightleftharpoons Be + 2H_2O$ | $-0.909$ | $CuI + e^- \rightleftharpoons Cu + I^-$ | $-0.185$ |
| $H_3BO_3 + 3H^+ + 3e^- \rightleftharpoons B + 3H_2O$ | $-0.870$ | $AgI + e^- \rightleftharpoons Ag + I^-$ | $-0.152$ |
| $SiO_2 + 4H^+ + 4e^- \rightleftharpoons Si + 2H_2O$ | $-0.857$ | $Sn^{2+} + 2e^- \rightleftharpoons Sn$ | $-0.136$ |
| $H_2SiO_3 + 4H^+ + 4e^- \rightleftharpoons Si + 3H_2O$ | $-0.84$ | $Pb^{2+} + 2e^- \rightleftharpoons Pb$ | $-0.126$ |
| $V^{3+} + 3e^- \rightleftharpoons V$ | $-0.835$ | $CO_2 + 2H^+ + 2e^- \rightleftharpoons CO + H_2O$ | $-0.12$ |
| $SnO_2 + 4H^+ + 2e^- \rightleftharpoons Sn^{2+} + 2H_2O$ | $-0.77$ | $P + 3H^+ + 3e^- \rightleftharpoons PH_3$ | $-0.111$ |
| $Zn^{2+} + 2e^- \rightleftharpoons Zn$ | $-0.763$ | $SnO_2 + 2H^+ + 2e^- \rightleftharpoons SnO + H_2O$ | $-0.108$ |
| $TlI^{2+} + 3e^- \rightleftharpoons Tl + I^-$ | $-0.752$ | $SnO + 2H^+ + 2e^- \rightleftharpoons Sn + H_2O$ | $-0.104$ |
| $Cr^{3+} + 3e^- \rightleftharpoons Cr$ | $-0.744$ | $S + H^+ + 2e^- \rightleftharpoons HS^-$ | $-0.065$ |
| $TiO_2 + 4H^+ + e^- \rightleftharpoons Ti^{3+} + 2H_2O$ | $-0.666$ | $Fe_2O_3 + 6H^+ + 6e^- \rightleftharpoons 2Fe + 3H_2O$ | $-0.051$ |

| 电极反应 | $\varphi_A^{\ominus}/V$ | 电极反应 | $\varphi_A^{\ominus}/V$ |
|---|---|---|---|
| $VO^{2+}+e^- \rightleftharpoons VO^+$ | $-0.044$ | $Cu^{2+}+2e^- \rightleftharpoons Cu$ | $0.337$ |
| $Ti^{4+}+e^- \rightleftharpoons Ti^{3+}$ | $-0.04$ | $AgIO_3+e^- \rightleftharpoons Ag+IO_3^-$ | $0.354$ |
| $[HgI_4]^{2-}+2e^- \rightleftharpoons Hg+4I^-$ | $-0.038$ | $SO_4^{2-}+8H^++6e^- \rightleftharpoons S+4H_2O$ | $0.357$ |
| $CuI_2^-+e^- \rightleftharpoons Cu+2I^-$ | $0.0$ | $VO^{2+}+2H^++e^- \rightleftharpoons V^{3+}+H_2O$ | $0.359$ |
| $HSO_3^-+5H^++4e^- \rightleftharpoons S+3H_2O$ | $0.0$ | $VO_2^++4H^++3e^- \rightleftharpoons V^{2+}+2H_2O$ | $0.360$ |
| $2H^++2e^- \rightleftharpoons H_2$ | $0.000$ | $SbO_3^-+2H^++2e^- \rightleftharpoons SbO_2^-+H_2O$ | $0.363$ |
| $Sn^{4+}+4e^- \rightleftharpoons Sn$ | $0.009$ | $Bi_2O_3+6H^++6e^- \rightleftharpoons 2Bi+3H_2O$ | $0.371$ |
| $CuBr+e^- \rightleftharpoons Cu+Br^-$ | $0.033$ | $SnO_3^{2-}+3H^++2e^- \rightleftharpoons HSnO_2^-+H_2O$ | $0.374$ |
| $P+3H^++3e^- \rightleftharpoons PH_3$ | $0.0637$ | $[HgCl_4]^{2-}+2e^- \rightleftharpoons Hg+4Cl^-$ | $0.38$ |
| $AgBr+e^- \rightleftharpoons Ag+Br^-$ | $0.071$ | $[PtI_6]^{2-}+2e^- \rightleftharpoons [PtI_4]^{2-}+2I^-$ | $0.393$ |
| $Si+4H^++4e^- \rightleftharpoons SiH_4$ | $0.102$ | $2H_2SO_3+2H^++4e^- \rightleftharpoons S_2O_3^{2-}+3H_2O$ | $0.400$ |
| $NiO+2H^++2e^- \rightleftharpoons Ni+H_2O$ | $0.110$ | $Co^{3+}+3e^- \rightleftharpoons Co$ | $0.4$ |
| $CuCl+e^- \rightleftharpoons Cu+Cl^-$ | $0.137$ | $As_2O_5+10H^++10e^- \rightleftharpoons 2As+5H_2O$ | $0.429$ |
| $S+2H^++2e^- \rightleftharpoons H_2S(水)$ | $0.142$ | $H_2AsO_3+4H^++4e^- \rightleftharpoons As+3H_2O$ | $0.450$ |
| $SO_4^{2-}+8H^++8e^- \rightleftharpoons S^{2-}+4H_2O$ | $0.149$ | $Ru^{2+}+2e^- \rightleftharpoons Ru$ | $0.45$ |
| $Sb_2O_3+6H^++6e^- \rightleftharpoons 2Sb+3H_2O$ | $0.150$ | $S_2O_3^{2-}+6H^++4e^- \rightleftharpoons 2S+3H_2O$ | $0.465$ |
| $Sn^{4+}+2e^- \rightleftharpoons Sn^{2+}$ | $0.151$ | $CO+6H^++6e^- \rightleftharpoons CH_4+H_2O$ | $0.497$ |
| $Cu^{2+}+e^- \rightleftharpoons Cu^+$ | $0.153$ | $4H_2SO_3+4H^++6e^- \rightleftharpoons S_4O_6^{2-}+6H_2O$ | $0.51$ |
| $BiOCl+2H^++3e^- \rightleftharpoons Bi+Cl^-+H_2O$ | $0.160$ | $Cu^++e^- \rightleftharpoons Cu$ | $0.521$ |
| $SO_4^{2-}+4H^++2e^- \rightleftharpoons H_2SO_3+H_2O$ | $0.172$ | $I_2+2e^- \rightleftharpoons 2I^-$ | $0.536$ |
| $Bi^{3+}+3e^- \rightleftharpoons Bi$ | $0.2$ | $I_3^-+2e^- \rightleftharpoons 3I^-$ | $0.536$ |
| $2Cu^{2+}+H_2O+2e^- \rightleftharpoons Cu_2O+2H^+$ | $0.203$ | $Cu^{2+}+Cl^-+e^- \rightleftharpoons CuCl$ | $0.538$ |
| $SbO^++2H^++3e^- \rightleftharpoons Sb+H_2O$ | $0.204$ | $AgBrO_3+e^- \rightleftharpoons Ag+BrO_3^-$ | $0.546$ |
| $AgCl+e^- \rightleftharpoons Ag+Cl^-$ | $0.222$ | $H_3AsO_4+2H^++2e^- \rightleftharpoons HAsO_2+2H_2O$ | $0.56$ |
| $[HgBr_4]^{2-}+2e^- \rightleftharpoons Hg+4Br^-$ | $0.223$ | $CuO+2H^++2e^- \rightleftharpoons Cu+H_2O$ | $0.570$ |
| $CO_3^{2-}+3H^++2e^- \rightleftharpoons HCOO^-+H_2O$ | $0.227$ | $[PtBr_4]^{2-}+2e^- \rightleftharpoons Pt+4Br^-$ | $0.58$ |
| $SO_3^{2-}+6H^++6e^- \rightleftharpoons S^{2-}+3H_2O$ | $0.231$ | $Sb_2O_5+6H^++4e^- \rightleftharpoons 2SbO^++3H_2O$ | $0.581$ |
| $As_2O_3+6H^++6e^- \rightleftharpoons 2As+3H_2O$ | $0.234$ | $[PdCl_4]^{2-}+2e^- \rightleftharpoons Pd+4Cl^-$ | $0.591$ |
| $Sb^{3+}+3e^- \rightleftharpoons Sb$ | $0.24$ | $[PdBr_4]^{2-}+2e^- \rightleftharpoons Pd+4Br^-$ | $0.60$ |
| 饱和甘汞电极(饱和 HCl 溶液) | $0.2412$ | $2HgCl_2+2e^- \rightleftharpoons Hg_2Cl_2+2Cl^-$ | $0.63$ |
| $PbO+2H^++2e^- \rightleftharpoons Pb+H_2O$ | $0.248$ | $Cu^{2+}+Br^-+e^- \rightleftharpoons CuBr$ | $0.640$ |
| $N_2+8H^++6e^- \rightleftharpoons 2NH_4^+$ | $0.26$ | $Ag_2SO_4+2e^- \rightleftharpoons 2Ag+SO_4^{2-}$ | $0.654$ |
| $Hg_2Cl_2+2e^- \rightleftharpoons 2Hg+2Cl^-$ | $0.268$ | $PbO_2+4H^++4e^- \rightleftharpoons Pb+2H_2O$ | $0.666$ |
| 甘汞电极($1\ mol \cdot L^{-1}$ KCl 溶液) | $0.280$ | $VO_2^++4H^++2e^- \rightleftharpoons V^{3+}+2H_2O$ | $0.668$ |
| $2SO_4^{2-}+10H^++8e^- \rightleftharpoons S_2O_3^{2-}+5H_2O$ | $0.29$ | $[PtCl_6]^{2-}+2e^- \rightleftharpoons [PtCl_4]^{2-}+2Cl^-$ | $0.68$ |
| $Re^{3+}+3e^- \rightleftharpoons Re$ | $0.300$ | $O_2+2H^++2e^- \rightleftharpoons H_2O_2$ | $0.682$ |

| 电极反应 | $\varphi_A^\ominus/V$ | 电极反应 | $\varphi_A^\ominus/V$ |
|---|---|---|---|
| $2SO_3^{2-}+6H^++4e^- \Longrightarrow S_2O_3^{2-}+3H_2O$ | 0.705 | $Br_2+2e^- \Longrightarrow 2Br^-$ (水) | 1.087 |
| $Tl^{3+}+3e^- \Longrightarrow Tl$ | 0.71 | $HVO_3+3H^++e^- \Longrightarrow VO^{2+}+2H_2O$ | 1.1 |
| $SbO_2^++2H^++2e^- \Longrightarrow SbO^++H_2O$ | 0.720 | $2NO_3^-+10H^++8e^- \Longrightarrow N_2O+5H_2O$ | 1.116 |
| $SbO_3^-+4H^++2e^- \Longrightarrow SbO^++2H_2O$ | 0.720 | $AuCl_2^-+e^- \Longrightarrow Au+2Cl^-$ | 1.15 |
| $[PtCl_4]^{2-}+2e^- \Longrightarrow Pt+4Cl^-$ | 0.73 | $AuCl+e^- \Longrightarrow Au+Cl^-$ | 1.17 |
| $Fe^{3+}+e^- \Longrightarrow Fe^{2+}$ | 0.771 | $ClO_4^-+2H^++2e^- \Longrightarrow ClO_3^-+H_2O$ | 1.19 |
| $Hg_2^{2+}+2e^- \Longrightarrow 2Hg$ | 0.788 | $2IO_3^-+12H^++10e^- \Longrightarrow I_2+6H_2O$ | 1.195 |
| $Ag^++e^- \Longrightarrow Ag$ | 0.799 | $[RhCl_6]^{2-}+e^- \Longrightarrow [RhCl_6]^{3-}$ | 1.2 |
| $NO_3^-+2H^++e^- \Longrightarrow NO_2+H_2O$ | 0.80 | $ClO_3^-+3H^++2e^- \Longrightarrow HClO_2+H_2O$ | 1.21 |
| $Rh^{3+}+3e^- \Longrightarrow Rh$ | 0.80 | $O_2+4H^++4e^- \Longrightarrow 2H_2O$ | 1.23 |
| $ArBr_4^-+2e^- \Longrightarrow AuBr_2^-+2Br^-$ | 0.82 | $MnO_2+4H^++2e^- \Longrightarrow Mn^{2+}+2H_2O$ | 1.23 |
| $Hg^{2+}+2e^- \Longrightarrow Hg$ | 0.854 | $2NO_3^-+12H^++10e^- \Longrightarrow N_2+6H_2O$ | 1.24 |
| $Cu^{2+}+I^-+e^- \Longrightarrow CuI$ | 0.86 | $Tl^{3+}+2e^- \Longrightarrow Tl^+$ | 1.25 |
| $HNO_2+7H^++6e^- \Longrightarrow NH_4^++2H_2O$ | 0.864 | $VO_4^{3-}+6H^++2e^- \Longrightarrow VO^++3H_2O$ | 1.256 |
| $NO_3^-+10H^++8e^- \Longrightarrow NH_4^++3H_2O$ | 0.864 | $2HNO_2+4H^++4e^- \Longrightarrow N_2O+3H_2O$ | 1.29 |
| $AuBr_4^-+3e^- \Longrightarrow Au+4Br^-$ | 0.87 | $Cr_2O_7^{2-}+14H^++6e^- \Longrightarrow 2Cr^{3+}+7H_2O$ | 1.33 |
| $2Hg^{2+}+2e^- \Longrightarrow Hg_2^{2+}$ | 0.920 | $HBrO+H^++2e^- \Longrightarrow Br^-+H_2O$ | 1.33 |
| $AuCl_4^-+2e^- \Longrightarrow AuCl_2^-+2Cl^-$ | 0.926 | $ClO_4^-+8H^++7e^- \Longrightarrow \frac{1}{2}Cl_2+4H_2O$ | 1.34 |
| $NO_3^-+3H^++2e^- \Longrightarrow HNO_2+H_2O$ | 0.934 | $2NO_2+8H^++8e^- \Longrightarrow N_2+4H_2O$ | 1.35 |
| $AuBr_2^-+e^- \Longrightarrow Au+2Br^-$ | 0.956 | $Cl_2+2e^- \Longrightarrow 2Cl^-$ (气) | 1.358 |
| $V_2O_5+6H^++2e^- \Longrightarrow 2VO^{2+}+3H_2O$ | 0.958 | $ClO_4^-+8H^++8e^- \Longrightarrow Cl^-+4H_2O$ | 1.38 |
| $NO_3^-+4H^++3e^- \Longrightarrow NO+2H_2O$ | 0.96 | $Au^{3+}+2e^- \Longrightarrow Au^+$ | 1.40 |
| $Pb_3O_4+2H^++2e^- \Longrightarrow 3PbO+H_2O$ | 0.972 | $IO_4^-+8H^++8e^- \Longrightarrow I^-+4H_2O$ | 1.4 |
| $2MnO_2+2H^++2e^- \Longrightarrow Mn_2O_3+H_2O$ | 0.98 | $2HNO_2+6H^++6e^- \Longrightarrow N_2+4H_2O$ | 1.44 |
| $Pd^{2+}+2e^- \Longrightarrow Pd$ | 0.987 | $BrO_3^-+6H^++6e^- \Longrightarrow Br^-+3H_2O$ | 1.44 |
| $HIO+H^++2e^- \Longrightarrow I^-+H_2O$ | 0.99 | $BrO_3^-+5H^++4e^- \Longrightarrow HBrO+2H_2O$ | 1.45 |
| $VO_2^++2H^++e^- \Longrightarrow VO^{2+}+H_2O$ | 0.999 | $ClO_3^-+6H^++6e^- \Longrightarrow Cl^-+3H_2O$ | 1.45 |
| $AuCl_4^-+3e^- \Longrightarrow Au+4Cl^-$ | 1.00 | $2HIO+2H^++2e^- \Longrightarrow I_2+2H_2O$ | 1.45 |
| $HNO_2+H^++e^- \Longrightarrow NO+H_2O$ | 1.00 | $PbO_2+4H^++2e^- \Longrightarrow Pb^{2+}+2H_2O$ | 1.455 |
| $NO_2+2H^++2e^- \Longrightarrow NO+H_2O$ | 1.03 | $ClO_3^-+6H^++5e^- \Longrightarrow \frac{1}{2}Cl_2+3H_2O$ | 1.47 |
| $VO_4^{2-}+6H^++2e^- \Longrightarrow VO^{2+}+3H_2O$ | 1.031 | $HClO+H^++2e^- \Longrightarrow Cl^-+H_2O$ | 1.494 |
| $N_2O_4+4H^++4e^- \Longrightarrow 2NO+2H_2O$ | 1.035 | $Au^{3+}+3e^- \Longrightarrow Au$ | 1.498 |
| $N_2O_4+2H^++2e^- \Longrightarrow 2HNO_2$ | 1.065 | $Mn^{3+}+e^- \Longrightarrow Mn^{2+}$ | 1.51 |
| $Br_2+2e^- \Longrightarrow 2Br^-$ (液) | 1.065 | $MnO_4^-+8H^++5e^- \Longrightarrow Mn^{2+}+4H_2O$ | 1.51 |
| $NO_2+H^++e^- \Longrightarrow HNO_2$ | 1.07 | $O_3+6H^++6e^- \Longrightarrow 3H_2O$ | 1.511 |
| $IO_3^-+6H^++6e^- \Longrightarrow I^-+3H_2O$ | 1.085 | $BrO_3^-+6H^++5e^- \Longrightarrow \frac{1}{2}Br_2+3H_2O$ | 1.52 |

| 电极反应 | $\varphi_A^{\ominus}/V$ | 电极反应 | $\varphi_A^{\ominus}/V$ |
|---|---|---|---|
| $2NO+2H^++2e^-\Longrightarrow N_2O+H_2O$ | 1.59 | $N_2O+2H^++2e^-\Longrightarrow N_2+H_2O$ | 1.77 |
| $HClO+H^++e^-\Longrightarrow \frac{1}{2}Cl_2+H_2O$ | 1.63 | $H_2O_2+2H^++2e^-\Longrightarrow 2H_2O$ | 1.776 |
| $IO_4^-+2H^++2e^-\Longrightarrow IO_3^-+H_2O$ | 1.653 | $NaBiO_3+4H^++2e^-\Longrightarrow BiO^++Na^++2H_2O$ | $>1.8$ |
| $NiO_2+4H^++2e^-\Longrightarrow Ni^{2+}+2H_2O$ | 1.678 | $Co^{3+}+e^-\Longrightarrow Co^{2+}$ | 1.808 |
| $2NO+4H^++4e^-\Longrightarrow N_2+2H_2O$ | 1.68 | $Ag^{2+}+e^-\Longrightarrow Ag^+$ | 1.98 |
| $PbO_2+SO_4^{2-}+4H^++2e^-\Longrightarrow PbSO_4+2H_2O$ | 1.682 | $S_2O_8^{2-}+2e^-\Longrightarrow 2SO_4^{2-}$ | 2.01 |
| $Pb^{4+}+2e^-\Longrightarrow Pb^{2+}$ | 1.69 | $O_3+2H^++2e^-\Longrightarrow O_2+H_2O$ | 2.07 |
| $Au^++e^-\Longrightarrow Au$ | 1.691 | $S_2O_8^{2-}+2H^++2e^-\Longrightarrow 2HSO_4^-$ | 2.123 |
| $MnO_4^-+4H^++3e^-\Longrightarrow MnO_2+2H_2O$ | 1.692 | $MnO_4^{2-}+4H^++2e^-\Longrightarrow MnO_2+2H_2O$ | 2.257 |
| $BrO_4^-+2H^++2e^-\Longrightarrow BrO_3^-+H_2O$ | 1.763 | $F_2+2H^++2e^-\Longrightarrow 2HF$ | 3.035 |

## 二、在碱性溶液中

| 电极反应 | $\varphi_B^{\ominus}/V$ | 电极反应 | $\varphi_B^{\ominus}/V$ |
|---|---|---|---|
| $Al(OH)_3+3e^-\Longrightarrow Al+3OH^-$ | $-2.30$ | $[Co(CN)_6]^{3-}+e^-\Longrightarrow [Co(CN)_6]^{4-}$ | $-0.83$ |
| $SiO_3^{2-}+3H_2O+4e^-\Longrightarrow Si+6OH^-$ | $-1.697$ | $2H_2O+2e^-\Longrightarrow H_2+2OH^-$ | $-0.828$ |
| $Mn(OH)_2+2e^-\Longrightarrow Mn+2OH^-$ | $-1.55$ | $CuS+2e^-\Longrightarrow Cu+S^{2-}$ | $-0.76$ |
| $[Fe(CN)_6]^{4-}+2e^-\Longrightarrow Fe+6CN^-$ | $-1.5$ | $Ni(OH)_2+2e^-\Longrightarrow Ni+2OH^-$ | $-0.72$ |
| $Cr(OH)_2+2e^-\Longrightarrow Cr+2OH^-$ | $-1.41$ | $HgS+2e^-\Longrightarrow Hg+S^{2-}$ (黑) | $-0.69$ |
| $ZnS+2e^-\Longrightarrow Zn+S^{2-}$ | $-1.405$ | $SnO_2^-+2H_2O+3e^-\Longrightarrow Sb+4OH^-$ | $-0.675$ |
| $Cr(OH)_3+3e^-\Longrightarrow Cr+3OH^-$ | $-1.34$ | $AsO_4^{3-}+2H_2O+2e^-\Longrightarrow AsO_2^-+4OH^-$ | $-0.67$ |
| $[Zn(CN)_4]^{2-}+2e^-\Longrightarrow Zn+4CN^-$ | $-1.26$ | $Ag_2S+2e^-\Longrightarrow 2Ag+S^{2-}$ | $-0.66$ |
| $Zn(OH)_2+2e^-\Longrightarrow Zn+2OH^-$ | $-1.245$ | $SO_3^{2-}+3H_2O+4e^-\Longrightarrow S+6OH^-$ | $-0.66$ |
| $ZnO_2^{2-}+2H_2O+2e^-\Longrightarrow Zn+4OH^-$ | $-1.216$ | $Au(CN)_2^-+e^-\Longrightarrow Au+2CN^-$ | $-0.611$ |
| $N_2+4H_2O+4e^-\Longrightarrow N_2H_4+4OH^-$ | $-1.15$ | $PbO+H_2O+2e^-\Longrightarrow Pb+2OH^-$ | $-0.58$ |
| $NiS(\alpha)+2e^-\Longrightarrow Ni+S^{2-}$ | $-1.04$ | $2SO_3^{2-}+3H_2O+4e^-\Longrightarrow S_2O_3^{2-}+6OH^-$ | $-0.571$ |
| $[Zn(NH_3)_4]^{2+}+2e^-\Longrightarrow Zn+4NH_3$ | $-1.04$ | $PbCO_3+2e^-\Longrightarrow Pb+CO_3^{2-}$ | $-0.509$ |
| $FeS+2e^-\Longrightarrow Fe+S^{2-}$ | $-0.95$ | $[Ni(NH_3)_6]^{2+}+2e^-\Longrightarrow Ni+2NH_3$ | $-0.49$ |
| $SO_4^{2-}+H_2O+2e^-\Longrightarrow SO_3^{2-}+2OH^-$ | $-0.93$ | $NiO_2+2H_2O+2e^-\Longrightarrow Ni(OH)_2+2OH^-$ | $-0.490$ |
| $PbS+2e^-\Longrightarrow Pb+S^{2-}$ | $-0.93$ | $S+2e^-\Longrightarrow S^{2-}$ | $-0.48$ |
| $HSnO_2^-+H_2O+2e^-\Longrightarrow Sn+3OH^-$ | $-0.909$ | $2S+2e^-\Longrightarrow S_2^{2-}$ | $-0.476$ |
| $CoS(\gamma)+2e^-\Longrightarrow Co+S^{2-}$ | $-0.90$ | $[Cu(CN)_2]^-+e^-\Longrightarrow Cu+2CN^-$ | $-0.429$ |
| $Fe(OH)_2+2e^-\Longrightarrow Fe+2OH^-$ | $-0.877$ | $Cu_2O+H_2O+2e^-\Longrightarrow 2Cu+2OH^-$ | $-0.358$ |
| $SnS+2e^-\Longrightarrow Sn+S^{2-}$ | $-0.87$ | $Ag(CN)_2^-+e^-\Longrightarrow Ag+2CN^-$ | $-0.31$ |
| $NiS(\gamma)+2e^-\Longrightarrow Ni+S^{2-}$ | $-0.83$ | $Cu(OH)_2+2e^-\Longrightarrow Cu+2OH^-$ | $-0.224$ |

| 电极反应 | $\varphi_B^{\ominus}/V$ | 电极反应 | $\varphi_B^{\ominus}/V$ |
|---|---|---|---|
| $NO_3^- + 2H_2O + 2e^- \rightleftharpoons NO + 4OH^-$ | $-0.14$ | $O_2 + 2H_2O + 4e^- \rightleftharpoons 4OH^-$ | $0.401$ |
| $CrO_4^{2-} + 4H_2O + 3e^- \rightleftharpoons Cr(OH)_3 + 5OH^-$ | $-0.13$ | $2BrO^- + 2H_2O + 2e^- \rightleftharpoons Br_2 + 4OH^-$ | $0.45$ |
| $[Cu(NH_3)_2]^+ + e^- \rightleftharpoons Cu + 2NH_3$ | $-0.12$ | $Ag_2CrO_4 + 2e^- \rightleftharpoons 2Ag + CrO_4^{2-}$ | $0.464$ |
| $[Cu(NH_3)_4]^{2+} + 2e^- \rightleftharpoons Cu + 4NH_3$ | $-0.05$ | $IO^- + H_2O + 2e^- \rightleftharpoons I^- + 2OH^-$ | $0.485$ |
| $MnO_2 + 2H_2O + 2e^- \rightleftharpoons Mn(OH)_2 + 2OH^-$ | $-0.05$ | $ClO^- + H_2O + e^- \rightleftharpoons \frac{1}{2}Cl_2 + 2OH^-$ | $0.49$ |
| $[Cu(NH_3)_4]^{2+} + e^- \rightleftharpoons$ $[Cu(NH_3)_2]^+ + 2NH_3$ | $-0.01$ | $BrO_3^- + 2H_2O + 4e^- \rightleftharpoons BrO^- + 4OH^-$ | $0.54$ |
| $NO_3^- + H_2O + 2e^- \rightleftharpoons NO_2^- + 2OH^-$ | $0.01$ | $MnO_4^- + e^- \rightleftharpoons MnO_4^{2-}$ | $0.558$ |
| $Ag(S_2O_3)_2^{3-} + e^- \rightleftharpoons Ag + 2S_2O_3^{2-}$ | $0.017$ | $ClO_4^- + 4H_2O + 8e^- \rightleftharpoons Cl^- + 8OH^-$ | $0.56$ |
| $S_4O_6^{2-} + 2e^- \rightleftharpoons 2S_2O_3^{2-}$ | $0.08$ | $MnO_4^{2-} + 2H_2O + 2e^- \rightleftharpoons MnO_2 + 4OH^-$ | $0.603$ |
| $[Co(NH_3)_6]^{3+} + e^- \rightleftharpoons [Co(NH_3)_6]^{2+}$ | $0.108$ | $BrO_3^- + 3H_2O + 6e^- \rightleftharpoons Br^- + 6OH^-$ | $0.61$ |
| $Mn(OH)_3 + e^- \rightleftharpoons Mn(OH)_2 + OH^-$ | $0.15$ | $ClO_3^- + 3H_2O + 6e^- \rightleftharpoons Cl^- + 6OH^-$ | $0.63$ |
| $Co(OH)_3 + e^- \rightleftharpoons Co(OH)_2 + OH^-$ | $0.17$ | $FeO_4^{2-} + 4H_2O + 3e^- \rightleftharpoons$ $Fe(OH)_3 + 5OH^-$ | $0.72$ |
| $2IO_3^- + 6H_2O + 10e^- \rightleftharpoons I_2 + 12OH^-$ | $0.21$ | $BrO^- + H_2O + 2e^- \rightleftharpoons Br^- + 2OH^-$ | $0.761$ |
| $PbO_2 + H_2O + 2e^- \rightleftharpoons PbO + 2OH^-$ | $0.247$ | $ClO^- + H_2O + 2e^- \rightleftharpoons Cl^- + 2OH^-$ | $0.89$ |
| $IO_3^- + 3H_2O + 6e^- \rightleftharpoons I^- + 6OH^-$ | $0.26$ | $Cu^{2+} + 2CN^- + e^- \rightleftharpoons [Cu(CN)_2]^-$ | $1.12$ |
| $MnO_4^- + 4H_2O + 5e^- \rightleftharpoons$ $Mn(OH)_2 + 6OH^-$ | $0.34$ | $MnO_4^- + 2H_2O + 3e^- \rightleftharpoons MnO_2 + 4OH^-$ | $1.23$ |
| $[Fe(CN)_6]^{3-} + e^- \rightleftharpoons [Fe(CN)_6]^{4-}$ | $0.356$ | $O_3 + H_2O + 2e^- \rightleftharpoons O_2 + 2OH^-$ | $1.24$ |
| $[Ag(NH_3)_2]^+ + e^- \rightleftharpoons Ag + 2NH_3$ | $0.373$ | $F_2 + 2e^- \rightleftharpoons 2F^-$ | $2.866$ |

245

# 参考文献

## references

[1]　高琳.基础化学.4 版.北京:高等教育出版社,2019.

[2]　南京大学《无机及分析化学》编写组.无机及分析化学.4 版.北京:高等教育出版社,2006.

[3]　高职高专化学教材编写组.无机化学.4 版.北京:高等教育出版社,2013.

[4]　高职高专化学教材编写组.分析化学.4 版.北京:高等教育出版社,2013.

[5]　彭崇慧,冯建章,张锡瑜.定量化学分析简明教程.3 版.北京:北京大学出版社,2006.